轨道交通装备制造业职业技能鉴定指导丛书

材料成分检验工

中国北车股份有限公司　编写

中国铁道出版社

２０１５年·北京

图书在版编目(CIP)数据

材料成分检验工/中国北车股份有限公司编写 .—北京：
中国铁道出版社,2015.4
(轨道交通装备制造业职业技能鉴定指导丛书)
ISBN 978-7-113-20236-1

Ⅰ.①材… Ⅱ.①中… Ⅲ.①工程材料－化学成分－
检验－职业技能－鉴定－自学参考资料 Ⅳ.①TB302.2

中国版本图书馆 CIP 数据核字(2015)第 073326 号

书　　名：轨道交通装备制造业职业技能鉴定指导丛书
　　　　　　　材料成分检验工
作　　者：中国北车股份有限公司

策　　划：江新锡　钱士明　徐　艳
责任编辑：张　瑜　　　　　　　　编辑部电话：010-51873371
封面设计：郑春鹏
责任校对：苗　丹
责任印制：郭向伟

出版发行：中国铁道出版社(100054,北京市西城区右安门西街 8 号)
网　　址：http://www.tdpress.com
印　　刷：北京新魏印刷厂
版　　次：2015 年 4 月第 1 版　2015 年 4 月第 1 次印刷
开　　本：787 mm×1 092 mm　1/16　印张：13.25　字数：329 千
书　　号：ISBN 978-7-113-20236-1
定　　价：42.00 元

序

在党中央、国务院的正确决策和大力支持下,中国高铁事业迅猛发展。中国已成为全球高铁技术最全、集成能力最强、运营里程最长、运行速度最高的国家。高铁已成为中国外交的新名片,成为中国高端装备"走出国门"的排头兵。

中国北车作为高铁事业的积极参与者和主要推动者,在大力推动产品、技术创新的同时,始终站在人才队伍建设的重要战略高度,把高技能人才作为创新资源的重要组成部分,不断加大培养力度。广大技术工人立足本职岗位,用自己的聪明才智,为中国高铁事业的创新、发展做出了重要贡献,被李克强同志亲切地赞誉为"中国第一代高铁工人"。如今在这支近5万人的队伍中,持证率已超过96%,高技能人才占比已超过60%,3人荣获"中华技能大奖",24人荣获国务院"政府特殊津贴",44人荣获"全国技术能手"称号。

高技能人才队伍的发展,得益于国家的政策环境,得益于企业的发展,也得益于扎实的基础工作。自2002年起,中国北车作为国家首批职业技能鉴定试点企业,积极开展工作,编制鉴定教材,在构建企业技能人才评价体系、推动企业高技能人才队伍建设方面取得明显成效。为适应国家职业技能鉴定工作的不断深入,以及中国高端装备制造技术的快速发展,我们又组织修订、开发了覆盖所有职业(工种)的新教材。

在这次教材修订、开发中,编者们基于对多年鉴定工作规律的认识,提出了"核心技能要素"等概念,创造性地开发了《职业技能鉴定技能操作考核框架》。该《框架》作为技能人才评价的新标尺,填补了以往鉴定实操考试中缺乏命题水平评估标准的空白,很好地统一了不同鉴定机构的鉴定标准,大大提高了职业技能鉴定的公信力,具有广泛的适用性。

相信《轨道交通装备制造业职业技能鉴定指导丛书》的出版发行,对于促进我国职业技能鉴定工作的发展,对于推动高技能人才队伍的建设,对于振兴中国高端装备制造业,必将发挥积极的作用。

中国北车股份有限公司总裁:

2015.2.7

前　言

　　鉴定教材是职业技能鉴定工作的重要基础。2002 年，经原劳动保障部批准，中国北车成为国家职业技能鉴定首批试点中央企业，开始全面开展职业技能鉴定工作。2003 年，根据《国家职业标准》要求，并结合自身实际，组织开发了《职业技能鉴定指导丛书》，共涉及车工等 52 个职业（工种）的初、中、高 3 个等级。多年来，这些教材为不断提升技能人才素质、适应企业转型升级、实施"三步走"发展战略的需要发挥了重要作用。

　　随着企业的快速发展和国家职业技能鉴定工作的不断深入，特别是以高速动车组为代表的世界一流产品制造技术的快步发展，现有的职业技能鉴定教材在内容、标准等诸多方面，已明显不适应企业构建新型技能人才评价体系的要求。为此，公司决定修订、开发《轨道交通装备制造业职业技能鉴定指导丛书》（以下简称《丛书》）。

　　本《丛书》的修订、开发，始终围绕促进实现中国北车"三步走"发展战略、打造世界一流企业的目标，努力遵循"执行国家标准与体现企业实际需要相结合、继承和发展相结合、坚持质量第一、坚持岗位个性服从于职业共性"四项工作原则，以提高中国北车技术工人队伍整体素质为目的，以主要和关键技术职业为重点，依据《国家职业标准》对知识、技能的各项要求，力求通过自主开发、借鉴吸收、创新发展，进一步推动企业职业技能鉴定教材建设，确保职业技能鉴定工作更好地满足企业发展对高技能人才队伍建设工作的迫切需要。

　　本《丛书》修订、开发中，认真总结和梳理了过去 12 年企业鉴定工作的经验以及对鉴定工作规律的认识，本着"紧密结合企业工作实际，完整贯彻落实《国家职业标准》，切实提高职业技能鉴定工作质量"的基本理念，在技能操作考核方面提出了"核心技能要素"和"完整落实《国家职业标准》"两个概念，并探索、开发出了中国北车《职业技能鉴定技能操作考核框架》；对于暂无《国家职业标准》、又无相关行业职业标准的 40 个职业，按照国家有关《技术规程》开发了《中国北车职业标准》。经 2014 年技师、高级技师技能鉴定实作考试中 27 个职业的试用表明：该《框架》既完整反映了《国家职业标准》对理论和技能两方面的要求，又适应了企业生产和技术工人队伍建设的需要，突破了以往技能鉴定实作考核中试卷的难度与完整性评估的"瓶颈"，统一了不同产品、不同技术含量企业的鉴定标准，提高了鉴定考核的技术含量，保证了职业技能鉴定的公平性，提高了职业技能鉴定工作质量和管理水平,将成为职业技能鉴定工作、进而成为生产操作者技能素质评价的新标尺。

本《丛书》共涉及 98 个职业(工种),覆盖了中国北车开展职业技能鉴定的所有职业(工种)。《丛书》中每一职业(工种)又分为初、中、高 3 个技能等级,并按职业技能鉴定理论、技能考试的内容和形式编写。其中:理论知识部分包括知识要求练习题与答案;技能操作部分包括《技能考核框架》和《样题与分析》。本《丛书》按职业(工种)分册,并计划第一批出版 74 个职业(工种)。

本《丛书》在修订、开发中,仍侧重于相关理论知识和技能要求的应知应会,若要更全面、系统地掌握《国家职业标准》规定的理论与技能要求,还可参考其他相关教材。

本《丛书》在修订、开发中得到了所属企业各级领导、技术专家、技能专家和培训、鉴定工作人员的大力支持;人力资源和社会保障部职业能力建设司和职业技能鉴定中心、中国铁道出版社等有关部门也给予了热情关怀和帮助,我们在此一并表示衷心感谢。

本《丛书》之《材料成分检验工》由中国北车集团大同电力机车有限责任公司《材料成分检验工》项目组编写。主编詹会霞,副主编王东敏;主审姜元;参编人员董亚红、柴艳英、崔兴菊、冯美霞、羡晨龙。

由于时间及水平所限,本《丛书》难免有错、漏之处,敬请读者批评指正。

中国北车职业技能鉴定教材修订、开发编审委员会

二〇一四年十二月二十二日

目　　录

材料成分检验工(职业道德)习题

一、填 空 题

1. 劳动保护法规是国家强制力保护的在( )中约束人们的行为,以达到保护劳动者安全健康的一种行为规范。

2. 职业道德建设的核心是( )。

3. 劳动合同即将届满时,公司与员工应提前以( )就是否续订劳动合同达成协议,并由人力资源部办理相关手续。

4. 我国安全生产的方针是安全第一、( )、综合治理。

5. 考勤是员工出、缺勤情况的真实记录,是( )的依据。

6. 劳动卫生的中心任务是( ),防止职业危害。

7. 中国劳动保护法规的指导思想是保护劳动者在生产劳动中的( )。

8. 所有工业企业,为文明生产,严格控制有害化学物质向环境中排放,应通过改革工艺,采用( )物质替代有害原材料等技术措施。

9. 为防止有毒气体或粉尘危害人体,应采取呼吸防护和( )措施。

10. 从我国历史和国情出发,社会主义职业道德建设要坚持的最根本原则是( )。

11. 职业技能构成三要素:职业知识是基础,职业技术是保证,( )是关键。

12. 职业道德的"五个要求"既包含基础的要求,也有较高的要求,其中最基础的要求是( )。

13. 影响工序质量的因素有( )。

14. 公司员工要牢固树立"安全第一、( )"的理念,爱岗敬业,恪尽职守,保守公司秘密。

15. 为了加强对产品质量的监督管理,提高产品质量水平,明确( ),保护消费者的合法权益,维护社会经济秩序,制定《产品质量法》。

16. 劳动合同分为固定期限劳动合同、( )劳动合同和以完成一定工作任务为期限的劳动合同。

17. 常用的防止人体触电的技术措施有( )和安装漏电保护器。

18. 道德的主要功能是( )和调节功能。

二、单项选择题

1. 下列不属于安全规程的是( )。

(A)安全技术操作规程   (B)产品质量检验规程

(C)工艺安全操作规程   (D)岗位责任制和交接班制

2. 清正廉洁,克已奉公,不以权谋私、行贿受贿,是( )。

(A)职业态度　　　　(B)职业修养　　　　(C)职业纪律　　　　(D)职业作风

3. 现场质量管理的目标是要保证和提高产品的(　　)。

(A)设计质量　　　　(B)符合性质量　　　　(C)使用质量　　　　(D)产品质量

4. 在增加职工的自觉性教育的同时,必须有严格的(　　)。

(A)管理制度　　　　(B)奖罚制度　　　　(C)岗位责任制　　　　(D)经济责任制

5. 增加职工的(　　)意识,是搞好安全生产的重要环节。

(A)安全生产　　　　(B)自我保护　　　　(C)职业道德　　　　(D)职业修养

6. 要想立足社会并成就一番事业,从业人员除了要刻苦学习现代专业知识和技能外,还要(　　)。

(A)搞好人际关系　　　　　　　　(B)加强职业道德修养

(C)得到领导的赏识　　　　　　　(D)建立自己的小集团

7. 要做到遵纪守法,对每个职工来说必须做到(　　)。

(A)有法可依　　　　　　　　　　(B)反对"管"、"卡"、"压"

(C)反对自由主义　　　　　　　　(D)努力学法、知法、守法、用法

8. 强化职业责任是(　　)职业道德规范的具体要求。

(A)团结协作　　　　(B)诚实守信　　　　(C)勤劳节俭　　　　(D)爱岗敬业

9. 安全生产责任的实质是(　　)。

(A)主要负责人对安全生产负主要责任　　　(B)安全生产,人人有责

(C)保护安全　　　　　　　　　　(D)技术经费的投入

10. 职业技能总是与特定的职业和岗位相联系,是从业人员履行特定职业责任所必备的业务素质,这说明了职业技能的(　　)特点。

(A)差异性　　　　(B)层次化　　　　(C)专业化　　　　(D)个性化

11. 《公民道德建设实施纲要》提出,我国职业道德建设规范是(　　)。

(A)求真务实、开拓创新、艰苦奋斗、服务人民、促进发展

(B)爱岗敬业、诚实守信、办事公道、服务群众、奉献社会

(C)以人为本、解放思想、实事求是、与时俱进、促进和谐

(D)文明礼貌、勤俭节约、团结互助、遵纪守法、开拓创新

12. 下列关于职业道德的说法,正确的是(　　)。

(A)职业道德与人格的高低无关

(B)职业道德的养成只能靠社会强制规定

(C)职业道德从一个侧面反映人的道德素质

(D)职业道德素质的提高与从业人员的个人利益无关

13. 关于职业道德,下列说法正确的是(　　)。

(A)职业道德的形式因行业不同而有所不同

(B)职业道德在内容上具有变动性

(C)职业道德在适用范围上具有普遍性

(D)讲求职业道德会降低企业的竞争力

14. 下列关于爱岗敬业的说法,正确的是(　　)。

(A)市场经济鼓励人才流动,再提倡爱岗敬业已不合时宜

(B)即便在市场经济时代,也要提倡"干一行、爱一行、专一行"

(C)要做到爱岗敬业就应一辈子在岗位上无私奉献

(D)在现实中,我们不得不承认"爱岗敬业"的观念阻碍了人们的择业自由

15. 爱岗敬业的具体要求是(　　　)。

(A)根据效益来决定是否爱岗　　　　(B)转变择业观念

(C)提高职业技能　　　　(D)增强把握择业的机遇意识

16. 下列属于班组安全生产教育主要内容的是(　　　)。

(A)从业人员安全生产权利　　　　(B)岗位安全操作规程

(C)企业安全生产规章制度　　　　(D)企业人员安全生产的范畴

三、多项选择题

1. 劳动合同的订立应遵循的原则有(　　　)。

(A)遵守国家和地方政府有关法律法规的原则

(B)平等自愿、协商一致的原则

(C)权利和义务对等一致的原则

(D)公平、公正、公开的原则

2. 员工有下列情形之一的,公司可以解除劳动合同的是(　　　)。

(A)提供与录用相关的虚假材料

(B)试用期内被证明不符合录用条件的

(C)严重违反劳动纪律或公司规章制度的

(D)严重失职、营私舞弊,给公司造成重大损失的

3. 下列说法中,符合"语言规范"具体要求的是(　　　)。

(A)多说俏皮话　　　　(B)用尊称,不用忌语

(C)语速要快,节省客人时间　　　　(D)不乱幽默,以免客人误解

4. 下列有关职业道德修养的说法,正确的是(　　　)。

(A)职业道德修养是职业道德活动的另一重要形式,与职业道德教育密切相关

(B)职业道德修养是个人的主观的道德活动

(C)没有职业道德修养,职业道德教育不可能取得应有的效果

(D)职业道德修养是职业道德认识和职业道德情感的统一

5. 道德作为一种社会意识形态,在调整人们之间以及个人与社会之间的行为规范时,主要依靠(　　　)的力量。

(A)信念　　　　(B)习俗　　　　(C)法律　　　　(D)社会舆论

6. 不安全行为是指造成事故的人为错误,下列行为属于人为错误的不安全行为的是(　　　)。

(A)操作错误　　　　(B)忽视安全、忽视警告

(C)使用无安全装置设备　　　　(D)手代替工具操作

7. 预防事故发生的基本原则是(　　　)。

(A)事故可以预防　　　　(B)防患于未然

(C)根除可能的事故原因　　　　(D)全面处理的原则

8. 有关职业道德不正确的说法是(　　　)。

(A)职业道德有助于提高劳动生产率,但无助于降低生产成本

(B)职业道德有助于增强企业凝聚力,但无助于促进企业技术进步

(C)职业道德有利于提高员工职业技能,增强企业竞争力

(D)职业道德只是有利于提高产品质量,无助于提高企业信誉和形象

9. 下列关于职业技能构成要素之间的关系,不正确的说法是(　　　)。

(A)职业知识是关键,职业技术是基础,职业能力是保证

(B)职业知识是保证,职业技术是基础,职业能力是关键

(C)职业知识是基础,职业技术是保证,职业能力是关键

(D)职业知识是基础,职业技术是关键,职业能力是保证

10. 下列关于职业道德与职业技能关系的说法,正确的是(　　　)。

(A)职业道德对职业技能具有统领作用

(B)职业道德对职业技能有重要的辅助作用

(C)职业道德对职业技能的发挥具有支撑作用

(D)职业道德对职业技能的提高具有促进作用

11. 劳动保护是根据国家法律法规,依靠技术进步和科学管理,采取组织措施和技术措施,(　　　)。

(A)消除危及人身安全健康的不良条件和行为

(B)防止事故和职业病

(C)保护劳动者在劳动过程中的安全和健康

(D)其内容包括劳动安全、劳动卫生、女工保护、未成年工保护、工作时间和休假制度

四、判 断 题

1. 抓好职业道德建设,与改善社会风气没有密切的关系。(　　　)

2. 职业道德也是一种职业竞争力。(　　　)

3. 企业员工要认真学习国家的有关法律、法规,对重要规章、条例达到熟知,做到知法、懂法,不断提高自己的法律意识。(　　　)

4. 劳动保护法规是国家劳动部门在生产领域中约束人们的行为,以达到保护劳动者安全健康的一种行为规范。(　　　)

5. 危险预知活动的目的是预防事故,是一种群众性的"自我管理"。(　　　)

6. 全员参加管理,就是要求企业从厂长到工人,人人关心产品质量,做好本职工作。(　　　)

7. 道德作为上层建筑的一种特殊的社会意识形态不受经济基础决定,但要为经济基础服务。(　　　)

8. 社会主义职业道德建设是社会主义精神文明的重要组成部分。(　　　)

9. 职业道德是人们职业活动中必须遵循的职业行为规范和必须具备的道德品质。(　　　)

10. 安全规程具有法律效应,对严重违章而造成损失者给以批评教育、行政处分或诉诸法律处理。(　　　)

11. 劳动者患病或者非因工负伤,医疗期满后,不能从事原工作或者不能从事由用人单位另行安排的工作的,用人单位可以解除劳动合同。(   )

12. 增加职工的职业道德意识,是搞好安全生产的重要环节。(   )

13.《劳动法》规定的劳动者义务有:完成劳动任务,提高劳动技能,执行劳动安全卫生规程,遵守劳动纪律和职业道德。(   )

14. 企业可根据具体情况和产品的质量情况制定适当高于同种产品国家或行业标准的企业标准。(   )

15. 道德规范存在于人们的意识之中,并通过人们的言行表现出来。(   )

16. 用人单位与劳动者协商一致,可以解除劳动合同。(   )

材料成分检验工(职业道德)答案

一、填 空 题

1. 生产领域
2. 服务群众
3. 书面形式
4. 预防为主
5. 核算工资
6. 改善劳动条件
7. 安全及健康
8. 无毒无害
9. 皮肤防护
10. 集体主义
11. 职业能力
12. 爱岗敬业
13. 人、机、料、法、环、测
14. 质量至上
15. 产品质量责任
16. 无固定期限
17. 保护接地
18. 认识功能

二、单项选择题

1. B   2. B   3. B   4. A   5. B   6. B   7. D   8. D   9. B
10. C   11. B   12. C   13. C   14. B   15. C   16. B

三、多项选择题

1. ABC   2. ABCD   3. BD   4. ABC   5. ABD   6. ABCD   7. ABCD
8. ABD   9. ABD   10. ACD   11. ABCD

四、判 断 题

1. ×   2. √   3. √   4. ×   5. √   6. √   7. ×   8. √   9. √
10. ×   11. √   12. ×   13. √   14. √   15. √   16. √

材料成分检验工(初级工)习题

一、填空题

1. 实际用以检定计量标准的计量器具是（　　　）。

2. 一个分子中各（　　　）的总和叫作分子量。

3. 利用分子式和元素符号来表示化学反应的式子叫作（　　　）。

4. 由同种元素组成的物质叫作（　　　）。

5. 电解质电离时所生成的阴离子全部是氢氧根离子的化合物叫作（　　　）。

6. 天平零点有波动造成的误差为（　　　）。

7. 相对误差是指误差在（　　　）中所占的百分数。

8. 1 mol H_2 和 1 mol O_2 的混合气体在标准状况下的体积约是（　　　）。

9. 天平的灵敏度常用感量表示,感量与灵敏度互为（　　　）关系。

10. 确定化合价的原则是正价总数和负价总数的代数和为（　　　）。

11. 某分析天平的灵敏度为 2.5 格/mg,最大载重量为 200 g,则该天平的分度值为（　　　）。

12. 天平的（　　　）是指天平的分度值和该天平的最大载重量的比值。

13. 元素周期表具有（　　　）个周期。

14. 准确度一般可以衡量（　　　）的大小,准确度数值越小,说明分析工作越准确。

15. 用 NaOH 滴定 HAc 溶液时,化学计量点生成 NaAc,此盐水解后溶液呈（　　　）性。

16. 被测元素在显色剂的作用下转变成有色化合物的反应叫作（　　　）。

17. 吸光度是光线通过有色溶液时被（　　　）的程度,常用 A 表示。

18. 用蒸馏水代替试液,与被测组分一样加入同样种类、同样数量的试剂进行试验,称为（　　　）。

19. 酸碱滴定中溶液的（　　　）发生了变化。

20. 氧化还原反应中,物质失去电子的过程叫作（　　　）。

21. 氧化还原反应中,失去电子的物质叫作（　　　）。

22. 氧化还原反应中,物质夺得电子的过程叫作（　　　）。

23. 氧化还原反应中,夺得电子的物质叫作（　　　）。

24. 氧化还原反应必然是氧化剂（　　　）变为弱的还原剂。

25. 氧化还原反应必然是还原剂（　　　）变为弱的氧化剂。

26. 试样火焰引起石油产品试样上蒸汽闪光时的最低温度叫作（　　　）。

27. 准确度是（　　　）的符合程度,它说明测量的可靠性,用误差来量度。

28. 沉淀的（　　　）要小,以保证待测组分定量地沉淀完全。

29. 在一定温度下,某种物质在 100 g 溶剂中达到溶解平衡状态时所溶解的克数,这个数值称为该物质在一定条件下的(　　　)。

30. 重量法不需要标准试样和(　　　),全部数据由分析天平称量得到。

31. 碱溶液能使红色石蕊试纸变(　　　)。

32. 所制备的样品量至少满足(　　　)次检测的需要。

33. 分析天平是根据(　　　)原理设计而成的。

34. 读取滴定管读数时,最后一位数字估测不准所引起的误差为(　　　)。

35. 容量瓶主要用于将精确称量的物质准确地配成一定容积,或将准确容积的浓溶液稀释成准确容积的稀释液,这种过程常称为(　　　)。

36. 在一定温度下,当溶解的速度和沉淀的速度达到相等时,溶液中离子浓度的乘积是一个常数,称为(　　　)。

37. 强酸强碱滴定到化学计量点时,生成的盐是(　　　)性盐。

38. 指示剂正好发生颜色转变的点称为滴定(　　　)。

39. 当滴入的标准溶液与被测定的物质定量反应完全时,称为(　　　),一般根据指示剂的变色来确定。

40. 滴定终点与化学计量点不一定恰好相符,由此造成的分析误差称为(　　　)。

41. 液体试剂用水稀释或试剂相互混合时,常用(　　　)表示。

42. 误差是测定值与(　　　)之间的差值。

43. 供全分析用的水样不得少于 5 L,供单项分析用的水样不得少于(　　　)。

44. 络合物是由中心离子与中性分子或负离子以(　　　)键形成的化合物。

45. 为了进行分析或试验而采取的水称为(　　　)。

46. 分光光度法是基于物质对光的(　　　)性吸收而建立的分析方法。

47. 分光光度法中,取一系列不同浓度的标准溶液进行显色,并测定吸光度。以吸光度对溶液的浓度作图,得到通过原点的直线,这条直线被称为(　　　)。

48. 酸碱缓冲溶液是一种能对溶液的(　　　)起稳定作用的溶液。

49. 用来直接配制标准溶液或标定未知溶液浓度的物质称为(　　　)。

50. 当反应速度较慢或反应物为固体时,加入过量的标准溶液,待反应完成后,再用另外一种标准溶液滴定剩余的标准溶液,这种滴定方法称为(　　　)法。

51. 对于伴有副反应的反应,不能直接滴定被测物质,需先用适当的试剂与被测物质起反应,使其置换出另一种生成物,再用标准溶液滴定此生成物,这种滴定方法称为(　　　)法。

52. 被测物质不能与标准溶液直接作用,却能和另外一种可以与标准物质直接作用的物质起反应,这时采用的滴定方法称为(　　　)法。

53. 摩尔吸光系数的单位是(　　　)。

54. 试样的称量方法通常有两种:固定称量法、(　　　)。

55. 润滑油或深色石油产品在试验条件下,冷却到停止流动时的最高温度叫作(　　　)。

56. 酸滴定碱时,甲基橙作指示剂,滴定终点由(　　　)。

57. 天平称量操作不当或天平故障所引起的误差为(　　　)。

58. 甲基橙指示剂由红变黄,pH 值变色范围为(　　　)。

59. 酚酞指示剂由无色变为红色,pH 值变色范围为(　　　)。

60. 196 g H_2SO_4 的物质的量为(　　　)。(H_2SO_4 的相对分子量为 98)

61. 当溶液的(　　)值改变时,酸碱指示剂由于结构的改变而发生颜色的改变。

62. 未烘干的基准物质碳酸钠用来标定盐酸溶液所引起的误差是(　　)。

63. 每种颜色的光都有一定的(　　)。

64. 有色溶液最容易吸收的光,是与其本身颜色呈(　　)的光。

65. 由试剂和器皿带进杂质所造成的系统误差一般可做(　　)来消除。

66. 物质的量的法定计量单位名称为(　　)。

67. 运算器和控制器即是计算机的(　　)。

68. 计算机主要由中央处理器、(　　)、输入设备、输出设备等组成。

69. 进入实验室应徒手接触金属接地棒,以消除人体从外界带来的(　　)。

70. 对用电器的短路保护,最简单有效的办法就是使用(　　)。

71. 37%的 HCl 密度是 1.19 g/mL,100 mL HCl 的质量为(　　)。

72. 收到试样和送检单时,应认真查验(　　),如有疑问立即提出,明确后收样登记。

73. 用过硫酸铵氧化滴定法测定钢铁中的锰时,加 $AgNO_3$ 的目的是起(　　)。

74. 利用数字修约规则,将 0.236 保留两位小数,应为(　　)。

75. 我国标准物质分为(　　)类。

76. 我国标准物质分为(　　),它们都符合"有效标准物质的定义"。

77. 按标准 GB/T 1724—1979 涂料细度测定法的使用范围,细度在 30 μm 及 30 μm 以下时,应选量程为(　　)的刮板细度计。

78. 使用比色皿时,手不能触及比色皿的(　　),比色皿外的液滴要用绸布或滤纸擦拭。

79. 浓度为 $C = 1.50$ mol/L 的碳酸钠溶液 1 L,其质量为(　　)。(Na_2CO_3 的相对分子量为 106)

80. 铋磷钼蓝光度法测定钢铁中的磷,用高氯酸溶样的目的是将亚磷酸全部(　　)成正磷酸。

81. 分析实验室用水规格分为(　　)级别。

82. 使用聚四氟乙烯器皿要严格控制加热温度,当温度超过 250 ℃时,就会分解出对人体有害的气体,故加热时一般控制在(　　)左右。

83. 滤纸分为定性滤纸和定量滤纸两种,重量分析过滤沉淀必须使用(　　)滤纸。

84. 碱类及盐类试剂溶液不能装在(　　)。

85. 常用的试样分解方法有溶解法和(　　)。

86. 洗涤沉淀的目的是为了除去沉淀中的母液,以及附在(　　)表面上的杂质。

87. 重铬酸钾可以直接称量配制标准溶液,不必(　　)而且很稳定。

88. 对于测定黏度较高(>150 s)的透明的涂料产品,选用的黏度计为(　　)。

89. 产生共沉淀现象的主要原因是(　　),造成混晶包藏现象。

90. 根据沉淀的性质选择滤纸的滤速,胶状沉淀可用(　　)滤纸。

91. 配制好的 $AgNO_3$ 溶液储存在(　　)玻璃瓶中。

92. 如果发现钢铁试样有(　　),应及时与送检单位联系重新送样。

93. 测定油品运动黏度用温度计最小分度值为(　　)。

94. 由一批物料中取得具有代表性部分样品的步骤,称为试样的(　　)。

95. 制备试样一般包括四个步骤:粉碎、过筛、混匀、(　　)。

96. 为了便于试样的分解,经粉碎的矿样、耐火材料应全部通过筛孔边长( )的筛网。

97. 为便于试样的分解,经粉碎的铁合金应全部通过筛孔边长( )的筛网。

98. 按四分法缩分得到的最后试样,在捣碎过程中一定要( )通过规定的筛网。

99. 欲使试样有代表性,除了采样必须合理外,试样的( )也同样重要。

100. 金属或合金中磷的测定必须采用( )酸分解试样,以免磷生成 PH_3 逸出。

101. 各种沾污会对分析结果造成( )误差。

102. 矿石试样分解一般采用( )。

103. 用碳酸钠熔融试样时,加入氢氧化钠可以( )熔点并稍提高分解能力。

104. 锻造或热处理过程中造成硬度较大的难取试样,应先( ),降低样品表面硬度,再行钻取。

105. 现有 500 mL 物质的量浓度为 0.500 0 mol/L 的氢氧化钠溶液,欲配成 1 L、0.100 0 mol/L 的氢氧化钠溶液,需要上述溶液( )。

106. 在 0.1 mol/L NaOH 溶液中滴加甲基红指示剂,溶液呈( )色。

107. 在 0.1 mol/L HCl 溶液中滴加甲基红指示剂,溶液呈( )色。

108. 容量器皿在读数前必须有( )。

109. 中和 40.00 mL、0.150 0 mol/L 的 NaOH 溶液,需用 0.200 0 mol/L 的 HCl( )。

110. 根据数字修约规则,1.123 5 保留三位小数应为( )。

111. 根据数字修约规则,1.124 5 保留三位小数应为( )。

112. 采制试样时的一个最基本的要求是具有( )性和均匀性。

113. 可储存的实验室用水,其沾污的主要来源是容器的可溶成分的溶解、( )和其他杂质。

114. 标准大致可以分为( )类。

115. 亚砷酸钠—亚硝酸钠滴定法测定钢铁中的锰,为检验滴定是否过量,可在滴定后的试液中加( ),如溶液呈微红色说明滴定正常。

116. 测定涂料黏度时,流出时间不低于 20 s 的用( )黏度计。

117. 测定涂料黏度时,流出时间在 150 s 以下的用( )黏度计。

118. 制备漆膜时,要求漆膜涂布均匀,不允许有空白或( )现象。

119. 重量分析中,沉淀在灼烧之前必须干燥,以防止瓷坩埚发生破裂和沉淀的( )而造成损失。

120. 分析中,对于易挥发和易燃的有机溶剂加热时,应采用的方法是在( )上加热。

121. 洗涤沉淀的方法是采用少量( )的原则。

122. 过滤细小晶粒沉淀时,可在漏斗内放入少量( ),以防止沉淀透过滤纸进入溶液中。

123. 影响沉淀纯度的主要因素有( )沉淀和后沉淀两种现象。

124. 握持滴定管应做到操作灵活,能控制( )。

125. 亚砷酸钠—亚硝酸钠滴定法测定钢铁中锰的操作中,加热煮沸以 45 s 为宜,煮沸时间过长,容易使结果( )。

126. 硅钼蓝光度法测定钢中硅时,加入( )可消除磷、砷等离子的干扰。

127. 硫的燃烧碘量法测定中,生成的 SO_2 被水吸收成 H_2SO_3,可用( )来滴定。

128. 偏离朗伯－比耳定律的主要原因是单色光不纯和溶液本身的（　　　）所造成的。

129. 用（　　　）可以吸取和放出一定体积的溶液。

130. 为了提高蒸馏水的（　　　），可以增加蒸馏次数，减低蒸馏速度。

131. 目前我国生产的化学试剂一般分为（　　　）级。

132. 银器皿中不允许分解或灼烧含（　　　）的物质。

133. 铋磷钼蓝光度法测定磷时，砷会干扰磷的测定，会使结果（　　　）。

134. 影响分光光度法测定的主要因素：溶液的（　　　），显色的温度、时间等。

135. 进行比色分析时，为使测定具有最大的灵敏度，一般选用最大的（　　　）。

136. 沉淀剂本身溶解度要（　　　），容易在洗涤时除去。

137. 络合滴定中溶液的（　　　）发生变化，在化学计量点时出现突跃。

138. 摩尔吸光系数 ε 值愈大，有色化合物对特定波长光吸收的（　　　）愈高。

139. 实验室分析纯试剂的标签颜色及代码为（　　　）。

140. 溶解含碳的各类钢时，常滴加 HNO_3 的目的是（　　　）。

141. 在容量瓶中稀释溶液时，当溶液装至约（　　　）处时，将瓶摇动做初步混匀，然后仔细稀释至刻度。

142. 含结晶水的标准物质失去部分结晶水，用它配制标准溶液的计算值比真实浓度（　　　）。

143. 锰是钢铁中常见元素之一，钢中含锰可提高其（　　　）和硬度。

144. 磷是钢铁中的有害元素之一，在钢中成固溶体并发生（　　　），使钢铁在常温及低温变脆，称为冷脆性。

145. 氢氟酸对人体有腐蚀作用，使用时应避免与皮肤接触，并在（　　　）中进行。

146. 容易侵蚀玻璃而影响试剂纯度的氢氟酸、氟化钠、氢氧化钾等应保存在（　　　）瓶中。

147. 易爆炸的混合物只能（　　　）加热，绝对禁止用明火直接加热。

148. 发生酸烧伤时，立即用（　　　）冲洗烧伤处，然后用碳酸氢钠溶液洗。

149. 一般化学试剂应保存在通风良好、干燥洁净的屋子里，对于见光分解的试剂应放在（　　　）瓶中保存。

150. 含六价铬的废水应将六价铬（　　　）后再稀释排放。

151. 含有氰化物的废液不能直接倒入实验室水池内，应在加入 NaOH 使其呈强碱性后，加入（　　　）中生成无毒的铁氰化合物后再排入下水道。

152. 搬动氧气瓶时，要轻拿轻放，不要受（　　　），防阳光直射，不要靠近热源或火源。

153. 实验室对易燃、易爆、易冻试剂的保存一般要求温度在（　　　）之间。

154. 取下沸腾的水或溶液时，需先用（　　　）摇动后再取下。

155. 使用酒精灯时，注意酒精切勿装满，应不超过容量的（　　　）。

二、单项选择题

1. 性质相同的同一类原子叫作（　　　）。
(A)原子   (B)分子   (C)元素   (D)化合物

2. 由两种或两种以上的不同元素组成的物质叫作（　　　）。
(A)分子式   (B)化合物   (C)单质   (D)元素

3. 由金属离子和酸根离子组成的化合物叫作( )。

(A)酸　　　　　　(B)碱　　　　　　(C)单质　　　　　　(D)盐

4. 有一天平称量误差为±0.2 mg,如果称取试样为 0.500 g,相对误差应为( )。

(A)+0.08%　　　　(B)±0.04%　　　　(C)0.02%　　　　(D)-0.04%

5. 钠离子与氯离子形成的化合物为( )。

(A)共价化合物　　(B)离子化合物　　(C)混合物　　　　(D)极性化合物

6. 全自动电光天平的感量为( )。

(A)0.2 mg/格　　　(B)0.1 mg/格　　　(C)0.4 mg/格　　　(D)0.15 mg/格

7. 溶解度在 0.01 g 以下的物质称为( )物质。

(A)可溶　　　　　(B)易溶　　　　　(C)难溶　　　　　(D)绝对不溶

8. 88 g 二氧化碳在标准状态下的体积为( )。

(A)22.4 L　　　　(B)44.8 L　　　　(C)2 L　　　　　(D)44 L

9. 下列试剂中,( )是盐。

(A)KOH　　　　　(B)Na_2CO_3　　　(C)NaOH　　　　(D)$Al(OH)_3$

10. 下列物质是不溶性碱的是( )。

(A)NaOH　　　　(B)$Fe(OH)_3$　　(C)KOH　　　　　(D)Na_2CO_3

11. 下列物质是基准物质的是( )。

(A)NaOH　　　　(B)HCl　　　　　(C)$K_2Cr_2O_7$　　(D)$KMnO_4$

12. 标定 NaOH 溶液常用的基准物质是( )。

(A)HCl　　　　　(B)H_2SO_4　　　(C)$KHC_8H_4O_4$　(D)$Na_2S_2O_3$

13. 标定 HCl 溶液常用的基准物质是( )。

(A)NaOH　　　　(B)Na_2CO_3　　　(C)$CaCO_3$　　　(D)KOH

14. 下列物质是单质的是( )。

(A)O_2　　　　　(B)NaCl　　　　　(C)K_2SO_4　　　(D)CO_2

15. 食盐水溶液是( )。

(A)化合物　　　　(B)纯净物　　　　(C)混合物　　　　(D)单质

16. 下列说法正确的是( )。

(A)硫酸具有挥发性　　　　　　　　(B)盐酸具有氧化性

(C)硝酸具有氧化性　　　　　　　　(D)磷酸具有还原性

17. NH_4Cl 溶液的 pH 值( )。

(A)大于 7　　　　(B)等于 7　　　　(C)小于 7　　　　(D)不确定

18. 标定 $KMnO_4$ 溶液常用的基准物质是( )。

(A)草酸钠　　　　(B)碘　　　　　　(C)硫代硫酸钠　　(D)三氯化铁

19. 标定 $Na_2S_2O_3$ 溶液常用的基准物质是( )。

(A)$K_2Cr_2O_7$　　(B)I_2　　　　　(C)EDTA　　　　(D)$FeCl_3$

20. 下列物质能直接配制标准溶液的是( )。

(A)$KMnO_4$　　　(B)$K_2Cr_2O_7$　　(C)$Na_2S_2O_3$　　(D)$Pb(NO_3)_2$

21. 下列物质在水溶液中呈现酸性的是( )。

(A)NH_4NO_3　　(B)NaAc　　　　(C)NH_4Ac　　　(D)NaCl

22. 铬形成的化合物中不会出现( )价化合物。
(A)+2　　　　　　(B)+5　　　　　　(C)+3　　　　　　(D)+6

23. 天平的灵敏度与( )有关。
(A)玛瑙刀　　　　　　　　　　　(B)指针长短
(C)支点到重心的距离　　　　　　(D)阻尼筒

24. 可用于减少测定过程中的偶然误差的方法是( )。
(A)进行对照试验　　　　　　　　(B)进行空白试验
(C)进行仪器校准　　　　　　　　(D)增加平行试验的测定次数

25. 用酸度计测定试液的 pH 值之前,要先用标准( )溶液进行调节定位。
(A)酸性　　　　(B)碱性　　　　(C)中性　　　　(D)缓冲

26. 试剂中含有微量被测元素所引起的误差为( )。
(A)偶然误差　　　(B)系统误差　　　(C)公差　　　(D)偏差

27. 下列说法正确的是( )。
(A)系统误差越小,精确度越低
(B)精确度越好,准确度越高
(C)准确度是表示测定结果与真实含量接近的程度,两者越接近,其误差越小
(D)精密度常用误差来量度

28. 下列酸中,( )具有氧化性。
(A)HCl　　　(B)HAc　　　(C)浓H_2SO_4　　　(D)H_3PO_4

29. 下列酸中,( )的酸性最强。
(A)H_3PO_4　　　(B)HF　　　(C)HAc　　　(D)HCl

30. 下列酸性物质中,( )易挥发。
(A)HNO_3　　　(B)H_3PO_4　　　(C)H_2SO_4　　　(D)$KHSO_4$

31. 下列试剂是酸性溶剂的是( )。
(A)$NaCO_3$　　　(B)$K_2S_2O_7$　　　(C)KOH　　　(D)Na_2O_2

32. 经常使用的碱性熔剂是( )。
(A)Na_2SO_4　　　(B)$NaHCO_3$　　　(C)$BaCl_2$　　　(D)Na_2O_2

33. 燃烧碘量法测定钢铁中的硫属于( )。
(A)酸碱中和反应　　　　　　　　(B)氧化还原反应
(C)置换反应　　　　　　　　　　(D)络合反应

34. 用 $Na_2C_2O_4$ 滴定 $KMnO_4$ 溶液时,使用的指示剂为( )。
(A)中性红　　　(B)酚酞　　　(C)自身指示剂　　　(D)二苯胺

35. 一般分光光度分析经常使用的光是( )。
(A)复合光　　　(B)单色光　　　(C)红外光　　　(D)紫外光

36. 变色范围在 3.1～4.4 之间的酸碱指示剂为( )。
(A)铬黑 T　　　　　　　　　　　(B)甲基橙
(C)苯代邻氨基苯甲酸　　　　　　(D)溴百里香草酚

37. 下列说法正确的是( )。
(A)氢离子浓度等于 pH 值　　　　(B)氢离子浓度的对数等于 pH 值

(C)氢离子浓度的负对数等于 pH 值　　(D)氢离子活度等于 pH 值

38. 滴定碘时,宜用的指示剂是(　　)。

(A)次甲基蓝　　(B)甲基橙　　(C)淀粉　　(D)百里酚酞

39. 全机械加码单盘天平的分度值(称量的精确程度)是(　　)。

(A)0.1 mg　　(B)0.4 mg　　(C)0.01 mg　　(D)0.5 mg

40. 下列指示剂是络合物指示剂的是(　　)。

(A)中性红　　(B)酚酞　　(C)钙指示剂　　(D)甲基红

41. 下列指示剂是氧化还原指示剂的是(　　)。

(A)二苯胺磺酸钠　　(B)酚酞　　(C)甲基橙　　(D)甲基红

42. 偏差是衡量(　　)的标志。

(A)准确度　　(B)精密度　　(C)相对误差　　(D)绝对误差

43. 称量时,试样吸收了空气中的水分所引起的误差为(　　)。

(A)偏差　　(B)绝对误差　　(C)相对误差　　(D)系统误差

44. 读取滴定管读数时,最后一位数字估测不准所引起的误差为(　　)。

(A)系统误差　　(B)公差　　(C)偶然误差　　(D)偏差

45. 下列说法正确的是(　　)。

(A)水分子由两个氢原子和一个氧原子组成

(B)水分子由两个氢元素和一个氧元素组成

(C)水分子由一个氢分子和一个氧原子组成

(D)水分子由一个氢分子和一个氧分子组成

46. 摩尔吸光系数 ε 与(　　)有关。

(A)溶液的浓度　　　　　　　　　(B)液层厚度

(C)有色溶液的性质　　　　　　　(D)显色剂的浓度

47. 用 NaOH 滴定 HAc 溶液时,化学计量点生成 NaAc,此盐水解后,溶液呈(　　)。

(A)酸性　　(B)碱性　　(C)中性　　(D)不确定

48. HCl 和 HNO₃ 以(　　)比例混合的酸叫王水。

(A)1+1　　(B)2+1　　(C)3+1　　(D)1+3

49. 从 1 L、1 mol/L NaOH 溶液中取出 100 mL,下列有关此 100 mL 溶液的叙述错误的是(　　)。

(A)溶液含 NaOH 4 g　　　　　　(B)溶液的浓度为 1 mol/L

(C)溶液的浓度为 0.1 mol/L　　　　(D)该溶液含 NaOH 0.1 mol

50. 元素周期表有(　　)周期。

(A)五个　　(B)六个　　(C)七个　　(D)八个

51. 常用的无机显色剂是(　　)。

(A)碳酸钠　　(B)硫酸钾　　(C)钼酸铵　　(D)氯化钠

52. 摩尔是表示物质的量的单位,某物质的量为 1 mol,所含有的阿佛加德罗常数的微粒为(　　)个。

(A)6.022×10^{23}　　(B)6.022×10^{10}　　(C)6.022×10^{30}　　(D)6.022×10^{50}

53. 在标准状态下,67.2 L 氮气的质量是(　　)。(N 的相对原子量为 14)

(A)22 g   (B)22.4 g   (C)6 g   (D)84 g

54. 缓冲溶液中,加入少量酸或碱,溶液的酸度基本不变,如果将缓冲溶液稍加稀释,溶液的酸度(   )。

(A)变大   (B)变小   (C)基本不变   (D)不确定

55. 某溶液的 pH 值为 4,氢离子浓度为(   )。

(A)0.000 1 mol/L   (B)0.000 4 mol/L

(C)0.04 mol/L   (D)0.01 mol/L

56. 某溶液的 pH 值为 12,氢氧根离子的浓度为(   )。

(A)$[OH^-] = 10^{-3}$ mol/L   (B)$[OH^-] = 10^{-12}$ mol/L

(C)$[OH^-] = 10^{-2}$ mol/L   (D)$[OH^-] = 2 \times 10^{-2}$ mol/L

57. 检验 Fe^{3+} 离子常用的试剂是(   )。

(A)NH_4SCN (B)NaOH   (C)HCl   (D)H_2SO_4

58. 下列反应是氧化还原反应的是(   )。

(A)三氧化二铁和盐酸的反应   (B)碘和亚硫酸的反应

(C)氢氧化钠加热反应   (D)氯化钠和硝酸银的反应

59. 下列反应属于置换反应的是(   )。

(A)$KMnO_4 + NaNO_2$ (B)$AgNO_3 + NaCl$

(C)$CuSO_4 + Fe$ (D)$Na_2O + HCl$

60. 下列说法正确的是(   )。

(A)盐类都溶于水   (B)一般金属氧化物都溶于酸

(C)酸性氧化物都溶于酸   (D)所有金属都溶于硫酸

61. 某一溶液中,氢离子浓度为 0.01 mol/L,它的 pH 值为(   )。

(A)2   (B)3   (C)1   (D)0.01

62. 在一定温度下,增加反应物的浓度可使反应速度(   )。

(A)增加   (B)减小   (C)不变   (D)不确定

63. 下列物质中,(   )在溶液中呈酸性。

(A)NH_4NO_3 (B)KCl   (C)Na_2SO_4 (D)NaAc

64. 在氧化还原过程中,得到电子的反应是(   )。

(A)氧化反应   (B)还原反应   (C)转换反应   (D)分解反应

65. 原子序数为 9,质量数为 19 的氟原子核中含有(   )。

(A)19 个质子   (B)9 个中子   (C)19 个中子   (D)9 个质子

66. 一般来说,大多数化学反应的速度都随着温度的升高而(   )。

(A)减少   (B)增大   (C)不变   (D)不确定

67. 下列物质中,溶液的 pH 值最大的是(   )。

(A)0.1 mol/L 的 HAc 加等体积的 0.1 mol/L 的 HCl

(B)0.1 mol/L 的 HAc 加等体积的蒸馏水

(C)0.1 mol/L 的 HAc 加等体积的 0.1 mol/L 的 NaOH

(D)0.1 mol/L 的 HAc 加等体积的 0.1 mol/L 的 NaAc

68. 内存与外存相比较,(   )。

(A)内存比外存价格高　　　　　　　　(B)内容量比外容量大

(C)内存比外存速度快　　　　　　　　(D)内存与外存一样快

69. 不能引起生命危害的电压称为安全电压,一般规定为(　　)。

(A)220 V　　　　　(B)36 V　　　　　(C)110 V　　　　　(D)48 V

70. 某一电器用品上标识"220 V,1 000 W",1 000 W 表示该电器用品的(　　)。

(A)功率　　　　　(B)功　　　　　(C)电阻　　　　　(D)电压

71. 下列符号代表优级纯试剂的是(　　)。

(A)CP　　　　　(B)AR　　　　　(C)GR　　　　　(D)LR

72. 需要 2 mol/L 的 $NaCO_3$ 溶液 950 mL,配制时所选用容量瓶的规格为(　　)。

(A)950 mL　　　　　(B)1 000 mL　　　　　(C)500 mL　　　　　(D)250 mL

73. 丁二酮肟沉淀重量法测定钢中镍,最适宜的沉淀剂为(　　)。

(A)8-羟基喹啉　　　　(B)丁二酮肟　　　　(C)钼酸钠　　　　(D)酒石酸

74. 钢样表面沾有油污,可用(　　)处理。

(A)稀硝酸　　　　(B)丙酮　　　　(C)水　　　　(D)稀的碱溶液

75. 用万分之一的分析天平称量某样品的重量应为(　　)。

(A)0.58 g　　　　(B)0.580 g　　　　(C)0.580 0 g　　　　(D)0.580 00 g

76. 用 25 mL 的滴定管进行滴定分析时,滴定液的体积应为(　　)。

(A)21 mL　　　　(B)21.0 mL　　　　(C)21.00 mL　　　　(D)21.000 mL

77. NaOH 标准溶液吸收了空气中的二氧化碳后用来滴定弱酸,如用酚酞作指示剂,测定结果会(　　)。

(A)偏高　　　　　　　　(B)偏低

(C)不确定　　　　　　　　(D)既不偏高也不偏低

78. $Na_2S_2O_3$ 与 I_2 之间的氧化还原反应必须在(　　)介质中进行。

(A)酸性　　　　　　　　(B)碱性或微碱性

(C)中性或微酸性　　　　　　　　(D)中性或微碱性

79. 如果试样溶液有淡黄色,进行比色测定时可用(　　)作参比。

(A)蒸馏水　　　　(B)试样溶液　　　　(C)纯试剂　　　　(D)标样

80. 采用 Na_2CO_3 与 NaOH 混合起来溶解试样的目的在于(　　)。

(A)提高熔点　　　　(B)降低熔点　　　　(C)降低成本　　　　(D)反应完全

81. 含结晶水的标准物质失去部分结晶水,用它配制的标准溶液计算出的值比真实值(　　)。

(A)高　　　　　(B)不变　　　　　(C)低　　　　　(D)无法计算

82. 加热温度要求在 100 ℃ 以下时,可选用的设备为(　　)。

(A)电炉　　　　(B)热水浴锅　　　　(C)烘箱　　　　(D)酒精喷灯

83. 烘箱日常使用时,应选用的温度范围是(　　)。

(A)400 ℃～500 ℃　　　　　　　　(B)200 ℃～300 ℃

(C)100 ℃～200 ℃　　　　　　　　(D)100 ℃以下

84. 重量法测硅,脱水时使用的酸最理想的是(　　)。

(A)HNO_3　　　　(B)H_2SO_4　　　　(C)H_3PO_4　　　　(D)$HClO_4$

85. 容量法测锰,在滴定 Mn^{7+} 时,常用的滴定剂为(　　　)。

(A)KlO_3 　　　　　　　　　　　　(B)Na_3AsO_3-$NaNO_2$

(C)$AgNO_3$ 　　　　　　　　　　　(D)$K_2Cr_2O_7$

86. 用 HF 处理含硅试样时,加入少量的 H_2SO_4 的目的是(　　　)。

(A)提高沸点　　　(B)保持酸度　　　(C)防止 SiF_4 水解　　　(D)防止 SiF_4 挥发

87. 对容量瓶的要求是(　　　)。

(A)不能在烘箱中烘烤 　　　　　　　(B)能在烘箱中烘烤

(C)可用明火加热 　　　　　　　　　(D)塞子可任意调换

88. 使用非吸出式吸量管或无分度吸管时,留在管尖的溶液(　　　)。

(A)吹出　　　(B)不吹出　　　(C)可吹可不吹　　　(D)不作要求

89. 称量用的称量瓶烘干后,应放于(　　　)中冷却和保存。

(A)药品柜　　　(B)室温环境　　　(C)干燥器　　　(D)恒温恒湿箱

90. 测定机车用底漆的细度时,最好选用量程为(　　　)的刮板细度计。

(A)25 μm　　　(B)50 μm　　　(C)100 μm　　　(D)10 μm

91. 涂-4 黏度计适用于测定涂料的(　　　)黏度。

(A)相对　　　(B)绝对　　　(C)条件　　　(D)平均

92. 聚四氟乙烯烧杯的使用温度不应超过(　　　),超过此温度杯体即开始分解。

(A)350 ℃　　　(B)250 ℃　　　(C)415 ℃　　　(D)500 ℃

93. 定量分析过滤时,定性滤纸不能代替定量滤纸是因为(　　　)。

(A)过滤慢 　　　　　　　　　　　　(B)过滤快

(C)灼烧后灰分较多 　　　　　　　　(D)沉淀漏滤

94. 1 mol H_2SO_4 与 NaOH 完全反应时,NaOH 的质量是(　　　)。(NaOH 的相对分子质量为 40)

(A)8 g　　　(B)40 g　　　(C)80 g　　　(D)4 g

95. 为提高洗涤效率,采用的洗涤方法是(　　　)。

(A)多量少次　　　(B)少量多次　　　(C)多量多次　　　(D)少量少次

96. 用 HF 处理试样或残渣时,使用的器皿是(　　　)。

(A)石英器皿　　　(B)玻璃器皿　　　(C)瓷器皿　　　(D)铂金器皿

97. MnO_4^- 在(　　　)溶液中能定量地被还原为 Mn^{2+}。

(A)弱碱性　　　(B)中性　　　(C)强酸性　　　(D)弱酸性

98. 配制 $SnCl_2$ 溶液时,必须加一定量的(　　　)。

(A)HAc　　　(B)HCl　　　(C)NaOH　　　(D)HNO_3

99. 亚砷酸钠—亚硝酸钠容量法测定锰时,加 $AgNO_3$ 的作用是起(　　　)。

(A)催化作用　　　(B)氧化作用　　　(C)络合作用　　　(D)置换作用

100. 管式炉燃烧法测定钢铁中碳、硫时,洗气瓶中内置一定量的浓硫酸,用以吸收氧气中的(　　　)。

(A)SO_3 　　　　　　　　　　　　(B)CO_2

(C)水和破坏有机物 　　　　　　　　(D)SO_2

101. 铂金器皿中存有硅酸盐杂质时,应选用(　　　)试剂清除。

(A)H_2SO_4　　　　　　(B)H_3PO_4　　　　　　(C)HCl　　　　　　(D)$Na_2B_4O_7$

102. 倾注法过滤沉淀的主要特点是( )。

(A)沉淀不易漏过滤纸　　　　　　　(B)缩短过滤时间

(C)沉淀不易溶解　　　　　　　　　(D)沉淀不易流失

103. 下列各数中,小数点后"0"不属于有效数字的是( )。

(A)1.000 5　　　　(B)0.038 2　　　　(C)0.100 0　　　　(D)0.530

104. 进行比色分析时,为使测定具有最大的灵敏度,一般选用( )。

(A)最小的吸收波长　　　　　　　(B)适当的吸收波长

(C)最大的吸收波长　　　　　　　(D)任何波段

105. 重量分析中,定量滤纸灼烧后,灰分小于( )的叫作无灰滤纸,灰分重量可以免计。

(A)0.000 1 g　　　(B)0.000 3 g　　　(C)0.000 5 g　　　(D)0.000 7 g

106. 通常不能用碱标准溶液直接滴定的酸是( )。

(A)HCl　　　　(B)H_3PO_4　　　　(C)H_3BO_3　　　　(D)H_2SO_4

107. 测定石油产品凝点时,选用的冷却剂的温度要比试样预期凝点温度低( )。

(A)1 ℃～2 ℃　　(B)3 ℃～5 ℃　　(C)7 ℃～8 ℃　　(D)18 ℃～19 ℃

108. 铋磷钼蓝光度法测定钢铁中的磷,磷与铋、钼酸铵形成黄色络合物,用( )还原为钼蓝。

(A)亚硝酸盐　　　(B)抗坏血酸　　　(C)亚砷酸钠　　　(D)亚硫酸钠

109. 硅钼酸盐光度法测钢铁中硅时,以抗坏血酸为还原剂,适宜的酸度为( )。

(A)pH=1～2　　(B)pH=3～4　　(C)pH=5～6　　(D)pH=8～10

110. 烘干玻璃器皿中的水分,常用的设备是( )。

(A)电炉　　　　(B)马弗炉　　　　(C)烘箱　　　　(D)恒温恒湿箱

111. 配制溶液所选用的试剂都为 GR 级的,那么溶剂应选用( )。

(A)三级水　　　(B)去离子水　　　(C)自来水　　　(D)二级水

112. 下列不能直接配制标准溶液的物质是( )。

(A)$K_2Cr_2O_7$　　　(B)KIO_3　　　(C)NaCl　　　(D)NaOH

113. 金属或合金中磷的测定必须采用( )分解试样。

(A)H_2SO_4　　　(B)HCl　　　(C)HAc　　　(D)HNO_3或王水

114. 如果显色剂有色,并在测定波长下有吸收,试样溶液在测定波长下对光的吸收很小,应用( )作为参比溶液。

(A)试剂空白　　　(B)溶液空白　　　(C)试样空白　　　(D)褪色空白

115. 气体容量法测定碳,燃烧反应快结束时,通过控制氧气流量( )来保证把瓷管中燃烧生成的二氧化碳全部赶到量气管中。

(A)大于 400 mL/min　　　　　　(B)大于 500 mL/min

(C)小于 400 mL/min　　　　　　(D)小于 200 mL/min

116. 1/5 $KMnO_4$物质的量为 20 mol,正确表达式为( )。

(A)n(1/5 $KMnO_4$)=20 mol/L　　　(B)c(1/5 $KMnO_4$)=20 mol/L

(C)(1/5 $KMnO_4$)=20 mol　　　(D)n(1/5 $KMnO_4$)=20 mol

117. 过硫酸铵容量法测定低合金钢中铬时,指示剂选用( )。

(A)二甲酚橙　　　　　　　　　　　(B)N-苯代邻氨基苯甲酸

(C)邻二氮菲亚铁　　　　　　　　　(D)PAN

118. 欲配制 500 mL、0.01 mol/L 的 $K_2Cr_2O_7$ 溶液,应称取 $K_2Cr_2O_7$( )。($K_2Cr_2O_7$ 的相对分子量为 294)

(A)1.47 g　　　　(B)2.94 g　　　　(C)2.45 g　　　　(D)0.245 g

119. 测定油品 40 ℃ 的运动黏度时,选用的温度计范围是( )。

(A)0～50 ℃　　　(B)0～100 ℃　　　(C)38 ℃～42 ℃　　　(D)30 ℃～40 ℃

120. 显色剂浓度达到一定值后,相对继续增大时,吸光度值( )。

(A)不变　　　　　(B)增大　　　　　(C)降低　　　　　(D)不确定

121. 利用锑磷钼蓝及铋磷钼蓝分光光度法测定钢铁中磷时,在( )中进行显色最佳。

(A)硝酸　　　　　(B)高氯酸　　　　(C)硫酸　　　　　(D)盐酸

122. 硅钼蓝光度法测定硅时,磷、砷有干扰,加入( )以破坏磷、砷和钼酸铵生成的络合物为最快。

(A)酒石酸　　　　(B)柠檬酸　　　　(C)草酸　　　　　(D)醋酸铵

123. 加热温度在( )时,可选用恒温水浴加热。

(A)100 ℃ 以下　　(B)200 ℃ 以下　　(C)150 ℃ 以下　　(D)250 ℃ 以下

124. 钢铁中锰的测定,欲使 Mn^{2+} 氧化成 Mn^{7+} 后进行氧化还原滴定,酸度在( )之间为宜。

(A)1～2 mol/L　　(B)2～4 mol/L　　(C)0.5～1 mol/L　　(D)3～6 mol/L

125. 中和 40.00 mL、浓度为 0.150 0 mol/L 的 NaOH 溶液,需要用 0.300 0 mol/L 的盐酸( )。

(A)20.00 mL　　　(B)30.00 mL　　　(C)1.00 mL　　　(D)2.00 mL

126. 沾污有 AgCl 的容器用( )洗涤最合适。

(A)(1+1)盐酸　　(B)(1+1)草酸　　(C)(1+1)硝酸　　(D)(1+1)氨水

127. 晶形沉淀应在( )中慢慢加入沉淀剂而形成。

(A)热的稀释液　　(B)冷的稀释液　　(C)浓溶液　　　　(D)热的浓溶液

128. 洗涤比色皿时,不能用( )浸泡。

(A)乙醇溶液　　　(B)重铬酸钾洗液　　(C)去离子水　　　(D)稀盐酸

129. 对于滴定管,标称容量越小,相对容量允许差越大,但其绝对容量允许差则越来越小,因此,对于滴定用量在 15～20 mL 之间,最好选择的滴定管为( )。

(A)25 mL　　　　(B)50 mL　　　　(C)100 mL　　　　(D)10 mL

130. 分析用的蒸馏水,pH 值应符合( )。

(A)6.5～7.0　　　(B)5.0～7.5　　　(C)7.0　　　　　(D)6.5～8.0

131. 配 $SnCl_2$ 溶液时,必须将氯化亚锡溶于浓( )中后加水稀释,并加入少量钝锡粒。

(A)H_2SO_4　　　(B)HNO_3　　　(C)HCl　　　　　(D)H_3PO_4

132. 气体容量法测碳,量气管必须保持清洁,若有水滴附着在量气管内壁时需要用( )进行洗涤。

(A)表面活性剂　　　　　　　　　　(B)稀盐酸

(C)重铬酸钾洗液　　　　　　　　　　　　(D)一定浓度的氢氧化钾溶液

133. 用 $AgNO_3$ 检查 Cl^- 离子是否存在时,溶液的适宜酸度是(　　)。

(A)氨性　　　　　　(B)碱性　　　　　　(C)酸性　　　　　　(D)微酸性或中性

134. 采用重量分析方法时,为使沉淀完全,沉淀剂的用量是(　　)。

(A)等量　　　　　　(B)少量　　　　　　(C)过量　　　　　　(D)大量

135. 测定油样的运动黏度时,根据试样的温度选用适当的黏度计,应使试样的流动时间不少于(　　)。

(A)300 s　　　　　　(B)200 s　　　　　　(C)150 s　　　　　　(D)100 s

136. 在 1 L 纯水中加入 NaOH,使溶液中的[OH^-]增加到 0.000 1 mol/L,此时[H^+]的浓度为(　　)。

(A)10^{-4} mol/L　　　(B)10^{-11} mol/L　　(C)10^{-10} mol/L　　(D)10^{-9} mol/L

137. 下列情况引起的误差,不是系统误差的是(　　)。

(A)移液管移取溶液后,转移时残留量稍有不同

(B)滴定管未经校正

(C)所用试剂含有被测物质

(D)以失去部分结晶水的硼砂作为基准物质标定盐酸

138. 气体容量法测定碳,进入瓷管的氧气流量一般应为(　　)。

(A)0.5 L/min　　　(B)大于 1 L/min　　(C)2 L/min　　　(D)4 L/min

139. 单色器对光进行色散后,得到光的单色性纯度最高的是(　　)。

(A)单色器　　　　　(B)棱镜单色器　　　(C)光栅　　　　　　(D)滤光片

140. 测定低合金钢中铬时,一般根据溶液(　　)的出现来判断铬氧化是否完全。

(A)绿色　　　　　　(B)蓝色　　　　　　(C)紫红色　　　　　(D)黄色

141. 测定涂料的固体含量指的是经加热后(　　)重量和试样重量的比值。

(A)挥发物　　　　　(B)剩余物　　　　　(C)树脂　　　　　　(D)颜料

142. 测定色漆细度单位,通常以(　　)表示。

(A)微米　　　　　　(B)毫米　　　　　　(C)厘米　　　　　　(D)纳米

143. 如果超过喷枪口所需要的压力,或挥发型油漆含有过多的高沸点稀释剂时,喷涂的漆膜就会(　　)。

(A)过薄　　　　　　(B)过厚　　　　　　(C)不均匀　　　　　(D)变致密膜

144. 丙烯酸聚氨酯涂料严禁与(　　)混合。

(A)汽油　　　　　　(B)二甲苯　　　　　(C)水和醇　　　　　(D)脂类

145. 下列物质中,(　　)为剧毒物。

(A)NaCl　　　　　　(B)$MgSO_4$　　　　　(C)As_2O_3　　　　　(D)KOH

146. 相互易作用,不宜在一起储存的试剂是(　　)。

(A)氯化物与过氧化氢　　　　　　　　　　(B)NaOH 与 NaCl

(C)高氯酸与乙醇　　　　　　　　　　　　(D)硫酸与硝酸

147. 见光会逐渐分解的试剂为(　　)。

(A)$KMnO_4$　　　　　(B)NaCl　　　　　　(C)KOH　　　　　　(D)$CuSO_4$

148. 稀释下列酸时,须采用专门的安全预防措施的是(　　)。

(A)HCl   (B)H_3PO_4 (C)H_2SO_4 (D)HNO_3

149. 高压气瓶不得用尽,剩余压力一般不应小于( )。

(A)0.04 MPa   (B)0.01 MPa   (C)0.02 MPa   (D)0.2~1.0 MPa

150. 下列选项中,( )的废料不得用纸或其他可燃物包裹后投入废料箱,应用水冲洗排入下水道。

(A)过氧化钠   (B)过氧化氢   (C)氯化钠   (D)氯化钙

151. pH 计的玻璃电极每次使用完毕应( )。

(A)浸泡在 1% 氯化钾溶液中   (B)浸泡在蒸馏水中

(C)浸泡在 1 mol/L 的盐酸溶液中   (D)浸泡标准缓冲液中

152. 常温下遇水能自燃的物质是( )。

(A)硫磺   (B)黄磷   (C)锌   (D)铝

153. 常温下能用铁制容器运输的是( )。

(A)盐酸   (B)浓硫酸   (C)硝酸   (D)稀硫酸

154. 下列物质应储存于棕色瓶中的是( )。

(A)碘   (B)焦硫酸钾   (C)盐酸   (D)草酸

155. 闭口闪点测定仪的油杯应用( )洗净并吹干后,方可装样测试。

(A)丙酮   (B)无水乙醇   (C)无铅汽油   (D)汽油

三、多项选择题

1. 按酸、碱、盐的顺序排列,正确的是( )。

(A)H_2SO_4、Na_2CO_3、CO_2 (B)H_2SO_4、NaOH、NaCl

(C)NaOH、HCl、H_2CO_3 (D)HCl、$Ca(OH)_2$、$CaCl_2$

2. 有关酸、碱、盐、氧化物的说法,不正确的是( )。

(A)酸和碱一定含有氧元素   (B)碱和氧化物不一定含有金属元素

(C)盐和氧化物一定含有金属元素   (D)酸和盐一定含有非金属元素

3. 下列物质是化合物的是( )。

(A)NaCl   (B)O_2 (C)CuO   (D)Ag

4. 下列物质久置于敞口的容器中质量会减少的是( )。

(A)浓硫酸   (B)浓盐酸   (C)食盐   (D)浓硝酸

5. 溶液的酸碱度常用 pH 值来表示,下列溶液表示酸性溶液的是( )。

(A)pH=8~10   (B)pH=1~2   (C)pH=7~9   (D)pH=5~6

6. 一瓶浓盐酸和一瓶浓硫酸都敞口放置于空气中,则可以肯定它们( )。

(A)质量都增加   (B)溶液的浓度都变小

(C)溶液的酸性都很强   (D)溶液的 pH 值都增大

7. 下列物质的水溶液,pH>7 的是( )。

(A)Na_2NO_3 (B)Na_2CO_3 (C)NaCl   (D)NaOH

8. 下列说法正确的是( )。

(A)pH 值越小,溶液的酸性越强

(B)某溶液的 pH=10,该溶液滴入酚酞试液时,溶液呈红色

(C)凡是生成盐和水的反应都是中和反应

(D)用 pH 试纸测定溶液的酸碱度时,可将 pH 试纸浸入溶液中

9. 下列有关溶液的叙述,错误的是(　　　)。

(A)析出晶体后的溶液是该温度下的饱和溶液

(B)20 ℃时硝酸钾的溶解度为 31.6 g,也就是 20 ℃时 100 g 硝酸钾溶液中含 31.6 g 硝酸钾

(C)在溶液里进行化学反应通常是比较快的

(D)同种溶质的饱和溶液一定比它的不饱和溶液的浓度大

10. 下列说法正确的是(　　　)。

(A)1 mol O 的质量是 16 g/mol　　　　　(B)Na^+ 的摩尔质量是 23 g/mol

(C)CO_2 的摩尔质量是 44 g/mol　　　　　(D)氢的摩尔质量是 2 g/mol

11. 下列叙述正确的是(　　　)。

(A)1 mol H_2 的质量只有在标准状况下才为 2 g

(B)在标准状况下某气体的体积为 22.4 L,则可以认为该气体的物质的量为 1 mol

(C)在 20 ℃时,1 mol 任何气体的体积总比 22.4 L 大

(D)1 mol H_2 和 O_2 的混合气体在标准状况下的体积为 22.4 L

12. 下列对天平的描述,正确的是(　　　)。

(A)在天平的一个称盘上增加 1 mg 时,指针偏斜的程度愈大,则该天平的灵敏度愈高

(B)天平的灵敏度与感量互为倒数关系

(C)天平的灵敏度越高越好,以便于称量准确

(D)天平的灵敏度是可测定的,若空盘的零点为 10.7 格,增加 1 mg 后,指针在标牌上读数为 13.7 格,则灵敏度为 3.0 格/mg

13. 化学键的主要类型有(　　　)。

(A)离子键　　　　　(B)极性键　　　　　(C)金属键　　　　　(D)共价键

14. 下列反应中,作为氧化剂的物质有(　　　)。

(A)Fe + $CuSO_4$ = $FeSO_4$ + Cu,$CuSO_4$ 为氧化剂

(B)Mg + 2HCl = $MgCl_2$ + H_2↑,HCl 为氧化剂

(C)MnO_2 + 4HCl(浓)$\triangleq$ $MnCl_2$+ Cl_2↑ + $2H_2O$,HCl 为氧化剂

(D)2Na + $2H_2O$ = 2NaOH + H_2↑,H_2O 为氧化剂

15. 现有一个 pH =6.5 的溶液,使该溶液显黄色的指示剂是(　　　)。

(A)甲基红　　　　　(B)酚酞　　　　　(C)中性红　　　　　(D)甲基橙

16. 下列描述正确的是(　　　)。

(A)测量的精密度越高,则测量的准确度一定高

(B)测量的准确度越高,则精密度越高

(C)测定某铜合金中铜的含量,分析结果为 80.13%,真实值为 80.18%,则绝对误差为 0.05%

(D)严格的多次测定,取平均值的方法可以减免偶然误差

17. 由共价键结合的物质有(　　　)。

(A)NaCl　　　　　(B)H_2O　　　　　(C)$FeCl_3$　　　　　(D)NH_3

18. 下列对浓硝酸、浓硫酸的描述,正确的是(　　　)。

(A)二者都能电离出 H^+

(B)二者均是强氧化剂

(C)浓硝酸易分解要储存在棕色瓶中,浓硫酸可密封存在普通玻璃瓶中

(D)二者均为强酸,因此可以使蓝色石蕊试纸先变红后褪色变白

19. 对重量分析法描述正确的是( )。

(A)重量分析法是用天平称量测定物质含量,不需要用标准物质

(B)沉淀、气化、电解及萃取重量法是根据分离方法的不同而划分的

(C)沉淀的形式与称量的形式一定要相同

(D)沉淀的溶解度越小沉淀越完全,对称量越有利

20. 下列说法正确的是( )。

(A)0.1 mol Fe (B)0.5 mol $NaCO_3$

(C)1 mol 氧元素 (D)0.2 mol H_2SO_4

21. 缓冲溶液具有的性质有( )。

(A)在一种缓冲溶液中加入少量强酸或强碱,溶液的 pH 值基本保持不变

(B)将缓冲溶液稀释,稀释前后的溶液的 pH 值基本不变

(C)碱型缓冲溶液的 pH 值受温度影响小

(D)酸型缓冲溶液的 pH 值受温度影响大

22. 下列反应是中和反应的是( )。

(A)$NaOH+HCl=NaCl+H_2O$

(B)$2KOH+H_2SO_4=K_2SO_4+2H_2O$

(C)$4HCl(浓)+MnO_2 \stackrel{\triangle}{=} MnCl_2+2H_2O+Cl_2\uparrow$

(D)$Fe+CuSO_4=FeSO_4+Cu$

23. 下列说法表达正确的是( )。

(A)滴定度指单位体积的标准溶液 A 相当于被测物质 B 的质量,用 $T_{B/A}$ 表达

(B)滴定度指单位体积的被测物质 B 相当于标准溶液 A 的质量,用 $T_{B/A}$ 表达

(C)滴定度常用单位为 g/mL、mg/mL

(D)滴定度常用单位为 g/L、mg/L

24. 加热均冒白烟的酸是( )。

(A)盐酸 (B)硫酸 (C)高氯酸 (D)硝酸

25. 下列属于酸性溶液的是( )。

(1)pH=5 的溶液 (B)pOH=5 的溶液

(C)$[H^+]=10^{-7}$ mol/L 的溶液 (D)$[OH^-]=10^{-11}$ mol/L 的溶液

26. 滴定分析法可分为( )。

(A)酸碱滴定法 (B)氧化还原滴定法

(C)沉淀滴定法 (D)络合滴定法

27. 显色反应的主要类型有( )。

(A)络合反应 (B)氧化还原反应

(C)离子缔合反应 (D)吸附显色反应及成盐反应

28. 在变化的测量条件下同一被测量的测量结果之间的一致性,其术语称为( )。

(A)复现性 (B)再现性 (C)重复性 (D)准确度

29. 测量结果与被测量的真值之差,其术语称为(   )。

(A)测量误差　　　　(B)绝对误差　　　　(C)偏差　　　　(D)实验标准偏差

30. 分光光度法中显色反应最好做到(   )。

(A)选择性好、灵敏度高　　　　　　(B)化合物组成稳定

(C)对比度大　　　　　　　　　　(D)显色反应易于控制

31. 要配置 100 mL、1 mol/L 的 NaOH 溶液,下列操作错误的是(   )。

(A)NaOH 用纸盛载进行称量

(B)用刚煮过的蒸馏水、洗净的烧杯及 100 mL 容量瓶进行配置

(C)用蒸馏水洗涤烧杯和玻璃棒 2~3 次,将洗液一并注入容量瓶

(D)使蒸馏水沿着玻璃棒注入容量瓶,直到溶液的凹面恰好跟刻度相切

32. 以 0.100 0 mol/L NaOH 溶液滴定 20.00 mL、0.100 0 mol/L HCl 溶液,以下描述正确的是(   )。

(A)此中和反应的产物为 NaCl 和 H_2O　　(B)用甲基橙作为指示剂最理想

(C)用酚酞作指示剂　　　　　　　　(D)滴定时 HCl 溶液应该在滴定管中

33. 关于容量瓶的使用,下列操作不正确的是(   )。

(A)使用容量瓶前检查是否漏水

(B)容量瓶洗净后,再用待配置溶液润洗

(C)配置溶液时,如果试样是液体,用移液管量取后直接倒入容量瓶中,缓慢加入蒸馏水到接近标线 2~3 cm 处,用滴管滴加蒸馏水到标线

(D)盖好瓶塞用食指顶住瓶塞,用另一只手的手指拖住容量瓶底,把容量瓶倒转和摇动多次

34. 重量分析对沉淀形式、称量形式要求正确的是(   )。

(A)称量形式分子量要大,在空气中十分稳定

(B)称量形式的化学组成要固定

(C)沉淀溶解度要小,沉淀力求纯净,避免其他杂质污染

(D)只要能形成沉淀,无论晶形沉淀还是非晶形沉淀,对于重量分析法均可

35. 重量分析法影响沉淀溶解度的因素有(   )。

(A)同离子效应　　　(B)温度　　　　(C)盐效应　　　　(D)酸效应

36. 配制一定物质的量浓度的 KOH 溶液时,会造成实验结果偏低的原因是(   )。

(A)容量瓶中有少量的蒸馏水

(B)有少量的 KOH 溶液残留在溶解 KOH 的烧杯中

(C)定容时俯视观察液面

(D)定容时仰视观察液面

37. 干扰离子对显色反应产生的影响有(   )。

(A)与显示剂生成有色络合物使吸光度偏高造成干扰

(B)影响显色时的离子浓度

(C)消耗大量显色剂使被测离子络合不稳定

(D)干扰离子本身有颜色造成测定干扰

38. 消除干扰离子最常用的方法有(   )。

(A)控制溶液的酸度,提高显色反应的选择性

(B)多加入显色剂

(C)延长显色时间

(D)加入适合的掩蔽剂

39. 下列物质属于合金钢的有(　　　)。

(A)Q235　　　　(B)1Cr18Ni9Ti　　　　(C)H68　　　　(D)38CrMoAl

40. 常量滴定管的规格有(　　　)。

(A)25.00 mL　　　　(B)10.00 mL　　　　(C)50.00 mL　　　　(D)2.00 mL

41. 下列对于滴定管的处理,正确的是(　　　)。

(A)滴定前检查活塞,薄涂一层润滑油

(B)洗涤滴定管内壁以不挂水珠为准

(C)滴定前应用少量标准溶液润洗滴定管2~3次

(D)读数时,可手抓滴定管上部及中部,使滴定管凹液面与视线相切

42. 关于容量瓶的说法正确的是(　　　)。

(A)容量瓶里可直接配制易溶解不需加热的固体试剂

(B)容量瓶在使用前一定要经过校准

(C)容量瓶中可长期密封存放标准溶液

(D)容量瓶一般不要在烘箱中烘烤,可用电吹风机吹干

43. 酸式滴定管可以盛放的溶液有(　　　)。

(A)碱性溶液　　　　(B)酸性溶液　　　　(C)中性溶液　　　　(D)氧化性溶液

44. 可用差减法称取的物质是(　　　)。

(A)基准物质　　　　(B)金属　　　　(C)氢氧化钠　　　　(D)矿石

45. 下列溶液能用弱酸-弱酸盐及弱碱-弱碱盐缓冲溶液控制酸度的有(　　　)。

(A)pH=0~2 的溶液　　　　　　　　(B)pH=2~6 的溶液

(C)pH=6~12 的溶液　　　　　　　　(D)pH=12~14 的溶液

46. 下列对于砝码的使用和保养,正确的做法是(　　　)。

(A)砝码应保持在清洁干燥环境中,不得受潮或接触有害气体

(B)为减少误差,称量时应使用同一砝码,先用带点的后用不带点的

(C)砝码的检定周期为一年,检定证书妥善保管

(D)取用砝码一定要使用镊子并应轻拿轻放

47. 标准物质的正确描述有(　　　)。

(A)标准物质可用来校准仪器　　　　(B)标准物质可用来评价测量方法

(C)标准物质可以给材料定值　　　　(D)标准物质只具有一种充分证实了的特性

48. 标准物质的基本要素有(　　　)。

(A)均匀性　　　　(B)稳定性　　　　(C)可溯源性　　　　(D)分析测试性

49. 材料牌号为 0Cr18Ni9 的钢,下列数字描述正确的是(　　　)。

(A)"0"表示含碳量上限为 0.10%　　　　(B)"0"表示含碳量上限为 0.08%

(C)"18"表示平均含铬量为 18%　　　　(D)"9"表示平均含镍量为 9%

50. 已知准确容量的玻璃器皿是(　　　)。

(A)滴定管　　　　(B)量筒　　　　(C)容量瓶　　　　(D)移液管

51. 可用于溶解试样或加热液体的玻璃器皿是(   )。

(A)容量瓶   (B)烧杯   (C)锥形瓶   (D)量杯

52. 使用和处理铂金器皿正确的是(   )。

(A)铂金器皿的使用温度不可超过 1 200 ℃,高温加热不可与任何金属接触

(B)可在铂金器皿中处理硝酸盐、氯化物,例如 $FeCl_3$

(C)清洁铂金器皿一定要用单独的稀盐酸或稀硝酸

(D)铂金器皿也可以用焦硫酸钾、碳酸钠或硼砂熔融清洗

53. 在石英坩埚器皿中绝对不能使用的物质是(   )。

(A)焦硫酸钾   (B)氢氟酸   (C)过氧化钠   (D)苛性碱

54. 不可以在银坩埚中进行加热操作的药品有(   )。

(A)氢氧化钠   (B)碳酸钠-硝酸钠

(C)硼砂   (D)碱性硫化物

55. 气体容量法测定钢铁中碳含量能使结果偏高的因素有(   )。

(A)钻取的试样中夹杂有黄色、蓝色的钻屑

(B)称量后的瓷舟放在纸上或用手拿取

(C)助熔剂的含碳量超过 0.005%

(D)对较高含量的碳做 1~2 次吸收

56. 气体容量法测定钢铁中碳时,下列试剂能将生成的二氧化硫除去的有(   )。

(A)氧化铜   (B)粒状活性二氧化锰

(C)五氧化二钒   (D)粒状钒酸银

57. 钢样化学分析所用的试样屑制样前要做到(   )。

(A)除去表面的氧化铁皮   (B)除去脱碳层、渗碳层

(C)除去涂层   (D)水清洗钢材表面

58. 气体容量法测定生铁、碳钢、低合金钢中碳时,助熔剂可选择(   )。

(A)锡   (B)五氧化二钒   (C)铜   (D)氧化铜

59. 硅钼蓝光度法测定硅,为消除磷、砷的干扰,可用的试剂有(   )。

(A)草酸   (B)抗坏血酸   (C)酒石酸   (D)碳酸

60. 锑磷钼蓝光度法测定钢铁中的磷,消除干扰元素砷可用的试剂有(   )。

(A)用酒石酸钾钠掩蔽   (B)用盐酸-氢溴酸挥除

(C)用氟化钠进行掩蔽   (D)用硫代硫酸钠掩蔽

61. 丁二酮肟光度法测定镍时,下列说法正确的是(   )。

(A)在碱性介质中,当有氧化剂存在时镍与丁二酮肟生成可溶性络合物

(B)在氨性介质中,用碘作氧化剂使镍与丁二酮肟生成可溶性络合物

(C)在强碱性介质中,用过硫酸铵作氧化剂使镍与丁二酮肟生成可溶性络合物

(D)在微酸性介质中,使镍与丁二酮肟形成可溶性络合物

62. 下列试验必须要用二级水的是(   )。

(A)高效液相色谱分析   (B)一般化学分析试验

(C)无机痕量分析试验   (D)原子吸收光谱分析用水

63. 下列报出的分析结果中,保留三位有效数字的是(   )。

(A)1.02　　　　　(B)0.028　　　　　(C)0.250　　　　　(D)15.10

64. 气体容量法测碳,其中(　　)应基本相同,否则温差的产生会给测量带来较大的误差。

(A)缓冲瓶内温度　　　　　　　　(B)吸收器内温度

(C)水准瓶内温度　　　　　　　　(D)混合气体的温度

65. 漆膜的物理机械性能检验项目包括(　　)以及耐磨性等。

(A)附着力　　　　(B)柔韧性　　　　(C)冲击强度　　　　(D)流挂性

66. 漆膜附着力的测定方法有(　　)。

(A)刀片法　　　　(B)划圈法　　　　(C)画格法　　　　(D)拉开法

67. 一般涂料组成中包括成膜物质以及(　　)。

(A)颜料　　　　(B)干燥剂　　　　(C)溶剂　　　　(D)助剂

68. 导致闭口闪点测定结果偏高的因素是(　　)。

(A)加热速度过快　　　　　　　　(B)试样含水

(C)气压偏高　　　　　　　　　　(D)火焰直径偏小

69. 实验室检测工作应采用(　　)。

(A)自己开发制定的检测方法　　　(B)国际标准

(C)国家标准　　　　　　　　　　(D)部门标准

70. 采集工业废水样品时,可用的采集方式有(　　)。

(A)间隔式平均采样　　　　　　　(B)平均取样或平均比例取样

(C)瞬间采样　　　　　　　　　　(D)单独采样

71. 为保证溶液质量,应对(　　)装有虹吸管的瓶上空气入口处装入碱石灰,以防二氧化碳侵入。

(A)氢氧化钠溶液　　　　　　　　(B)稀盐酸

(C)氯化钾溶液　　　　　　　　　(D)硫代硫酸钠溶液

72. 汞洒落后的正确处理方法有(　　)。

(A)立即用收集汞专用管收集

(B)撒上硫磺粉使汞珠表面覆以硫化汞薄膜后消除

(C)用食盐水冲洗

(D)可用20%三氯化铁溶液仔细泼洒到可能有汞的地方,等干燥后用水冲洗

73. 重铬酸钾洗液可用铁屑还原 Cr^{6+} 到 Cr^{3+} 再用(　　)使其生成低毒的沉淀处理掉。

(A)醋酸钠　　　　(B)碱液　　　　(C)氟化钠　　　　(D)石灰

74. 使用氢氟酸应做到(　　)。

(A)操作时带医用手套　　　　　　(B)操作后立即洗手

(C)用碳酸氢钠溶液处理残余氢氟酸　(D)操作时应在通风柜中进行

75. 皮肤沾污氢氟酸的处理方法有(　　)。

(A)用5%碳酸氢钠溶液擦洗　　　　(B)立即用饱和硼酸溶液浸泡

(C)用1%氢氧化钠溶液冲洗　　　　(D)用冰与乙醇的混合溶液浸泡

76. 下列物质不能在一起混合储存的是(　　)。

(A)高锰酸钾与过氧化氢　　　　　(B)盐酸与过氧化氢

(C)高氯酸与乙醇　　　　　　　　　　　　(D)过氧化钠与铝粉、硫酸、水

77. 油类、仪器仪表着火,可用的灭火设备有(　　　)。

(A)砂土　　　　　　　　　　　　　　　(B)二氧化碳泡沫灭火器

(C)消火栓　　　　　　　　　　　　　　(D)干式二氧化碳灭火器

78. 为了减少汞液面的蒸发,可在汞液面上覆盖的物质为(　　　)。

(A)甘油　　　　　　　　　　　　　　　(B)乙醇

(C)2%氯化钾溶液　　　　　　　　　　　(D)5%硫化钠溶液

79. 对实验室废液进行收集,正确的处理方法是(　　　)。

(A)无机酸、碱可以直接倒入下水道

(B)无机酸慢慢倒入过量的碳酸钠水溶液中,中和后用大量的水冲洗

(C)氢氧化钠、氨水用一定量的盐酸溶液中和后用大量水冲洗

(D)含汞、砷、锑、铋等离子的废液控制酸度,使其生成硫化物沉淀处理

80. 易发生聚合反应的气体钢瓶,如(　　　)等,应在储存期限内使用。

(A)乙烯　　　　　(B)氧气　　　　　(C)乙炔　　　　　(D)氮气

81. 实验室检测区域应做到(　　　)。

(A)具有消防设备　　　　　　　　　　　(B)具有个人防护装备

(C)安置通风换气系统　　　　　　　　　(D)配置洗眼或紧急喷淋系统

82. 化学性皮肤灼伤主要由(　　　)等化学物质引起。

(A)氢氟酸　　　　　(B)双氧水　　　　　(C)弱酸　　　　　(D)强碱

83. 打开(　　　)试剂瓶塞时应带防护用具,并在通风柜中进行。

(A)浓硫酸　　　　　(B)浓氨水　　　　　(C)浓硝酸　　　　　(D)浓盐酸

84. 对可能发生急性职业损伤的有毒、有害工作场所,应当(　　　)。

(A)设置报警装置　　　　　　　　　　　(B)配有现场急救用品

(C)配备医务室　　　　　　　　　　　　(D)设置泄险区

85. 下列属于保证用电安全的基本要素有(　　　)。

(A)电气绝缘　　　　　　　　　　　　　(B)安全距离

(C)设备及其导体载流量　　　　　　　　(D)明显和准确的标志

86. 在常温下,可以盛放在铝质或铁质容器中的物质是(　　　)。

(A)浓HNO_3　　　(B)稀HNO_3　　　(C)浓H_2SO_4　　　(D)稀H_2SO_4

87. 下列试剂的存放方法,正确的是(　　　)。

(A)硝酸盛放在棕色瓶中,放在冷暗处

(B)氢氧化钠、纯碱可存放在带磨砂玻璃塞的试剂瓶中

(C)液溴盛放在带橡皮塞的试剂瓶中

(D)氢氟酸盛放在塑料瓶中

88. 应该储存在棕色试剂瓶中的物质是(　　　)。

(A)$AgNO_3$　　　　　　　　　　　　　(B)$H_2C_2O_4 \cdot 2H_2O$

(C)$Na_2S_2O_3$　　　　　　　　　　　　(D)NaCl

89. 燃烧的三要素是(　　　)。

(A)可燃物质　　　(B)空气　　　(C)助燃物质　　　(D)温度　　　(E)火源

90. 造成分光光度计光点定向漂移的因素有( )。
(A)光电池衰老 　　　　　　　　(B)光电池受潮变质
(C)光路中有小障碍物 　　　　　　(D)仪器预热时间不够

91. 对于分光光度计的维护保养应该做到( )。
(A)不使用时不开光源灯 　　　　　(B)经常更换样品室及单色器内的干燥剂
(C)光电器件避免强光直射 　　　　(D)仪器窗口有沾污,用蒸馏水擦拭

92. 比色皿被有色物质污染后,选用( )两种试剂等体积混合洗涤。
(A)蒸馏水 　　　　　　　　　　　(B)无水乙醇
(C)3 mol/L HCl 溶液 　　　　　　(D)3 mol/L NaOH 溶液

93. 造成电子天平显示不稳定的因素有( )。
(A)秤盘与天平外壳之间有杂物 　　(B)天平未校准
(C)防风罩未完全关闭 　　　　　　(D)被称量物吸湿或有挥发性

94. 实验室的电击防护要做到( )。
(A)电气设备完好,绝缘好 　　　　(B)电气设备有良好的保护接地
(C)使用漏电保护器 　　　　　　　(D)发现漏电设备及时修理,并定期检查

95. 下列物品不能在电热恒温干燥箱内烘焙的是( )。
(A)过氧化钠 　　　(B)乙醇 　　　(C)氯化钾 　　　(D)氢氧化钾

四、判 断 题

1. 用元素符号表示物质分子组成的式子叫作分子式。( )
2. 电解质电离时所生成的阳离子部分是氢离子的化合物叫作酸。( )
3. 绝对误差是指测定值与平均值之差。( )
4. 锅炉用水要求悬浮物、氧气、二氧化碳的含量要少,硬度要低。( )
5. 氯离子与氢离子形成的化合物是共价化合物。( )
6. 化合价的正负由电子对的偏移来决定,电子对偏向哪个原子,哪个原子就为正价。( )
7. 用氢氟酸作为溶剂处理硅酸盐试样时用玻璃作容器。( )
8. 同一周期里,从左到右,元素的金属性逐渐减弱,而非金属性逐渐增强。( )
9. 溶解度是指在一定温度下的饱和溶液中,100 g 溶液所能溶解溶质的克数。( )
10. 用摩尔作单位时,它可以是分子、原子、离子、电子以及其他粒子等。( )
11. 基准物质是用来直接配制标准溶液或标定未知溶液浓度的物质。( )
12. 称量时,天平零点稍有变动所引起的误差是偶然误差。( )
13. 每台天平必须使用固定配套的砝码,不能随便使用。( )
14. 凡在水溶液中能电离出 H^+ 的化合物都叫酸。( )
15. 酸碱指示剂主要用于指示溶液的 pH 值,用以控制反应进行所需的酸碱条件。( )
16. 酸性溶液中,只有 H^+ 而无 OH^-。( )
17. 石蕊试纸遇酸呈蓝色,遇碱呈红色。( )
18. 酸的浓度和酸度概念是一致的。( )

19. 难于溶解的沉淀即为不溶解沉淀。（　　）

20. 强酸滴定强碱时,达到化学计量点时 pH＝7。（　　）

21. 天平的感量越大,灵敏度越高。（　　）

22. 化学反应中,参加反应的元素反应前后化合价有改变的反应,叫作氧化还原反应。（　　）

23. 用来标定 NaOH 标准溶液的基准物质是 HCl。（　　）

24. 按精度分,天平有 10 个等级。（　　）

25. 全碱度是以酚酞为指示剂,用酸标准溶液滴定后计算所得的含量。（　　）

26. 复分解反应进行到底的三个条件中,具备任何一个条件都能判断反应能否发生和进行到底。（　　）

27. 吸光度即为透光率的对数。（　　）

28. 滴定的化学计量点即为指示剂的理论变色点。（　　）

29. 实际应用中,要根据吸收剂和被吸收气体的特性安排混合气体中各组分的吸收顺序。（　　）

30. 称样时,试样吸收了空气中的水分所引起的误差是系统误差。（　　）

31. 缓冲溶液是一种对溶液的酸碱度起稳定作用的溶液。（　　）

32. 光吸收定律只适用于有色溶液。（　　）

33. 任何金属原子都能置换出酸分子中的氢原子。（　　）

34. 两性氢氧化物与酸和碱都能起反应生成盐和水。（　　）

35. 凡在滴定突跃范围内变色的指示剂,都可以保证测定方法具有足够的准确度。（　　）

36. 准确度和精密度只是对测量结果的定性描述,不确定度是对测量结果的定量描述。（　　）

37. EDTA 对金属离子的络合能力随酸度的改变而不同,酸度越高,络合能力越强。（　　）

38. 盐是由金属离子与酸根结合组成的化合物。（　　）

39. 酸碱滴定法、沉淀滴定法和络合物滴定法是以离子结合反应为基础的。（　　）

40. 准确度说明测量的可靠性,用误差值来衡量。（　　）

41. 精密度是表达测量数据的再现性,用偏差来量度。（　　）

42. 醋酸钠属于强碱弱酸盐。（　　）

43. 氧化还原反应中,得到电子的反应是氧化反应。（　　）

44. 高锰酸钾可作为基准物质。（　　）

45. 石油馏分中,汽油不属于轻质油。（　　）

46. 强制检定的计量器具是指强制检定的计量标准和强制检定的工作计量器具。（　　）

47. 法定计量单位是政府以法令形式规定使用的计量单位。（　　）

48. 对计量标准考核的目的是确认其是否具有开展量值传递的资格。（　　）

49. 物质的量浓度是指单位体积溶液中所含溶质的质量。（　　）

50. 元素的化合价是元素的原子在形成化合物时表现出来的一种性质,单质分子里元素的化合价为零。（　　）

51. 电线插头可直接插入插座内使用。（   ）

52. 正确操作闸刀开关,使其处于完全合上或完全拉断的位置,不可若即若离,以防接触不良打火花（   ）。

53. 选用用电器的保险丝,其额定电流越大越好。（   ）

54. 计算机软件按用途分类,可以粗略地分为系统软件和应用软件。（   ）

55. 物质的质量浓度即是物质的量浓度。（   ）

56. 滴定分析时,指示剂颜色的改变为滴定终点,它应该与理论终点相符。（   ）

57. 1 mol O 的质量是 16 g/mol。（   ）

58. 含有氧元素的化合物一定是氧化物。（   ）

59. 某物质只含有一种元素,则该物质不一定是纯净物（   ）。

60. 标准溶液浓度的准确与否直接影响分析结果的准确度。（   ）

61. 非金属元素在化合物里总是显负价。（   ）

62. 化学式用来表示物质的组成及其性质。（   ）

63. 反应前后元素化合价没有变化的反应一定不是氧化还原反应。（   ）

64. 均匀物料的采样可以在任意部位进行。（   ）

65. 复分解反应都不是氧化还原反应。（   ）

66. 空白试验是指在不加试样的情况下,按试样分析规程在同样的操作条件下进行的测定。（   ）

67. 采用对照试验可以消除测定中的系统误差。（   ）

68. 油品在规定的条件下,冷却至液面不移动时的最低温度称为凝点。（   ）

69. 某些在氧化态和还原态时具有不同颜色的指示剂,可用以指示滴定终点,这类指示剂被称为氧化还原指示剂。（   ）

70. 金属指示剂的颜色应与金属离子和金属指示剂形成配合物的颜色有明显的区别。（   ）

71. 对于液体样品,在大容器中采样时,先搅拌混合均匀,然后用 10 mL 左右的玻璃管在容器的不同部位和不同深度取样混合。（   ）

72. 配制和保存 $KMnO_4$ 溶液时,不必消除 MnO_2 的影响。（   ）

73. 量取 HF 酸可以使用玻璃量筒。（   ）

74. 沉淀重量法分析试验中,对沉淀的形式不作要求。（   ）

75. 接到试样应直接进行各项检验。（   ）

76. 油漆试样检验前状态调整包括对试样的温度、时间、湿度的调整。（   ）

77. 油样送检时,对容器应予密封,并做好标识。（   ）

78. 采用四分法缩分得到的最后试样,通不过规定网筛的部分弃去。（   ）

79. 矿石经粉碎、过筛后,即可进行称量溶解、检验。（   ）

80. 试样分解过程中,待测成分不应有挥发损失。（   ）

81. 用架盘天平称量物品时,被称物放在左盘,砝码放在右盘。（   ）

82. 采样要正确地采取具有代表性的"平均试样",这样的分析结果才有意义。（   ）

83. 颗粒大小及组成不均匀的矿石、煤焦、砂土等原始样品的采取,一般按物料的千分之一至万分之三采集。（   ）

84. 分光光度计接通电源,不须预热即可进行比色测定。(　　)

85. 气体取样可由球胆、盛气瓶直接接通盛取试样。(　　)

86. 收到样品和送检单时,认真检查分析项目,了解试样来源,按规定数量取用,有问题向送检者提出,明确后收样登记,并妥善保管。(　　)

87. 天平启动或关闭动作要轻缓,称量不得超过最大载荷。(　　)

88. 试剂都选用 GR 级的,溶剂选三级水就可满足要求。(　　)

89. 使用非吸出式吸量管或无分度吸管时,切勿把残留在管尖的溶液吹出。(　　)

90. 滴定管读数的方式是用手拿滴定管上端无刻度处并使管身垂直,视线保持与液面水平,读取与弯月面下缘最低点处相切的刻度。(　　)

91. 使用碱式滴定管时,左手的拇指与食指应捏挤玻璃珠的下部。(　　)

92. 配制硫酸、磷酸、硝酸、盐酸溶液时,都采用水倒入酸中的方式。(　　)

93. 测定某油品 40 ℃运动黏度时,温度计选择 0～50 ℃的范围。(　　)

94. 测定油品凝点装冷却剂的温度可降为仪器的最低点。(　　)

95. 从高温炉中取出样品时,应先拉下电闸再打开炉门,开关炉门速度要快。(　　)

96. 为减小误差,称量时使用同一组砝码时,应先用带点的,然后用不带点的。(　　)

97. 填写样品登记表应与委托单一致,包括送样单位、样品名称、牌号、分析项目、送样日期、编号等。(　　)

98. 银坩埚可以分解和灼烧含硫的物质。(　　)

99. 石英器皿绝对不能盛放氢氟酸、氢氧化钠等物质。(　　)

100. 朗伯—比耳定律在任何浓度范围内都适用。(　　)

101. 溶解含碳的各类钢铁时,滴加 HNO₃的目的是控制酸度。(　　)

102. 溶液的酸度对显色反应无影响。(　　)

103. 有色溶液对光的吸收程度与该溶液的液层厚度无关,只与浓度有关。(　　)

104. 王水的溶解能力强,主要在于它具有更强的氧化能力和络合能力。(　　)

105. 滴定分析要求反应要完全,但反应速度可快可慢。(　　)

106. 使用滴定管,必须能熟练做到逐滴滴加、只加一滴或使溶液悬而不滴。(　　)

107. 测定油品运动黏度用温度计的最小分度值为 1 ℃。(　　)

108. 在架盘天平上称取吸湿性强或有腐蚀性的药品,必须放在玻璃容器内快速称量。(　　)

109. 漆膜摆式硬度计的摆锤位置与所测玻璃值无关。(　　)

110. 装氢氧化钠溶液的试剂瓶或容量瓶用的是玻璃塞。(　　)

111. 量器不允许加热、烘烤,也不允许盛放或量取太热、太冷的溶液。(　　)

112. 滴定管内存在气泡时,对滴定结果无影响。(　　)

113. 0.001 26 的有效数字是 6 位。(　　)

114. 分析过程中,对于易挥发和易燃性有机溶剂进行加热时,常在烘箱中进行。(　　)

115. 进行漆膜附着力试验时,对转针划痕的深浅长短不作要求。(　　)

116. 所制备的漆膜厚度与测定结果没有直接关系。(　　)

117. 经常采用 Na₂CO₃和 K₂CO₃混合起来熔样,其目的在于提高熔点。(　　)

118. 显色反应的时间越长,形成的有色化合物越稳定。(　　)

119. 使用分光光度计时,换取溶液和记录数据时应切断入射光,防止光电池产生疲劳而造成测定数据不准确。(　　　)

120. 比色皿用蒸馏水洗净后,可直接装溶液进行测定。(　　　)

121. 制备的试样经过一次粉碎、过筛、混匀、缩分后,即可进行溶解。(　　　)

122. 石英器皿可作为测定硅时的分解容器。(　　　)

123. 使用氢氧化钠或过氧化物熔融分解试样时,最好使用镍和铁坩埚。(　　　)

124. 以氢氟酸处理或浓氢氧化钠溶液分解试样时,常用聚四氟乙烯容器。(　　　)

125. 光度法测硅,溶解过程中长时间的煮沸可以使试样溶解更完全。(　　　)

126. 溶解试样时,盖有表面皿可以完全避免试样呈雾状损失。(　　　)

127. 处理氧化物或硅酸盐可以使用瓷坩埚。(　　　)

128. 各种沾污会对分析结果造成负误差。(　　　)

129. 稀释浓硫酸时,必须在耐热和耐酸的容器内进行,并用水冷却容器。(　　　)

130. 分解试样蒸发冒硫酸烟的时间不易过长,否则生成难溶的 SO_4^{2-} 盐。(　　　)

131. 用焦硫酸钾熔融试样时,温度不宜过高,加热时间不宜过长。(　　　)

132. 过氧化钠与碳酸钠混合使用可减少对坩埚的侵蚀,并防止氧化反应过于激烈。(　　　)

133. 固体试样应置于试样瓶或试样袋里按规定期限妥善保存。(　　　)

134. 利用漏斗过滤溶液时,加入的液体距滤纸上缘 3 mm 处。(　　　)

135. 过滤 $BaSO_4$、$CaC_2O_4 \cdot 2H_2O$ 等细晶形沉淀可以采用较致密的中速滤纸。(　　　)

136. 洗涤无定形沉淀多用热的电解质溶液作洗涤剂,如铵盐溶液。(　　　)

137. 洗涤晶形沉淀可用蒸馏水作洗涤液。(　　　)

138. 重量法测硅的关键在于脱水是否完全,使用高氯酸最好。(　　　)

139. 一、二、三级水均可适量制备,小心储存。(　　　)

140. 钢铁试样表面有油污,应在制样前用汽油、乙醚等溶剂洗净风干后方可制备。(　　　)

141. 指示剂用量越多,所指示的终点颜色变化越敏锐。(　　　)

142. 摩尔吸光系数与溶液的浓度及液层的厚度有关。(　　　)

143. 将硅钼杂多酸还原为硅钼蓝要在足够强的酸度下进行。(　　　)

144. 检测水中的氯离子一般用 $AgNO_3$ 溶液作滴定剂,通过是否产生乳白色絮状沉淀来判定 Cl^- 的存在。(　　　)

145. 二氧化碳泡沫灭火器适用于扑灭油类着火及高级仪器仪表着火。(　　　)

146. 使用高氯酸溶液时,必须戴手套。(　　　)

147. 通常情况下,钢铁中的硫、磷被认为是有害元素。(　　　)

148. 干燥箱不得烘放腐蚀性物质(如酸、碘等物)及易燃易爆物品。(　　　)

149. 冲洗器皿上含有少量铬酸洗液,可直接排入下水道。(　　　)

150. 鉴别试剂,试剂瓶应远离鼻子,以手轻轻煽动,稍闻即止。(　　　)

151. 高氯酸不能与有机物或金属粉末直接接触,否则易引起爆炸。(　　　)

152. 刮板细度计用后应用汽油洗净刮板和刮刀,并涂以防锈油。(　　　)

153. 分光光度计左侧干燥筒内的变色硅胶颜色变红仍可以使用。(　　　)

154. 用分光光度计进行测量时,比色皿不配对会使测光不正常。（　　）

155. 点燃酒精灯时,可以从另一个酒精灯上对火。（　　）

五、简 答 题

1. 过滤操作时,漏斗中的液面为何不能超过滤纸高度的三分之二?

2. 简述分光光度计的基本结构。

3. 气体容量法测定钢铁中的碳,为何选用氢氧化钾溶液为吸收液,而不采用氢氧化钠溶液为吸收液?

4. 简述气体容量法测定钢铁中碳的基本原理。

5. 钢铁产品取样原则是什么?

6. 气体容量法测碳,为何水准瓶内盛放稀硫酸而且要加入甲基橙?

7. 还原型硅钼酸盐分光光度法测定钢铁中硅,加入草酸的作用是什么?

8. 复分解反应进行到底的条件是什么?

9. 重量分析法中,洗涤沉淀应遵循什么原则?

10. 国产化学试剂可分为几个等级? 其标签中的符号颜色是什么?

11. 简述还原型硅钼酸盐分光光度法测定钢铁中硅的要点。

12. 用基准物质 $Na_2C_2O_4$ 标定 $KMnO_4$ 溶液时,对溶液的温度有什么要求?

13. 如何对 pH 计(包括电极)进行维护?

14. 简述重量分析法的基本原理及分类。

15. 实验室分析用三级水要做哪些检验?

16. 简述分光光度法测量条件的选择。

17. 如何使用比色皿?

18. 朗伯—比耳定律在什么条件下可使用?

19. 偏离朗伯—比耳定律的主要原因是什么?

20. 容量法测定锰时,为什么用亚砷酸钠—亚硝酸钠混合溶液作为滴定剂?

21. 简述氧化还原滴定法的实质。

22. 测定铁样品对称样有何要求?

23. 单色器包括哪些部件?

24. 简述涂-1、涂-4 黏度计的测定原理。

25. 简述天平的使用方法。

26. 钢铁产品分析试样的保存有什么要求?

27. 简述亚砷酸钠—亚硝酸钠容量法测定钢铁中锰的原理。

28. 过硫酸铵容量法测定钢铁中铬的关键是什么?

29. 沉淀重量法中,对称量形式有何要求?

30. 气体容量法测定钢铁中的碳,添加剂氧化铜的作用是什么?

31. 为了加快固体溶解速度,常用热水配制 $CuSO_4$ 溶液,但会产生浑浊,为什么? 怎样才能用热水配制出澄清的 $CuSO_4$ 溶液?

32. 硅钼酸盐分光光度法测定钢铁中的硅含量时,为什么溶样时要缓慢加热?

33. 实验室预防中毒的措施有哪些?

34. 简述燃烧碘量法测硫的基本原理。

35. 钢铁中硅的测定,硅钼酸的还原为何要在足够强的酸度下进行?

36. 简述铋磷钼蓝分光光度法测定钢铁中磷的基本原理。

37. 管式炉燃烧碘量法测硫为什么不可以直接进行计算?

38. 固体原料试样的制备有哪几个步骤? 经粉碎的试样过筛时应注意什么问题?

39. 如何做好原始记录?

40. 如何制作标准曲线?

41. 分析数字的修约方法是什么?

42. 管式炉气体容量法测高碳后,接着测低碳应如何做?

43. 单色器的作用是什么?

44. 采用标样换算法必须符合什么条件?

45. 简述高锰酸钾法的优点及缺点。

46. 简述重铬酸钾作为氧化还原滴定剂的优点。

47. 试述分析结果采取算术平均值的理由。

48. 实验室安全知识包括哪些方面?

49. 石油产品水溶液性酸和碱的测定原理是什么?

50. 熔融法分解试样的原理是什么?

51. 试样分解过程中引入误差可能的原因是什么?

52. 简述丁二酮肟光度法测定低合金钢中镍的工作原理。

53. 简述石油产品运动黏度的测定原理。

54. 简述重铬酸钾洗涤液的正确排放方法。

55. 简述石油产品机械杂质的测试要点。

56. 分光光度分析误差来源有哪些?

57. 酸碱滴定法主要掌握哪些要点?

58. 测定钢中铬时,用过硫酸铵将 Cr^{3+} 和 Mn^{2+} 离子分别氧化后,为什么在滴定之前还要向溶液中滴加稀 HCl 或 NaCl 溶液?

59. 强酸性溶液中,用高锰酸钾溶液滴定 Fe^{2+} 为何多采用硫酸作介质,而不采用盐酸和硝酸?

60. 为什么在酸碱滴定时不宜使用大量的指示剂?

61. 碳硫仪球形管中出现沉积物过多时,对结果有什么影响? 怎样解决?

62. 刮板细度计的使用养护要注意些什么?

63. 酸碱指示剂的变色原理是什么?

64. 简述提高分析结果准确度的方法。

65. 显色反应的影响因素有哪些?

66. 如何处理散落在工作台、地上的汞?

67. 开启天平标尺向反方向移动是何原因? 如何处理?

68. 试述测定涂膜厚度的意义。

69. pH 计测定中,常见的故障有哪些?

70. 分光光度计仪器数据显示不稳定的原因有哪些?

六、综 合 题

1. 某溶液中[H$^+$]离子浓度为 0.010 mol/L，求此溶液[OH$^-$]的浓度和 pH 值。

2. 用邻苯二甲酸氢钾为基准物标定某一 NaOH 溶液，邻苯二甲酸氢钾称取量为 0.418 2 g，滴定时用去 NaOH 溶液 20.20 mL，计算此 NaOH 溶液的物质的量浓度。（邻苯二甲酸氢钾的相对分子量为 204.2）

3. 将硫酸溶液的物质的量浓度[C(1/2 H$_2$SO$_4$)＝0.200 0 mol/L]换算成质量浓度。（硫酸的相对分子量为 98.08）

4. 已知 37.23% 的 HCl 的密度为 1.19 g/mL，求 HCl 溶液的物质的量浓度。（盐酸的相对分子量为 36.45）

5. 称取含铬钢样 0.500 0 g，经处理后，滴定用去 0.020 0 mol/L 硫酸亚铁铵标准溶液 20.00 mL，计算铬的质量分数。（铬的相对原子量为 52）

6. 欲配制[C(HCl)＝0.120 0 mol/L]的 HCl 溶液 1 000 mL，需要取[C(HCl)＝0.500 0 mol/L]的 HCl 溶液多少毫升？

7. 配制[C(H$_2$SO$_4$)＝0.50 mol/L]的 H$_2$SO$_4$ 标准溶液 500 mL，需要取密度为 1.84 g/mL、含量为 98% 的浓 H$_2$SO$_4$ 多少毫升？（硫酸的相对分子量为 98）

8. 欲配制(1+2)HCl 溶液 150 mL，如何配制？

9. K$_2$Cr$_2$O$_7$ 溶液对 Fe 的滴定度为 0.005 483 g/mL，求 K$_2$Cr$_2$O$_7$ 溶液的物质的量浓度为多少？（铁的相对原子量为 55.85）

10. 有一 KOH 溶液 22.58 mL，能中和纯草酸(H$_2$C$_2$O$_4$·2H$_2$O)0.300 0 g，求该 KOH 溶液的物质的量浓度。（H$_2$C$_2$O$_4$·2H$_2$O 的相对分子量为 126.1）

11. 在一次滴定中，取 25.00 mL NaOH 溶液，用去 C(HCl)为 0.125 0 mol/L 的 HCl 溶液 32.14 mL，求该 NaOH 溶液的物质的量浓度。

12. 如何取用腐蚀性药品及处理有毒气体？

13. 准确称取含铁样品 0.100 0 g，经操作将铁以氢氧化铁形式沉淀，再灼烧成三氧化二铁，得到三氧化二铁的质量为 0.079 8 g，求样品中铁的质量分数。（铁的相对原子量为 55.84，氧的相对原子量为 16）

14. 称取硅酸盐试样 0.500 0 g，经处理得到不纯的二氧化硅 0.284 5 g，再用氢氟酸处理，使二氧化硅以氟化硅的形式逸出，残渣灼烧后称重 0.001 5 g，求试样中二氧化硅的质量分数。

15. 称取含锰量为 0.46% 的标准钢样 0.500 0 g，经过溶解氧化，用 NaNO$_2$-Na$_3$AsO$_3$ 标准溶液滴定，消耗了 10.80 mL，求 NaNO$_2$-Na$_3$AsO$_3$ 标准溶液对锰的滴定度。

16. 称取含铁样品 0.200 0 g，用酸处理后，以 $T_{Fe/K_2Cr_2O_7}$＝0.004 00 g/mL 的 K$_2$Cr$_2$O$_7$ 标准溶液滴定亚铁，消耗了 12.00 mL，计算试样中铁的质量分数。

17. 称取某物体的质量为 2.431 g，而物体的真实质量为 2.430 g，它们的绝对误差和相对误差分别是多少？

18. 已知 K$_2$Cr$_2$O$_7$ 的相对分子量为 294.18，欲配制 0.100 0 mol/L 的 K$_2$Cr$_2$O$_7$ 标准溶液 1 000 mL，需称取 K$_2$Cr$_2$O$_7$ 多少克？

19. 易爆炸类药品如高氯酸使用时应注意什么问题？

20. 中和 1.5 mol H$_2$SO$_4$ 需要 NaOH 多少克？（氢氧化钠的相对分子量为 40）

21. 称取铁矿石试样 0.500 0 g，溶于酸并还原为 Fe^{2+}，用 $C(1/6\ K_2Cr_2O_7)=0.100\ 0$ mol/L 标准溶液滴定，消耗了 21.30 mL，计算试样中铁的质量分数。（铁的相对原子量为 55.85，氧的相对原子量为 16）

22. 在 1 L 纯水中加入 HCl，使溶液的浓度为 0.10 mol/L，求溶液中$[OH^-]$的浓度。

23. 现有 $C(HCl)$ 为 0.101 6 mol/L 的 HCl 溶液，换算成 T_{HCl/Na_2CO_3} 应为多少？

24. 配制 EDTA 标准溶液$[C(DETA)=0.020\ 0$ mol/L$]$ 800 mL，需称取 EDTA 二钠盐多少克？（EDTA 二钠盐的相对分子量为 372.2）

25. 测定 Na_2CO_3 的含量，称取样品 1.000 0 g，加水溶解，在溶液中加入甲基橙作指示剂，用$[C(1/2\ H_2SO_4)=0.250\ 0$ mol/L$]$的硫酸溶液滴定，消耗了硫酸 36.00 mL，求 Na_2CO_3 的质量分数。$[$已知 $M(1/2\ Na_2CO_3)=53$ g/mol$]$

26. 标准钢样的含硅量为 0.64%，实际测得硅含量为 0.62%，求分析结果的误差和相对误差。

27. 用重量法测定钢样中的硅，称样 1.000 0 g，经处理得到二氧化硅的质量为 0.085 2 g，计算硅的质量分数。（硅的相对原子量为 28.09，二氧化硅的相对分子量为 60.09）

28. 已知 50 mm×120 mm×0.3 mm 的马口铁板重量为 $W_1=12.847\ 5$ g，将已稀释后试样喷涂制板，按产品标准规定的条件下干燥 24 h 后称重为 $W_2=13.847\ 6$ g，并已知该油漆试样固体含量为 $D=42.15\%$，求出该试样的油漆使用量为多少？

29. 根据有效数字规则，计算下列式子：13.6+0.009 2+1.632＝?

30. 为测量电泳漆的固定含量，取试样 2.00 g，烘干后试样为 0.250 g，求该漆的固体含量。

31. 用摆杆硬度计测某漆的硬度，测得玻璃值为 6 s，而漆膜值为 3 s，求漆膜的硬度为多少？

32. 现有 6 mol/L 盐酸溶液 150 mL 和 2 mol/L 盐酸溶液 150 mL，将此两种溶液全部配制成 3 mol/L 的盐酸溶液，可配制多少毫升？

33. 计算 5.60 g 氧气在标准状态下的体积是多少升？（氧气的相对分子量为 32）

34. 已知 20 ℃时食盐的溶解度是 36.0 g，问 20 ℃时 150 g 食盐的饱和溶液里溶有多少克食盐？

35. 某黏度计常数为 0.478 0 mm^2/s^2，在 50 ℃时试样的流动时间分别为 318.0 s、322.4 s、322.6 s、321.0 s，求试样运动黏度测定的结果。（测定温度为 15 ℃～100 ℃，允许相对测定误差为 0.5%）

材料成分检验工(初级工)答案

一、填 空 题

1. 工作基准
2. 原子量
3. 化学方程式
4. 单质
5. 碱
6. 偶然误差
7. 真实值
8. 22.4 L
9. 倒数
10. 零
11. 0.4 mg/格
12. 精度
13. 七
14. 系统误差
15. 碱
16. 显色反应
17. 吸收
18. 空白试验
19. pH 值
20. 氧化
21. 还原剂
22. 还原
23. 氧化剂
24. 得到电子
25. 失去电子
26. 闪点
27. 测量值与真值
28. 溶解度
29. 溶解度
30. 基准物质
31. 蓝
32. 3
33. 杠杆
34. 偶然误差
35. 定容
36. 溶度积
37. 中
38. 终点
39. 化学计量点(理论终点)
40. 滴定误差
41. 体积比浓度
42. 真实值
43. 0.3 L
44. 配位
45. 水样
46. 选择
47. 检量线
48. 酸度
49. 基准物质
50. 返滴定
51. 置换滴定
52. 间接滴定
53. L/(mol·cm)
54. 递减称量法
55. 凝点
56. 黄变红
57. 偶然误差
58. 3.1~3.4
59. 8.0~9.6
60. 2 mol
61. pH
62. 系统误差
63. 波长范围
64. 互补色
65. 空白试验
66. 摩尔
67. 中央处理器(CPU)
68. 存储器
69. 静电
70. 保险丝
71. 44.03 g
72. 分析项目和试样状态
73. 催化作用
74. 0.24
75. 十三
76. 一级和二级
77. 50 μm
78. 透光面
79. 159 g
80. 氧化
81. 三个
82. 200 ℃
83. 定量
84. 磨口试剂瓶中
85. 熔融法
86. 沉淀
87. 标定
88. 落球黏度计
89. 表面吸附
90. 快速
91. 棕色的
92. 缩孔及气泡
93. 0.1 ℃
94. 采取
95. 缩分
96. ≤0.125 mm
97. ≤0.085 mm
98. 全部
99. 制备
100. 氧化性
101. 正
102. 熔融法
103. 降低
104. 退火
105. 200 mL
106. 橙黄
107. 红
108. 一定等待时间(循沿)
109. 30.00 mL
110. 1.124
111. 1.124
112. 代表
113. 空气中二氧化碳
114. 六
115. 1滴高锰酸钾溶液
116. 涂-1
117. 涂-4
118. 溢流
119. 崩溅
120. 水浴

121. 多次	122. 纸浆	123. 共	124. 滴定速度
125. 偏低	126. 草酸	127. 碘酸钾标准溶液	128. 化学变化
129. 移液管	130. 纯度	131. 四	132. 硫
133. 偏高	134. 酸度	135. 吸收波长	136. 大
137. 金属离子浓度	138. 灵敏度	139. 红色、AR	140. 分解碳化物
141. 四分之三	142. 低	143. 强度	144. 偏析
145. 通风柜	146. 塑料	147. 水浴	148. 大量冷水
149. 棕色	150. 还原成三价铬	151. $FeSO_4$	152. 振动
153. 15 ℃~35 ℃	154. 烧杯夹夹住	155. 2/3	

二、单项选择题

1. C	2. B	3. D	4. B	5. B	6. B	7. C	8. B	9. B
10. B	11. C	12. C	13. B	14. A	15. C	16. C	17. C	18. A
19. A	20. B	21. A	22. B	23. C	24. D	25. D	26. B	27. C
28. C	29. D	30. A	31. B	32. D	33. B	34. C	35. B	36. D
37. C	38. C	39. A	40. C	41. A	42. B	43. D	44. C	45. A
46. C	47. B	48. C	49. C	50. C	51. C	52. A	53. D	54. C
55. A	56. C	57. A	58. C	59. C	60. B	61. A	62. A	63. A
64. B	65. D	66. B	67. C	68. C	69. C	70. B	71. C	72. B
73. C	74. B	75. C	76. C	77. A	78. C	79. C	80. C	81. C
82. B	83. C	84. D	85. B	86. C	87. A	88. B	89. C	90. C
91. C	92. B	93. C	94. C	95. B	96. D	97. C	98. B	99. A
100. C	101. D	102. B	103. B	104. C	105. A	106. C	107. C	108. B
109. A	110. C	111. D	112. D	113. D	114. A	115. C	116. D	117. B
118. A	119. C	120. C	121. C	122. C	123. A	124. B	125. A	126. D
127. A	128. B	129. A	130. B	131. C	132. C	133. D	134. C	135. B
136. C	137. A	138. B	139. C	140. C	141. B	142. A	143. C	144. C
145. C	146. C	147. A	148. C	149. D	150. A	151. C	152. B	153. B
154. A	155. C							

三、多项选择题

1. BD	2. AC	3. AC	4. BD	5. BD	6. BC	7. BD
8. AB	9. BD	10. BC	11. BD	12. ABD	13. ACD	14. ABD
15. AD	16. BD	17. BD	18. BC	19. ABD	20. ABD	21. AB
22. AB	23. AC	24. BC	25. AD	26. ABCD	27. ABCD	28. AB
29. AB	30. ABCD	31. AD	32. AC	33. BC	34. ABC	35. ABCD
36. BD	37. ACD	38. AD	39. BD	40. ABC	41. ABC	42. BD
43. BCD	44. AC	45. BC	46. ACD	47. ABC	48. ABC	49. BCD
50. ACD	51. BC	52. ACD	53. BCD	54. CD	55. ABC	56. BD

57. ABC 　58. ACD 　59. AC 　60. BD 　61. ABC 　62. CD 　63. AC
64. BCD 　65. ABC 　66. BCD 　67. ACD 　68. BC 　69. BCD 　70. ABCD
71. AD 　72. ABD 　73. BD 　74. ABD 　75. BD 　76. ACD 　77. BD
78. AD 　79. BCD 　80. AC 　81. ABCD 　82. ACD 　83. BCD 　84. ABD
85. ABCD 　86. AC 　87. AD 　88. AC 　89. ACE 　90. ABD 　91. ABC
92. BC 　93. ACD 　94. ABCD 　95. ABD

四、判　断　题

1. √ 　2. × 　3. × 　4. √ 　5. √ 　6. × 　7. × 　8. √ 　9. ×
10. √ 　11. √ 　12. √ 　13. √ 　14. × 　15. √ 　16. × 　17. √ 　18. ×
19. × 　20. √ 　21. × 　22. √ 　23. √ 　24. √ 　25. √ 　26. √ 　27. ×
28. × 　29. √ 　30. √ 　31. √ 　32. √ 　33. √ 　34. √ 　35. √ 　36. √
37. × 　38. √ 　39. √ 　40. √ 　41. √ 　42. √ 　43. √ 　44. √ 　45. ×
46. √ 　47. √ 　48. √ 　49. √ 　50. √ 　51. √ 　52. √ 　53. √ 　54. √
55. × 　56. √ 　57. √ 　58. × 　59. √ 　60. √ 　61. √ 　62. √ 　63. √
64. √ 　65. √ 　66. √ 　67. √ 　68. √ 　69. √ 　70. √ 　71. √ 　72. √
73. × 　74. × 　75. √ 　76. √ 　77. √ 　78. √ 　79. × 　80. √ 　81. ×
82. √ 　83. √ 　84. √ 　85. √ 　86. √ 　87. √ 　88. √ 　89. √ 　90. √
91. × 　92. √ 　93. √ 　94. × 　95. √ 　96. √ 　97. √ 　98. √ 　99. √
100. × 　101. × 　102. × 　103. × 　104. √ 　105. √ 　106. √ 　107. √ 　108. √
109. × 　110. √ 　111. √ 　112. √ 　113. √ 　114. √ 　115. √ 　116. √ 　117. √
118. × 　119. √ 　120. √ 　121. √ 　122. √ 　123. √ 　124. √ 　125. √ 　126. ×
127. √ 　128. √ 　129. √ 　130. √ 　131. √ 　132. √ 　133. √ 　134. √ 　135. ×
136. √ 　137. √ 　138. √ 　139. × 　140. √ 　141. √ 　142. × 　143. √ 　144. √
145. √ 　146. √ 　147. √ 　148. √ 　149. √ 　150. √ 　151. √ 　152. √ 　153. √
154. √ 　155. ×

五、简　答　题

1. 答:为了避免少量沉淀因毛细管作用越过滤纸上缘,造成损失(5分)。

2. 答:分光光度计由光源(1分)、分光系统(单色器)(1分)、吸收池(1分)、检测器和测量信号显示系统(记录装置)(2分)等五个基本部分组成。

3. 答:浓的氢氧化钠溶液易起泡沫,吸收二氧化碳生成碳酸钠时,其溶解度小于碳酸钾的溶解度,此物在浓氢氧化钠溶液中易析出结晶而堵塞管路,影响分析,氢氧化钾无此缺点,故此选用(5分)。

4. 答:试样置于高温炉中通氧燃烧,碳生成 CO_2,混合气体经除硫后,收集于量气管中,测其体积(2分),用 KOH 溶液吸收 CO_2 后再测余气体积,吸收前后体积之差即为 CO_2 体积,由此计算碳含量(3分)。

5. 答:取样方法要保证分析试样能代表熔体或抽样产品的化学平均值(2分);用于分析的试样有良好的均匀性,其不均匀性不对分析产生显著偏差(3分)。

6. 答:稀硫酸使溶液呈酸性,避免水溶液吸收混合气体中的二氧化碳,加甲基橙使溶液为红色,读数时易于观察量气管内液面的位置(5分)。

7. 答:加入草酸的作用是消除磷、砷、钒等离子的干扰(5分)。

8. 答:(1)生成难溶性的物质(2分);(2)生成挥发性的气体(2分);(3)生成水(1分)。

9. 答:重量分析法中,洗涤沉淀应遵循"少量多次"的原则(3分),每次加入新洗涤液之前,要求上次洗涤液流尽(2分)。

10. 答:国产化学试剂一般分为四个等级(1分)。一级品:GR,绿色(1分);二级品:AR,红色(1分);三级品:CP,蓝色(1分);四级品:LR,其他颜色(1分)。

11. 答:试料以硫酸—硝酸或盐酸—硝酸溶解,碳酸钠和硼酸熔融残渣(2分)。在弱酸性溶液中,硅酸与钼酸盐生成硅钼黄(1分)。增加硫酸浓度,加入草酸消除杂质干扰,用抗坏血酸将硅钼黄还原成硅钼蓝,测定吸光度(2分)。

12. 答:标定接近终点时,溶液温度要控制在约 65 ℃(5分)。

13. 答:(1)电极插头要清洁干燥,不与污物接触(1分);(2)玻璃电极球泡要清洁且不与硬物相碰,新的或长期未用,用前在蒸馏水或 0.1 mol/L HCl 溶液中浸泡 24 h 以上(2分);(3)要保持甘汞电极氯化钾液面原液位高度(2分)。

14. 答:重量分析法是将待测组分从试样中分离出来,转化为一定称量形式的化合物,用称量的方法测定该组分的含量(3分)。重量分析法可分为沉淀法、电解法、气化法、萃取法(2分)。

15. 答:根据新国标,实验室分析用三级水要检验的项目有 pH 值范围(1分)、电导率(1分)、可氧化物含量(1分)、蒸发残渣(2分)。

16. 答:(1)选择合适波长的入射光(2分);(2)控制适当的吸光度范围(1分);(3)选择适当的参比溶液(2分)。

17. 答:(1)禁用手触及透光面(1分);(2)使用前用待测溶液冲洗 2~3 次(1分);(3)器皿外壁液滴用滤纸吸干(1分);(4)强酸类溶液在器皿中不宜长时间存放(1分);(5)禁用强氧化剂或碱性液浸泡洗涤,用后冲洗干净(1分)。

18. 答:当一束单色光通过均匀溶液时,其吸光度与溶液的浓度 c 和液层厚度 L 的乘积成正比,这个规律称为朗伯—比耳定律,公式为 $A = \varepsilon c L$(3分)。具备单色光和稀溶液这两个条件才符合使用该定律(2分)。

19. 答:主要是由于单色光不纯和溶液本身的化学变化所造成的(5分)。

20. 答:单独使用亚砷酸钠,只能使 Mn^{7+} 还原为 Mn^{3+},终点难以判断;单独使用亚硝酸钠,NO_2^- 与 MnO_4^- 反应慢,且 NO_2^- 不稳定,易挥发分解。采用混合溶液可发挥两者优点,达到测定目的(5分)。

21. 答:氧化还原反应中,反应物的原子或离子之间有电子得失或电子对发生偏移,氧化剂和还原剂得失电子数相等(5分)。

22. 答:测定铁样品时,称样前一般须用磁铁吸一下,以免取试样时引起机械混杂,造成误差(5分)。

23. 答:单色器由入射狭缝、出射狭缝、准直镜以及色散元件(棱镜或光栅)组成(5分)。

24. 答:一定量的试样,在一定温度下从规定直径的孔所流出的时间,以秒(s)表示,涂-1黏度计适用于测定流出时间不低于 20 s 的涂料产品,而涂-4 黏度计适用于测定流出时间在

150 s 以下的涂料产品(5 分)。

25. 答:(1)使用前检查天平是否水平,各部件位置是否正确,称量前调零位(1 分);(2)物品放在表面皿、烧杯或称量瓶中于称盘中心(1 分);(3)天平开启或关闭动作要轻(1 分);(4)称量和读数时紧闭侧门(1 分);(5)称量结束及时取出物品和砝码,随即关闭天平(1 分)。

26. 答:(1)分析试样在制备中和制备后应该防止污染和化学变化(2 分);(2)原始样品允许以块状形式保存,需要时再制取分析试样(2 分);(3)分析试样或块状原始样品保存时间足够长(1 分)。

27. 答:试样经酸溶解,在硫酸—磷酸介质中,以硝酸银为催化剂,用过硫酸铵将锰氧化成七价,用亚砷酸钠—亚硝酸钠标准溶液滴定(5 分)。

28. 答:Cr^{3+} 的氧化酸度很重要,如果氧化时酸度太低易析出 MnO_2 沉淀(2 分),酸度太高,过硫酸铵分解(2 分),使 $Cr_2O_7{}^{2-}$ 还原成低价铬,致使铬氧化不完全(1 分)。

29. 答:(1)称量形式须有固定的化学组成(1 分);(2)称量形式十分稳定,不受空气中的水分、二氧化碳、氧气等影响(2 分);(3)称量形式的分子量要大,被测组分在称量形式中所占的比例要小,以提高分析的准确度(2 分)。

30. 答:添加剂氧化铜在燃烧过程中,碳和硫都能夺取氧化铜中的氧生成二氧化碳和二氧化硫,然后氧再与铜生成氧化铜,起到催化加速作用(5 分)。

31. 答:因为在热水中铜离子易水解,产生了 $Cu(OH)_2$ 浑浊。加少量 H_2SO_4 溶液可抑制水解,就可以配制出澄清的 $CuSO_4$ 溶液(5 分)。

32. 答:溶样时,快速加热水分挥发过快,溶液的酸度增大,硅的质量浓度变大,单分子硅酸极易聚合成多分子硅酸,而不能与钼酸盐反应,会导致测定结果偏低,因此,溶样时要缓慢加热且不断补充失去的水分(5 分)。

33. 答:(1)改进实验设备与实验方法(1 分);(2)有符合要求的通风设施(1 分);(3)消除二次污染源(1 分);(4)选用必要的个人防护用具如眼镜、防护油膏、防毒面具、防护服等(2 分)。

34. 答:试样在高温氧气流中燃烧,使硫完全氧化为二氧化硫(2 分),用酸性淀粉作吸收剂,并以碘酸钾标准溶液进行滴定(2 分),根据碘酸钾溶液消耗量计算出硫的含量(1 分)。

35. 答:为了使硅钼杂多酸中的钼被还原,游离钼酸中的钼不被还原,同时破坏生成的磷钼杂多酸和砷钼杂多酸(5 分)。

36. 答:试样经酸溶解后,冒高氯酸烟,使磷全部氧化为正磷酸并破坏碳化物。在硫酸介质中,磷与铋、钼酸铵形成黄色络合物,用抗坏血酸将铋磷钼黄还原为铋磷钼蓝,测量吸光度,计算磷的质量分数(5 分)。

37. 答:因为用该方法测硫受炉温、助熔剂及仪器等因素影响,硫的转化率只是在某一特定条件下的一定回收率,所以不能直接用理论值计算,要事先求标准溶液对硫的滴定度来进行计算(5 分)。

38. 答:制备试样一般包括四个步骤:粉碎、过筛、混匀、缩分。经粉碎的试样须全部通过规定筛孔的筛子(5 分)。

39. 答:(1)用钢笔或圆珠笔在试验的同时详尽、真实地记录测定条件、仪器、试剂、数据及操作人员(2 分);(2)数据按相应的有效位数及法定计量单位记录(2 分);(3)数据更改在原始数据上划横线削去,旁边更正,由更改人签章(1 分)。

40. 答：根据要求配制一系列已知浓度的标准溶液，在一定的条件下进行显色，测量其吸光度，且符合朗伯—比耳定律，以吸光度为纵坐标、以浓度为横坐标作图，得到通过原点的直线即可（5分）。

41. 答：分析数字的修约方法是：四舍六入五单双，在五后面有数字时进一位，五后面没有数字，单数在前就进一位，偶数在前就舍掉，并规定不能连续修约（5分）。

42. 答：应做空白试验，直至空白试验值稳定后，才能接着做低碳试样分析，以保证测定结果的准确性（5分）。

43. 答：单色器的作用是能将光源辐射的连续光谱散射而提供单色光（5分）。

44. 答：(1)工作曲线通过原点且工作曲线成直线（3分）；(2)试样中待测组分的含量与标准参考物质的含量接近，且待测试样的组成与标准样品的组成相类似（2分）。

45. 答：优点是氧化能力强，应用广泛，由于本身颜色，用它滴定无色或浅色溶液时，一般不需另加指示剂（3分）。缺点是试剂含少量杂质，溶液不够稳定，且氧化能力强，可以和很多物质发生作用，干扰比较严重（2分）。

46. 答：(1)重铬酸钾容易提纯，干燥后可直接配制成标准溶液，因其非常稳定，可长期保存（2分）；(2)重铬酸钾在室温低酸度下不与 Cl^- 作用，可以滴定溶液中的 Fe^{2+}，在酸性溶液 Cr^{+6} 总是被还原到 Cr^{+3}（3分）。

47. 答：(1)它是一组测定值求出的最集中位置的特征数，出现的概率最大（2分）；(2)它代表一组测定值的典型水平，与各次测定值的偏差平方和为最小（2分）；(3)它最接近真实值，是个可信赖的最佳值（1分）。

48. 答：(1)防火、防爆和灭火常识（1分）；(2)化学毒物的中毒和救治方法（1分）；(3)腐蚀、化学灼伤、烫伤、割伤及防治（1分）；(4)高压气瓶的安全（1分）；(5)安全用电常识（1分）。

49. 答：用中性分析水或乙醇水溶液抽提试样中的水溶性酸或碱，然后分别用甲基橙或酚酞指示剂检查抽出液颜色的变化情况，或用酸度计测定抽提物的 pH 值，以判断有无水溶性酸或碱的存在（5分）。

50. 答：当某些试样无法用酸或碱完全溶解时，须采用熔融法熔样。熔融法是利用酸性或碱性熔剂与试样在高温下进行复分解反应，使试样中的全部组分转化成易溶于水或酸的化合物（5分）。

51. 答：(1)被测组分没有全部转变成分析状态（1分）；(2)呈雾状损失（1分）；(3)挥发损失（1分）；(4)与容器反应造成的损失（1分）；(5)沾污等均会造成误差（1分）。

52. 答：试样经酸溶解，高氯酸冒烟氧化铬至六价，在强碱性介质中，以酒石酸钠掩蔽铁，以过硫酸铵为氧化剂，镍与丁二酮肟生成红色铬合物，测量其吸光度（5分）。

53. 答：在某一恒定的温度下，测定一定体积的液体在重力作用下流过一个标定好的玻璃毛细管黏度计的时间，黏度计的毛细管常数与流动时间的乘积，即为该温度下测定液体的运动黏度（5分）。

54. 答：重铬酸钾洗涤液失效后显绿色，用碱液或石灰中和生成低毒的 $Cr(OH)_3$ 沉淀，稀释后排放；如果洗涤液未失效，用铁屑或硫酸亚铁还原溶液中的 Cr^{6+} 为 Cr^{3+}，然后按上述方法处理后排放（5分）。

55. 答：称取一定量的试样溶于所用的溶剂中，用已恒重的滤纸或微孔过滤器过滤，被留在滤纸或微孔玻璃过滤器上的杂质就是要测的机械杂质(5分)。

56. 答:分光光度分析误差主要来源有方法误差和仪器误差(5分)。

57. 答:(1)会判断哪些物质能用酸碱滴定法(2分);(2)了解滴定过程中溶液 pH 值的变化(1分);(3)正确选择指示剂(2分)。

58. 答:过硫酸铵氧化后,溶液中同时存在 $Cr_2O_7{}^{2-}$ 和 $MnO_4{}^-$,因为 $MnO_4{}^-$ 比 $Cr_2O_7{}^{2-}$ 氧化性强,首先与 Cl^- 作用,加入稀 HCl 或 NaCl 溶液煮沸后,$MnO_4{}^-$ 的紫红色消失,消除了干扰,而 $Cr_2O_7{}^{2-}$ 不被还原(5分)。

59. 答:因为 HCl 中的 Cl^- 也能还原 $MnO_4{}^-$,多消耗了 $KMnO_4$ 溶液,使测定结果偏高;HNO_3 可氧化 Fe^{2+},导致 $KMnO_4$ 溶液的用量减小,使铁的测定结果偏低。在硫酸介质中不会出现上述情况(5分)。

60. 答:双色指示剂,用量少变色敏锐,用量太多变色敏锐性降低(2分);单色指示剂,从无色变有色时,指示剂用量多少影响不大,但若从有色变到无色时,指示剂用量少变色敏锐,所以在分析中不宜使用大量的指示剂(3分)。

61. 答:当球形管中沉积物过多时,脱脂棉中由于粉尘的影响而阻碍气流通过,更主要是粉尘吸附二氧化硫,使硫的测定结果偏低,这时要更换干燥的棉花,烧一、二个废样之后可继续工作(5分)。

62. 答:(1)使用时先用汽油洗净刮板和刮刀,用棉纱、鹿皮擦净(1分);(2)用后洗净并涂以防锈油(1分);(3)刮板表面和刮刀口不得磕碰(1分);(4)定期检查刮板、刀口平直度(2分)。

63. 答:酸碱指示剂一般是有机弱酸或有机弱碱,它的酸式和共轭碱式具有不同的颜色,当溶液的 pH 值改变时,指示剂会得到或失去质子,改变结构,从而引起溶液颜色的变化(5分)。

64. 答:(1)选择合适的分析方法(2分);(2)减少测量误差(1分);(3)增加平行测定次数,减少偶然误差(1分);(4)消除测量过程中的系统误差(1分)。

65. 答:影响显色反应的因素:(1)显色剂的用量(1分);(2)溶液的酸度(1分);(3)显色温度及显色时间(1分);(4)溶剂的影响(1分);(5)溶液中共存离子的影响(1分)。

66. 答:及时用装有橡皮球的吸液管或收集汞的专用移液管收集,细小的汞球用覆有汞剂的铜片或马口铁皮收集,地面上有汞,应撒上硫磺粉或喷上三氯化铁溶液(20%),干燥后用水冲洗(5分)。

67. 答:(1)支销或玛瑙支撑有脏物,用乙醇或乙醚擦去脏物(2分);(2)或者托盘压力大,调整托盘弹簧的压力(3分)。

68. 答:(1)如果漆膜太薄就容易透过水分和气体,以致失去保护作用(2分);(2)过厚则容易发生起皱、脱落和破裂的毛病,导致被涂件过早破坏。因此,适当的涂层厚度是保证涂装质量的重要因素之一(3分)。

69. 答:(1)通电后指针和零点调节器失灵(1分);(2)按下读数开关后指针强烈甩动或指针大幅跳动或偏向一边(1分);(3)指针不稳定,指针达到平衡缓慢(1分);(4)测量重复性不好(1分);(5)标定时,定位调节器调不到该溶液的 pH 值(1分)。

70. 答:(1)仪器的预热时间不够(2分);(2)供电电源不稳定(1分);(3)干燥剂失效(1分);(4)环境振动过大(1分)。

六、综 合 题

1. 解：$[H^+]=0.010=10^{-2}$

$[OH^-]=\dfrac{10^{-14}}{[H^+]}=\dfrac{10^{-14}}{10^{-2}}=10^{-12}$(5分)

$pH=-lg[H^+]=-lg10^{-2}=2.0$(3分)

答：$[OH^-]$的浓度为 10^{-12} mol/L，pH 值为 2.0(2分)。

2. 解：由公式 $CV=\dfrac{m}{M}\times1\,000$(3分)得：

$C=\dfrac{0.418\,2\times1\,000}{204.2\times20.20}=0.101\,4$(mol/L)(5分)

答：NaOH 溶液的浓度为 0.101 4 mol/L(2分)。

3. 解：$C(1/2\,H_2SO_4)=0.200\,0$ mol/L

硫酸的质量浓度：$0.200\,0\times\dfrac{98.08}{2}=9.808$(g/L)(8分)

答：硫酸的质量浓度为 9.808 g/L(2分)。

4. 解：已知：$\rho_{HCl}=1.19$ g/mL，$\omega_{HCl}=37.23\%$，$V_{HCl}=1\,000$ mL，$M_{HCl}=36.45$ g/mol(3分)

则 $C(HCl)=\dfrac{1\,000\times1.19\times0.372\,3}{36.45\times1}=12.2$(mol/L)(5分)

答：HCl 溶液的物质的量浓度为 12.2 mol/L(2分)。

5. 解：用$(NH_4)_2Fe(SO_4)_2$标定时六价铬变为三价，每毫升标准溶液相当于铬的克数为

$\dfrac{Mr(Cr)}{3\,000}=\dfrac{52}{3\,000}$(3分)。

$C[(NH_4)_2Fe(SO_4)_2]=0.020\,0$ mol/L，$V=20.00$ mL，$m=0.500\,0$ g

$\omega_{Cr}\%=\dfrac{CV\times\dfrac{52}{3\,000}}{m}\times100\%=\dfrac{20.00\times0.020\,0\times\dfrac{52}{3\,000}}{0.500\,0}\times100\%=1.39\%$(5分)

答：铬的质量分数为 1.39%(2分)。

6. 解：$C_1(HCl)=0.500\,0$ mol/L，$V=1\,000$ mL，$C(HCl)=0.120\,0$ mol/L(1分)

$C_1V_1=CV$(3分)

$V_1=\dfrac{VC}{C_1}=\dfrac{0.120\,0\times1\,000}{0.500\,0}=240.0$(mL)(4分)

答：应取 $C(HCl)$ 为 0.500 0 mol/L 的 HCl 溶液 240.0 mL(2分)。

7. 解：$M_{H_2SO_4}=98.00$ g/mol，$C(H_2SO_4)=0.50$ mol/L，$V_1=500$ mL，$\rho=1.84$ g/mL，$\omega\%=98\%$(3分)

$V_2=\dfrac{MCV_1}{\rho\times w\%\times1\,000}=\dfrac{98.00\times0.500\,0\times500}{1.84\times0.98\times1\,000}=14$(mL)(5分)

答：应取浓硫酸 14 mL(2分)。

8. 解：设取浓 HCl X mL，按比例浓度则用水量为 $2X$ mL(3分)

由 $X+2X=150$ mL 得：

$X = 50$ mL(5分)

答:配制方法为:量取 100 mL 分析水置于烧杯中,边搅拌边缓慢加入浓 HCl 50 mL,混匀、冷却至室温即可(2分)。

9. 解:$C(K_2Cr_2O_7) = \dfrac{T_{Fe/K_2Cr_2O_7}}{M_{Fe}} \times 1\,000 = \dfrac{0.005\,483 \times 1\,000}{55.85} = 0.098\,17(mol/L)(8分)$

答:$K_2Cr_2O_7$ 溶液的物质的量浓度为 0.098 17 mol/L(2分)。

10. 解:$C = \dfrac{m_{H_2C_2O_4 \cdot 2H_2O}}{\dfrac{M_{H_2C_2O_4 \cdot 2H_2O}}{2\,000} \times V_{KOH}} = \dfrac{0.300\,0}{\dfrac{126.1}{2\,000} \times 22.58} = 0.210\,7(mol/L)(8分)$

答:KOH 溶液的物质的量浓度为 0.210 7 mol/L(2分)。

11. 解:由公式 $C_1 \times V_1 = C_2 \times V_2$(3分)得:

$$C_{NaOH} = \dfrac{C_{HCl}V_{HCl}}{V_{NaOH}} = \dfrac{0.125\,0 \times 32.14}{25.00} = 0.160\,7(mol/L)(5分)$$

答:NaOH 溶液的物质的量浓度为 0.160 7 mol/L(2分)。

12. 答:取用腐蚀性药品,如强酸、强碱、浓氨水、浓过氧化氢、氢氟酸、冰乙酸和溴水等,尽可能戴上防护眼镜和手套,操作后立即洗手,如瓶子较大,应一手托住底部,一手拿瓶颈(5分);处理有毒的气体、产生蒸汽的药品及有机溶剂,如氮氧化物、硫化氢、砷化物、汞、溴、甲醇等,必须在通风柜内进行,取有毒试样时必须站在上风口(5分)。

13. 解:Fe_2O_3 中含有 Fe 的量为:$\dfrac{2Fe}{Fe_2O_3} = \dfrac{2 \times 55.84}{159.7}$(3分)

$$\omega(Fe)\% = \dfrac{0.079\,8 \times \dfrac{2 \times 55.84}{159.7}}{0.100\,0} \times 100\% = 55.81\%(5分)$$

答:样品中铁的质量分数为 55.81%(2分)。

14. 解:纯净的 SiO_2 的质量 $m(SiO_2) = 0.284\,5 - 0.001\,5 = 0.283\,0(g)$(3分)

$$\omega(SiO_2)\% = \dfrac{0.283\,0}{0.500\,0} \times 100\% = 56.60\%(5分)$$

答:二氧化硅的质量分数为 56.60%(2分)。

15. 解:已知:标样含锰 0.46%,0.500 0 g 标样含锰量为 0.500 0 × 0.46%(2分)

标定时消耗了 $NaNO_2$-Na_3AsO_3 标准溶液 $V = 10.80$ mL

则 $T_{Mn/NaNO_2\text{-}Na_3ASO_3} = \dfrac{0.500\,0 \times 0.46/100}{10.80} = 0.000\,213\,0(g/mL)$(6分)

答:$NaNO_2$-Na_3ASO_3 标准溶液对锰的滴定度为 0.000 213 0 g/mL(2分)。

16. 解:已知:$m = 0.200\,0$ g,$V = 12.00$ mL,$T_{Fe/K_2Cr_2O_7} = 0.004\,500$ g/mL

$$\omega(Fe)\% = \dfrac{0.004\,500 \times 12.00}{0.200\,0} \times 100\% = 27.00\%(8分)$$

答:试样中铁的质量分数为 27.00%(2分)。

17. 解:绝对误差 = 2.431 - 2.430 = 0.001 g(4分)

相对误差 = $\dfrac{0.001}{2.430} \times 100\% = 0.04\%$(4分)

答:绝对误差是 0.001 g,相对误差是 0.04%(2分)。

18. 解：由重铬酸钾的相对分子量得到：

$$[M(1/6\ K_2Cr_2O_7)] = \frac{294.18}{6} = 49.03(g/mol)(1 \text{分})。$$

重铬酸钾标准滴定溶液的浓度：$C(1/6\ K_2Cr_2O_7) = \dfrac{m \times 1\,000}{VM}$(3 分)

$$m_{K_2Cr_2O_7} = \frac{C(1/6\ K_2Cr_2O_7)VM}{1\,000} = \frac{0.100\,0 \times 1\,000 \times 49.03}{1\,000} = 4.903(g)(4 \text{分})$$

答：需称取 $K_2Cr_2O_7$ 4.903 g(2 分)。

19. 答：(1)浓高氯酸(70%～72%)应存放在远离有机物及还原物质的地方，以防止接触的可能，使用高氯酸的操作不能戴手套(2 分)；(2)木材与高氯酸烟长期接触，易引起着火或爆炸，对经常冒高氯酸烟的木质通风柜应定期用水冲洗，使用高氯酸的通风柜中不得同时蒸发有机溶剂或灼烧有机物(2 分)；(3)破坏试液中的滤纸或有机试剂时，必须先加足够量的浓硝酸加热，使绝大部分滤纸及有机试剂破坏，稍冷后再加入浓硝酸和高氯酸冒烟破坏残余的碳化物，过早加入高氯酸或硝酸量不够，当冒高氯酸烟时会有发生剧烈爆炸的危险(3 分)；(4)热的浓高氯酸与某些粉状金属作用时因产生氢可能引起剧烈爆炸，因而溶样应用其他酸溶解或同时加入其他酸，低温加热直到试样全部溶解，防止高氯酸单独与金属粉末作用(3 分)。

20. 解：$2NaOH + H_2SO_4 = Na_2SO_4 + 2H_2O$(3 分)

$$\quad\quad 2\ mol \quad\quad 1\ mol$$
$$\quad\quad X\ mol \quad\quad 1.5\ mol$$

$2:1 = X:1.5$

$X = 3\ mol$

$m_{NaOH} = 3 \times 40 = 120(g)$(5 分)

答：需要 NaOH 120 g(2 分)。

21. 解：反应式：$6Fe^{2+} + Cr_2O_7^{2-} + 14H^+ = 6Fe^{3+} + 2Cr^{3+} + 7H_2O$(3 分)

$$\omega(Fe)\% = \frac{C(1/6\ K_2Cr_2O_7)V_{K_2Cr_2O_7} \times \dfrac{M_{Fe}}{1\,000}}{m} \times 100\%$$

$$= \frac{0.100\,0 \times 35.50 \times \dfrac{55.85}{1\,000}}{0.500\,0} \times 100\% = 39.65\%(5 \text{分})$$

答：试样中铁的质量分数为 39.65%(2 分)。

22. 解：HCl 是强酸，它在水中几乎全部电离，所以：

$[H^+] = 0.10 = 10^{-1}\ mol/L \quad\quad [H^+][OH^-] = 10^{-14}$(4 分)

$$[OH^-] = \frac{10^{-14}}{[H^+]} = \frac{10^{-14}}{10^{-1}} = 10^{-13}(mol/L)(4 \text{分})$$

答：溶液中 $[OH^-]$ 为 10^{-13} mol/L(2 分)。

23. 解：$2HCl + Na_2CO_3 = 2NaCl + H_2O + CO_2\uparrow$(3 分)

$$T_{HCl/Na_2CO_3} = C(HCl) \times \frac{M(1/2\ Na_2CO_3)}{1\,000}$$

$$= 0.101\,6 \times \frac{53.00}{1\,000}$$

$=0.005\ 385\ \text{g/mL}(5\ 分)$

答：换算成 $T_{\text{HCl/Na}_2\text{CO}_3}$ 应为 $0.005\ 385\ \text{g/mL}(2\ 分)$。

24. 解：$C(\text{EDTA})=0.020\ 0\ \text{mol/L},V=800\ \text{mL},M_{\text{EDTA}}=372.2\ \text{g/mol}(2\ 分)$

$m=CVM/1\ 000=0.020\ 0\times372.2\times800/1\ 000=5.955\ \text{g}(6\ 分)$

答：需称取 EDTA 二钠盐 $5.955\ \text{g}(2\ 分)$。

25. 解：$m=1.000\ 0\ \text{g},C(1/2\ \text{H}_2\text{SO}_4)=0.250\ 0\ \text{mol/L},V=36.00\ \text{mL}(1\ 分)$

$$\omega(\text{Na}_2\text{CO}_3)\%=\dfrac{C_{1/2\ \text{H}_2\text{SO}_4}V_{1/2\ \text{H}_2\text{SO}_4}\times\dfrac{M(1/2\ \text{Na}_2\text{CO}_3)}{1\ 000}}{m_{\text{Na}_2\text{CO}_3}}\times100\%$$

$$=\dfrac{0.250\ 0\times36.00\times53/1\ 000}{1.000\ 0}\times100\%$$

$$=47.70\%(7\ 分)$$

答：Na_2CO_3 的质量分数为 $47.70\%(2\ 分)$。

26. 解：误差＝测定值－真实值＝$0.62\%-0.64\%=-0.02\%(3\ 分)$

相对误差＝$\dfrac{误差}{真实值}\times100\%=\dfrac{-0.02\%}{0.64\%}\times100\%=-3\%(5\ 分)$

答：误差为 -0.02%，相对误差为 $-3\%(2\ 分)$。

27. 解：$m=1.000\ 0\ \text{g},m_{\text{SiO}_2}=0.085\ 2\ \text{g},M_{\text{SiO}_2}=60.09\ \text{g/mol},M_{\text{Si}}=28.09\ \text{g/mol}$

$\text{Si/SiO}_2=0.467\ 5(3\ 分)$

$$\omega_{\text{Si}}\%=\dfrac{0.085\ 2\times0.467\ 5}{1.000\ 0}\times100\%=3.98\%(5\ 分)$$

答：硅的质量分数为 $3.98\%(2\ 分)$。

28. 解：$x\times S\times D=W_2-W_1(3\ 分)$

$$x=\dfrac{W_2-W_1}{S\times D}=\dfrac{13.847\ 6-12.847\ 5}{50\times120\times10^{-6}\times42.15\%}=395.5(\text{g/m}^2)(5\ 分)$$

答：该试样的油漆使用量为 $395.5\ \text{g/m}^2(2\ 分)$。

29. 答：$13.65+0.009\ 2+1.632=13.65+0.01+1.63(5\ 分)$

$$=15.29(5\ 分)。$$

30. 解：设固体含量为 X，

则 $X=\dfrac{m_1}{m}\times100\%=\dfrac{0.25}{2}\times100\%=12.5\%(8\ 分)$

答：该漆的固体含量为 $12.5\%(2\ 分)$。

31. 解：根据公式：$X=\dfrac{t}{t_0}(3\ 分)$

式中，t 为漆膜上摆动时间(s)；t_0 为玻璃值(s)。

$X=\dfrac{3}{6}=0.5(5\ 分)$

答：硬度为 $0.5(2\ 分)$。

32. 解：$(6\times150+2\times150)\div3=400(\text{mL})(8\ 分)$

答：可配制 3 mol/L 的盐酸溶液 400 mL$(2\ 分)$。

33. 解：$M_{\text{O}_2}=32\ \text{g/mol}$，

5.6 g 氧气的物质的量＝5.6/32＝0.175 mol(3 分)

在标准状态下,1 mol 气体的气体为 22.4 L(1 分)

$V_{O_2}=0.175\times22.4=3.92(L)(4 分)$

答:该氧气在标准状态下的体积为 3.92 L(2 分)。

34. 解:根据题意:20 ℃时,100＋36.0＝136.0 g 饱和食盐溶液中含有 36.0 g 食盐。

设在 20 ℃时 150 g 饱和食盐溶液中含有 X g 食盐,按比例可得:

136.0∶150＝36.0∶X(4 分)

$X=\dfrac{150\times36.0}{136.0}=39.7(g)(4 分)$

答:此饱和食盐溶液中含有食盐 39.7 g(2 分)。

35. 解:流动时间的平均值:$t_{50}=\dfrac{318.0+322.4+322.6+321.0}{4}=321.0$ s(2 分)

测定温度在 15 ℃~100 ℃之间,且允许相对误差为 0.5%,则允许差为:

321.0×0.5%＝1.6 s

只有 318.0 s 与平均流动时间的差值超过 1.6 s,因此弃去(2 分)。

弃去后,平均流动时间:$t_{50}=\dfrac{322.4+322.6+321.0}{3}=322.0$ s(2 分)

运动黏度测定结果:$V_{50}=C\times t_{50}=0.478\ 0\times322.0=154.0(mm^2/s)(2 分)$

答:试样运动黏度的测定结果为 154.0 mm^2/s(2 分)。

材料成分检验工(中级工)习题

一、填空题

1. 通常用单位时间内( )物质的量的变化来表示化学反应速度。

2. 无机化学反应按反应形式不同可分为分解反应、置换反应、复分解反应以及( )。

3. 用两种化合物相互交换成分而生成两种新的化合物的反应叫作( )反应。

4. 金属锌在盐酸中溶解的反应属于( )反应。

5. 将几滴硝酸银溶液滴入食盐水溶液中,生成白色的氯化银沉淀的反应属于( )反应。

6. 反应前后( )的改变是氧化还原反应的特征。

7. 在同一条件下既向某一方向进行,同时又向( )的方向进行的反应叫作可逆反应。

8. 在可逆反应中,正、逆反应速度相等时的状态称为( )。

9. 在其他条件不变时,增加( ),平衡向增加生成物浓度方向移动。

10. 元素的性质随着元素( )序数的递增而呈周期性变化的规律叫作元素周期律。

11. 元素周期表是( )的具体表现形式,反映了元素之间相互联系的规律。

12. 由( )和另外一种金属元素或非金属元素组成的化合物叫作氧化物。

13. 氧化物的种类有中性氧化物、酸性氧化物、碱性氧化物、两性氧化物、过氧化物、超氧化物以及( )。

14. 根据酸和盐起复分解反应生成一种新的酸和盐,利用这个性质可以在含银的废水中加入( )来回收银。

15. 氢氧化钠能与某些氧化物反应生成盐和水,由这个性质可知,氢氧化钠能吸收空气中的( )生成碳酸盐。

16. 碳酸钠俗称纯碱或苏打、块碱,是含有 10 个分子结晶水的碳酸钠,在干燥空气中失去一部分或全部结晶水,使晶体变成粉末,这种现象称为( )。

17. 复分解反应进行到底的条件:一是生成水,二是生成难溶性的物质,三是生成( )。

18. 在弱电解质溶液中,加入同弱电解质具有相同离子的强电解质,可使弱电解质电离度( ),这种现象叫作同离子效应。

19. 缓冲溶液是一种对溶液的酸碱度起稳定作用的溶液,其( )不因加入少量酸碱而发生显著变化。

20. 在 EDTA 络合滴定中,先加入过量的 EDTA 标准溶液,使待测离子完全络合后,再用其他金属离子标准溶液返滴定过量的 EDTA,这种测定方法常称为( )。

21. 采用 $K_2Cr_2O_7$ 测定铁矿石中全铁含量时,把铁还原为 Fe^{2+} 应选用的还原剂是( )。

22. 烷烃在常温下很不活泼,但在一定条件下可进行( )反应、氧化反应和裂化反应。

23. 由于温度的变化可使溶液的体积发生变化,国家标准将( )规定为标准温度。

24. 天平的零点是指天平空载的（　　　），每次称量之前都要先校正天平的零点。

25. 大多数醚在常温下为无色液体，有香味。醚分子间不能形成（　　　），无缔合现象，因此醚的沸点比醇低。

26. 金属与氧气发生反应的生成物称为（　　　）氧化物。

27. 金属与酸反应进行完全的是在金属活动顺序表中（　　　）元素前面的金属。

28. 衡量缓冲溶液能力大小尺度的是溶液的（　　　）。

29. 要判断一个沉淀反应是否能够进行，需要利用沉淀的（　　　）原理。

30. 重量分析对沉淀的要求是尽可能（　　　）。

31. 从络合物（　　　）的大小可以判断络合反应完成的程度和它是否可以用于滴定分析。

32. 酸碱滴定法是以中和反应为基础的滴定方法，其反应实质是（　　　）。

33. 变色范围全部或部分在滴定（　　　）范围内的指示剂可用来指示滴定终点。

34. 在络合滴定中，指示剂与金属离子络合物的稳定性必须（　　　）于络合剂与金属离子络合物的稳定性。

35. 制备标准溶液时，制备的浓度与规定浓度之差不得超出规定浓度的（　　　）。

36. 滴定分析用的标准溶液在常温（15 ℃～25 ℃）下，保存时间一般不得超过（　　　）。

37. 标定标准溶液的方法有用（　　　）标定和与标准溶液进行比较法。

38. 铬是耐酸钢及耐热钢中不可缺少的合金元素，当铬含量大于 12% 时称为（　　　）。

39. 水样的预处理包括浓缩、（　　　）、蒸馏排除干扰离子和消解。

40. 无机物的定性分析目前应用最多的两种方法是（　　　）分析和化学分析。

41. 如果一种试剂只与一种离子起反应，则这一反应的选择性高，称为该离子的（　　　）反应。

42. 只具有某一种波长的光称为（　　　）。

43. 如果把两种相对应颜色的单色光按一定比例混合成为白光，这两种单色光就称为（　　　）。

44. 光度分析中所用的显色剂可分为（　　　）显色剂两大类。

45. 发射光谱分析包括两个过程：光谱的获得过程和光谱的（　　　）。

46. 原子发射光谱分析根据接受光辐射方式的不同可分为看谱法、摄谱法和（　　　）。

47. 影响氧化还原反应速度的因素有浓度、温度、（　　　）和诱导反应。

48. 浓硫酸能干燥某些气体是由于它具有吸水性，浓硫酸能使纸片变黑是由于它具有（　　　）性。

49. 储存易燃易爆、强氧化性物质时，最高温度不能高于（　　　）。

50. 评价分析结果好坏的两个指标是（　　　）。

51. 用重量法测定硅酸盐中的二氧化硅时，为使硅酸盐较完全地析出，可用的最佳的酸是（　　　）。

52. ICP 光谱分析中，能可靠地检出样品中某元素的最小量或最低浓度称为（　　　）。

53. 根据《生产过程危险和有害因素分类与代码》（GB/T 13861—2009），可将危险源分为（　　　）类。

54. 我国的标准分为国家标准、行业（部颁）标准、地方标准和（　　　）标准。

55. 碳在钢中以两种形态存在，即化合碳与游离碳，两者之和称为（　　　）。

56. 硫在钢中一般是作为有害元素，且在钢中容易偏析，因此取样时必须注意其具有（　　　）。

57. 普通黄铜是指（　　　）的合金。

58. 一级水用于有严格要求的分析试验；二级水用于无机痕量分析试验；三级水用于（　　　）。

59. 计量是实现单位统一、量值（　　　）可靠的活动。

60. 术语"检定证书"是指测量器具经过检定（　　　）的文件。

61. 用分光光度计定量分析样品中高浓度组分，最常用的定量方法是（　　　）法。

62. 蒸馏法测定油品水分，应控制回流速率，使冷凝管斜口每秒滴下液体为（　　　）。

63. ICP 等离子体原子发射光谱分析中，提升量是指单位时间内雾化的（　　　）。

64. 分析操作的一般程序：制样、称样、溶（熔）解样品、过程分析和（　　　）。

65. 按国标 GB/T 13304.1—2008 规定：钢按化学成分可分为（　　　）、低合金钢、合金钢。

66. 以铁为主要元素，含碳量在（　　　）并含有其他元素的材料称为钢。

67. 标准样品存放场所应（　　　）。

68. 分析实验室用水共分（　　　）级别。

69. 需要用二级水进行试验时，可采用（　　　）或离子交换等方法制取。

70. 分析实验室用的三级水的 pH 值应为（　　　）。

71. 在不加样品的情况下，用测定样品同样的方法、步骤对空白样品进行定量分析的试验称为（　　　）。

72. 采用 EDTA 滴定时，如果封闭现象是被滴定离子本身引起的，可采用先加入过量的 EDTA，然后进行（　　　）来消除。

73. 氧化还原指示剂的类型有自身指示剂、能与氧化剂或还原剂产生特殊颜色的指示剂以及（　　　）的指示剂。

74. 常用的指示剂可分为酸碱指示剂、氧化还原指示剂、吸附指示剂及（　　　）。

75. 标准物质必须具有良好的均匀性、稳定性和制备的（　　　）。

76. 盛装 $AgNO_3$ 溶液后产生的棕色污垢试剂瓶用（　　　）清除。

77. 标准物质是具有一种或多种良好特性，可用来校准测量器具、评价（　　　）或确定其他材料特性的物质。

78. 标准溶液的配制通常有直接法和（　　　）两种。

79. 使用铂金器皿时，加热温度不可超过（　　　）。

80. 使用银器皿加热时的温度应严格控制在（　　　）以内。

81. 涂料的流挂速度与涂料黏度成反比，与涂层（　　　）的二次方成正比。

82. 分析天平为精密的计量仪器，必须具有灵敏性、变动性和（　　　）。

83. 通常油品分析中所说的无水是指没有游离水和悬浮水，（　　　）是很难除去的。

84. 经公认的权威机构批准的一项特定的标准化工作成果称为（　　　）。

85. 常见分光光度计的结构为：单色器、吸收池、光电转换器及（　　　）系统。

86. 测定溶液的 pH 值，常用的参比电极为甘汞电极，指示电极是（　　　）。

87. 钢的化学成分分析用试样的取样法依照（　　　）。

88. 化学分析用试样样屑，在制取前应进行的处理是除去（　　　）。

89. 测定钢的熔炼化学成分时,从每炉钢液采取两个制取试样的样锭,第二个样锭供（　　）用。

90. 成品化学分析主要用于验证（　　）。

91. 供制取试样用的、从铸锭或加工产品上切取的产品部分称为（　　）。

92. 发射光谱分析是利用物质的（　　）来确定物质元素组成和含量的分析方法。

93. 易破碎的铁合金化学分析试验样的重量应不小于（　　）。

94. 钢铁中钼的硫氰酸盐分光光度法,常用的还原剂有（　　）。

95. 用硫酸亚铁铵容量法测定钢铁中钒,试样溶解后在（　　）条件下氧化 V^{4+} 为 V^{5+}。

96. 国家级标准样品要求有效期至少（　　）年。

97. 蒸馏结束后,以装入试样量为 100% 减去蒸出液体和残留物的体积分数,所得之差称为（　　）。

98. 滴定分析通常用于测定含量在（　　）以上的组分,有时也可以通过富集测定微量组分。

99. 偶氮氯膦Ⅲ光度法测定稀土总量,比色后器皿要立即清洗干净以防（　　）。

100. 分光光度法利用（　　）可以获得纯度较高的单色光。

101. 邻二氮杂菲光度法测定铝合金中的铁,加入盐酸羟胺的目的是（　　）。

102. 在 1.2~3.6 mol/L 的盐酸介质中,Ti(Ⅵ) 与二安替吡啉甲烷形成黄色可溶性（　　）,测量其吸光度,用于测定镍基等合金中的钛量。

103. 邻二氮杂菲分光光度法测定铝合金中的铁含量,二价铁离子与邻二氮杂菲显色,应控制试液的 pH 值为（　　）。

104. 化学分析用标准样品应盛放在玻璃瓶中密封,瓶上应贴有标准样品（　　）标签,并应附标准样品证书。

105. 高碘酸钾分光光度法测定铝合金中的锰含量,显色液中加入 2 滴（　　）溶液,使高锰酸退色,作为测定吸光度的参比溶液。

106. 碘量法测定铜的适宜酸度为（　　）。

107. 可视滴定法测定不锈钢中的铬,补加磷酸的作用是防止煮沸时析出（　　）。

108. 变色酸光度法测定低合金钢中的钛时,络合反应应在（　　）性条件下,变色酸与钛形成红色络合物。

109. 硫酸亚铁铵滴定法测定钢铁中钒,加入尿素的作用是分解过量的（　　）。

110. 硅钼蓝分光光度法测定铝合金中硅试样(不含锡),用钼酸盐使硅形成硅钼黄络合物的适宜 pH 约为（　　）。

111. 铝及铝合金用于制备化学分析试样所选取的样品应清洁,无油污、无包覆层、无（　　）。

112. 油漆膜涂得太厚不易干燥,太薄又容易（　　）,均不能代表其正常使用时的品质。

113. 摩尔吸光系数 ε 是吸收物质在特定波长和溶剂下的一个特征常数,ε 值越大,方法的灵敏度越（　　）。

114. 高碘酸钾光度法测定硅铁中锰,采用（　　）空白作参比液。

115. 铬天青 S 光度法测定硅铁中铝,加入铜试剂是排除（　　）等元素。

116. 在直接配位滴定法中,终点时,一般情况下溶液显示的颜色为（　　）的颜色。

117. 醋酸—醋酸钠缓冲溶液的 pH 值首先决定于醋酸电离常数的大小,其次决定于醋酸与醋酸钠的(　　)比值。

118. 根据溶液对光吸收的大小来确定被测组分含量的分析方法称为(　　)。

119. 吸光度与透光度之间的关系式为(　　)。

120. 在进行光度分析时,一般选取波长为(　　)波长进行测定。

121. 在吸光光度法分析中,将试样中待测组分转变成有色化合物的反应叫作(　　)。

122. ICP 光谱仪的装置由进样系统、ICP 炬管、(　　)、光谱仪和计算机等组成。

123. 偏离郎伯—比耳定律的原因很多,但主要是由于(　　)不纯和溶液本身的化学变化所造成的。

124. 光度分析消除干扰物质的方法有选择适当波长、提高显色反应的选择性、分离干扰物质及加入(　　)等。

125. 漆膜对底材粘合的牢度即(　　),按圆滚线划痕范围内的漆膜完整程度评定以及表示。

126. 漆膜的冲击试验应在温度为(　　)和相对湿度为 50%±5%条件下进行测试。

127. 涂料的性能包括涂料本身的性能和(　　)的性能。

128. 按国标石油倾点测定法,试验记录的温度再加(　　)℃作为试样的倾点的报告值。

129. 石油产品在做闪点试验时,有水分必须进行(　　)处理。

130. 漆膜表面干燥时间测定法分为吹棉球法和(　　)。

131. 漆膜实际干燥时间测定法分为压棉球法、压滤纸法和(　　)。

132. 测定腻子时取定量体积试样,在固定压力下经过一定时间后,以试样流展扩散的直径表示腻子或厚漆(　　)。

133. 准确度是测定值与真实值的符合程度,它说明测定的可靠性,用(　　)来量度。

134. 误差的大小可用(　　)表示。

135. 精密度表现测定结果的(　　)。

136. 随着测定次数的增加,随机误差的算术平均值相互抵消或趋向于零,这称为随机误差的(　　)。

137. 按照规定的程序,由确定给定产品的一种或多种特性进行处理或提供服务所组成的技术操作称为(　　)。

138. 通过观察和判断,适当时结合测量、试验所进行的符合性评价称为(　　)。

139. 分析结果的表示方法可以有数值表示法、图形表示法和(　　)。

140. 一个分析方法的准确度是反映该方法(　　)的重要指标。

141. 用回收率评价准确度时,标准物质的加入量以与待测物质(　　)接近为宜。

142. 分析人员对同一试样用同一种分析方法在实验室中进行多次分析,所得分析值的极差允许界限称为(　　)。

143. 化学分析允许差规范一般可分为(　　)类。

144. 试样的称量方法通常有固定称量法和(　　)。

145. 天平刀刃磨损会使天平的(　　)降低。

146. 弱酸或弱碱的相对强弱常用酸、碱在水溶液中的平衡常数 K_a 或 K_b 的大小来判断, K_a 或 K_b 的数值越大,该酸或碱的酸性或碱性(　　)。

147. 接到化学分析样品时,应了解样品的来源,按委托单上提供的情况应查相应的( )或行业标准来确定分析内容。

148. 在 100 mL、0.1 mol/L 醋酸溶液中,加入少量固体醋酸钠时,醋酸的电离度会( )。

149. 分光光度计一般分为单光束和( )两种类型。

150. 在滴定过程中,滴定终点与等当点不一定恰好符合,由此造成的分析误差叫作( )。

151. 精密度是指经多次取样重复测定同一均匀样品所得结果之间的接近程序,表征( )的大小。

152. 在不同实验室由不同分析人员测定结果的精密度称为( )。

153. 易燃液体是指闭口杯试验闪点等于或低于( )的液体。

154. 原子吸收光谱仪由光源、( )系统、分光系统和检测系统四部分组成。

155. 润滑脂商品牌号通常用锥入度来划分,锥入度值越高,表明润滑脂越( )。

156. 润滑脂吸油量越大,胶体安定性越差,当吸油量超过( )时,则不能使用。

157. 光电直读光谱仪由电光源部分、聚光部分、( )、测光部分组成。

158. 测量不确定度意为对测量结果正确性的可疑程度,可以由合成不确定度或扩展不确定度表示,由多个分量组成,并恒为( )值。

159. 高锰酸钾中的锰能够定量地被还原为二价锰时,溶液应为( )性溶液。

160. 在氧化还原滴定过程中,滴至等当点附近,溶液的电位会出现突跃现象,利用指示剂颜色变化来确定滴定终点,这种指示剂称为( )指示剂。

161. 砝码按其精度要求可划分为五等,分析用砝码通常为( )。

162. 实验室认可就是权威机构对实验室有能力进行指定类型的( )所作的一种正式承认。

163. 砝码应定期检定,检定周期为( )。

164. 使用验电笔时,应先在( )的地方测试一下,以检查验电笔是否完好,防止误判。

165. 职工调整工作岗位或离岗( )以上时间重新上岗时,必须进行相应的车间或班组级安全教育。

二、单项选择题

1. 下列有机物属于烷烃的是( )。
(A)CH_3CH_2OH　　(B)CH_3Cl　　(C)CH_4　　(D)C_2H_2

2. 用 20 mL 移液管移出溶液的准确性体积应记录为( )。
(A)20 mL　　(B)20.0 mL　　(C)20.00 mL　　(D)20.000 mL

3. 强酸弱碱滴定时所生成盐水解后,溶液的酸度是( )。
(A)强碱性　　(B)弱碱性　　(C)酸性　　(D)中性

4. 下列盐类溶解于水中使水溶液呈碱性的是( )。
(A)NaCl　　(B)CH_3COONa　　(C)Na_2SO_4　　(D)NH_4NO_3

5. 在酸碱缓冲溶液中加入少量的酸或碱,溶液酸度改变正确的是( )。
(A)加少量碱,酸度变小　　(B)加少量酸,酸度变大

　　(C)加少量酸或碱,酸度不变　　　　　　　　(D)加少量碱,碱度变大

6. 标定某一强酸性溶液通常选用的基准物质是(　　　)。

　　(A)氢氧化物　　　　(B)无水碳酸钠　　　　(C)重铬酸钾　　　　(D)醋酸钠

7. 配制标准溶液进行标定,浓度值通常取小数点后(　　　)位有效数字。

　　(A)两　　　　　　　(B)四　　　　　　　　(C)五　　　　　　　(D)三

8. 采用重量分析法时,为使沉淀完全,沉淀剂用量是(　　　)。

　　(A)等量　　　　　　(B)过量　　　　　　　(C)少量　　　　　　(D)大量

9. 下列代码是国际级标准代码的是(　　　)。

　　(A)ANS2　　　　　　(B)GB　　　　　　　　(C)ISO　　　　　　　(D)BS

10. 不能用于分析硅酸盐的酸是(　　　)。

　　(A)碳酸　　　　　　(B)硫酸　　　　　　　(C)磷酸　　　　　　(D)盐酸

11. 加入(　　　)试剂可使 $Ba(OH)_2$ 和 $Zn(OH)_2$ 分开。

　　(A)CH_3COONa　　(B)$NaOH$　　　　　(C)HCl　　　　　　(D)Na_2SO_4

12. 下列反应属于复分解反应的是(　　　)。

　　(A)$Zn+2HCl=ZnCl_2+H_2\uparrow$　　　　　　(B)$Cu+AgNO_3=Cu(NO_3)_2+2Ag$

　　(C)$FeS+H_2SO_4(稀)=FeSO_4+H_2S\uparrow$　　(D)$2NaHCO_3\xrightarrow{\triangle}Na_2CO_3+H_2O+CO_2\uparrow$

13. 配制 pH 值为 10 左右的缓冲溶液,可选用(　　　)。

　　(A)$NaAc$ 和 HAc　　　　　　　　　　　(B)$NaCl$ 和 HAc

　　(C)NH_3 和 NH_4Cl　　　　　　　　　　(D)$(CH_2)_6N_4$

14. 下列叙述不正确的是(　　　)。

　　(A)硝酸俗称"硝镪水",是一种强氧化剂

　　(B)浓硫酸具有强烈的吸水性、还原性,溶于水时放出大量热

　　(C)氢氧化钠能吸收空气中的二氧化碳生成碳酸钠

　　(D)纯净的氯化钠不潮解

15. 某一反应物在某一瞬间的浓度为 2 mol/L,1 min 后其浓度为 1.8 mol/L,则这 1 min 内的化学反应速度为(　　　)。

　　(A)1.8 mol/(L·min)　　　　　　　　　　(B)0.2 mol/(L·min)

　　(C)2.0 mol/(L·min)　　　　　　　　　　(D)0.1 mol/(L·min)

16. 下列反应属于置换反应的是(　　　)。

　　(A)$Cu(OH)_2\xrightarrow{\triangle}CuO+H_2O$　　　　　(B)$CaO+H_2O=Ca(OH)_2$

　　(C)$AgNO_3+NaCl=AgCl\downarrow+NaNO_3$　　(D)$Zn+2HCl=ZnCl_2+H_2\uparrow$

17. 下列属于人造硅酸盐的是(　　　)。

　　(A)长石　　　　　　(B)云母　　　　　　　(C)石英　　　　　　(D)陶瓷

18. 水溶液中氢离子和氢氧根离子浓度的乘积在一定温度下总是一个常数,称为水的离子积常数,该常数是(　　　)。

　　(A)1×10^{-14}　　(B)1×10^{-7}　　(C)1×10^{-12}　　(D)1×10^{-13}

19. 下列说法正确的是(　　　)。

　　(A)盐类都溶于水　　　　　　　　　　　　(B)一般金属氧化物易溶于酸

　　(C)酸性氧化物都溶于水　　　　　　　　　(D)碱性氧化物都溶于水

20. 下列四种溶液中,酸性最强的溶液是(　　　)。

(A)pH=5　　　　　　　　　　　　(B)pOH=5

(C)[H$^+$]=10^{-4} mol/L　　　　　　　　(D)[OH$^-$]=10^{-11} mol/L

21. 试样的采取和制备必须保证所取试样具有充分的(　　　)。

(A)代表性　　　　(B)唯一性　　　　(C)针对性　　　　(D)正确性

22. 波长在(　　　)范围内的光为紫色光。

(A)200～400 nm　　(B)400～500 nm　　(C)500～600 nm　　(D)600～800 nm

23. 分光光度分析法中使用的光是(　　　)。

(A)复合光　　　　(B)单色光　　　　(C)紫外光　　　　(D)红外光

24. 在不确定度评定中,对被测量的可能值落在可能区间内的情况缺乏具体了解时,一般假设为(　　　)。

(A)正态分布　　　　(B)三角分布　　　　(C)均匀分布　　　　(D)无法确定

25. 配制重铬酸钾溶液 $C(1/6\ K_2Cr_2O_7)$=0.2 mol/L,配 500 mL,应取 $K_2Cr_2O_7$(　　　)。($K_2Cr_2O_7$分子量为 294.18)

(A)49.03 g　　　　(B)4.903 g　　　　(C)0.490 3 g　　　　(D)29.42 g

26. 25 ℃时由滴定管中放出 20.01 mL 水,称其质量为 20.01 g,已知 25 ℃时 1 mL 水的质量为 0.996 17 g,则该滴定管此处的体积校正值为(　　　)。

(A)+0.04 mL　　　　(B)-0.04 mL　　　　(C)+0.08 mL　　　　(D)-0.08 mL

27. 基准试剂是一类用于配制滴定分析用标准滴定溶液的标准物质,其主成分的质量分数一般在(　　　)。

(A)99.90%～100.50%　　　　　　　(B)99.99%～100.10%

(C)99.95%～100.05%　　　　　　　(D)99.90%～100.10%

28. 下列反应是氧化—还原反应的是(　　　)。

(A)三氧化二铁和盐酸的反应　　　　(B)碘和亚硫酸的反应

(C)氢氧化铜加热的反应　　　　　　(D)氢氧化钠和三氯化铁的反应

29. 下列物质是氧化亚铁的是(　　　)。

(A)Fe$_2$O　　　　(B)Fe$_2$O$_3$　　　　(C)FeO$_2$　　　　(D)FeO

30. 煤的挥发分测定时,盛装试样的器皿是(　　　)。

(A)玻璃器皿　　　　　　　　　　　(B)一种带盖瓷坩埚

(C)灰皿　　　　　　　　　　　　　(D)称量瓶

31. 一个元素外层电子排布为 3S^{2}3P^5,该元素为(　　　)。

(A)活泼的金属元素　　　　　　　　(B)较活泼的金属元素

(C)活泼的非金属元素　　　　　　　(D)较活泼的非金属元素

32. "滴定度"是指(　　　)。

(A)每毫升标准溶液相当的基准物质组分的质量

(B)每毫升标准溶液相当的标准物质组分的质量

(C)每毫升标准溶液相当的已知物质组分的质量

(D)每毫升标准溶液相当的待测物质组分的质量

33. 沸点最高的酸是(　　　)。

(A)硫酸   (B)磷酸   (C)高氯酸   (D)硝酸

34. 用硝酸银标准溶液滴定 Cl^- 离子,采用铬酸钾为指示剂,滴定时应在(   )溶液中进行。

(A)强酸性   (B)微酸性   (C)中性或弱碱性   (D)强碱性

35. 某溶液 pH 值为 4,氢离子浓度为(   )。

(A)0.000 1 M   (B)0.000 4 M   (C)0.4 M   (D)0.004 M

36. 1.0×10^{-5} mol/L NaOH 溶液的 pH 值为(   )。

(A)5.0   (B)9.0   (C)12.0   (D)14.0

37. 下列金属不能与盐酸起反应的是(   )。

(A)Al   (B)Sn   (C)Ni   (D)Hg

38. 当一个化学反应达到平衡状态时,增加反应物的浓度,下列叙述正确的是(   )。

(A)反应向着增加反应物浓度方向移动   (B)反应向着减少生成物浓度方向移动

(C)反应向着增加生成物浓度方向移动   (D)反应已达到平衡状态不会再改变

39. 下列各数字中,(   )中的"0"是有效数字。

(A)2.000 5   (B)0.052 5   (C)0.04%   (D)6.23×10^{-2}

40. 下列物质中,(   )是酸。

(A)HCOOH   (B)$CH_3CH_2CH_2CH_2OH$

(C)$CH_2=CH_2-CH_3$ (D)$CH_2=CH_2$

41. 数值 0.010 10 的有效数字位数是(   )。

(A)6 位   (B)5 位   (C)3 位   (D)4 位

42. 称取试样 0.200 g,经容量法测定以下四个结果,根据有效数字处理运算原则,最合理的是(   )。

(A)12.346%   (B)12.3%   (C)12.34%   (D)12.35%

43. 25 ℃时 10 g 水最多可溶解 2 g 甲物质,50 g 水最多可溶解 6 g 乙物质,20 g 水最多可溶解 5 g 丙物质,比较甲、乙、丙三种物质的溶解度,正确的是(   )。

(A)乙>丙>甲   (B)丙>甲>乙   (C)乙>甲>丙   (D)甲>丙>乙

44. 标定盐酸溶液常用的标准物质是(   )。

(A)无水碳酸钠   (B)草酸

(C)邻苯二甲酸氢钾   (D)氢氧化钠

45. 化学药品应储存在专用柜内,柜内温度不能高过(   )。

(A)15 ℃   (B)25 ℃   (C)20 ℃   (D)30 ℃

46. 在氧化还原过程中,其实质是(   )。

(A)氧化剂失去电子,还原剂得到电子

(B)氧化剂化合价降低,还原剂化合价升高

(C)氧化还原过程中电子得失数一定相等

(D)化合价降低本身被氧化,化合价升高本身被还原

47. 某一试液加入一定比例的氨水,生成浅蓝色沉淀,再继续加氨水,沉淀溶解,形成深蓝色溶液,表明有(   )存在。

(A)Cu^{2+} (B)Ag^{2+} (C)Co^{2+} (D)Hg^{2+}

48. 在下面的反应中：$Cu+2H_2SO_4(浓) \rightarrow CuSO_4+SO_2\uparrow+2H_2O$,作氧化剂的是(   )。
(A)Cu   (B)(浓)H_2SO_4 (C)S   (D)SO_2

49. 下列化学药品易引起燃烧爆炸的是(   )。
(A)亚硝酸钠与硫酸钠   (B)盐酸与乙醇
(C)氧化物与磷酸   (D)高锰酸钾与乙醇

50. 在硫酸酸化的高锰酸钾溶液中,加入过氧化氢起(   )作用。
(A)氧化   (B)还原   (C)还原硫酸   (D)稳定

51. 下列无机酸能使 Fe、Al、Cr 表面形成氧化膜而钝化,阻止溶解继续进行的酸是(   )。
(A)HCl   (B)稀HNO_3 (C)稀H_2SO_4 (D)浓H_2SO_4

52. 称取 0.100 0 g 某试样,应选用(   )的天平称量误差最小。
(A)分度值为 0.1 mg   (B)分度值为 1 mg
(C)分度值为 1 mg   (D)分度值为 0.4 mg

53. 将某一固体药品配制成浓度为 5% 的溶液,下列天平称量又快又能满足要求的是(   )。
(A)分度值为 0.1 mg 的天平   (B)分度值为 0.5 g 的天平
(C)分度值为 0.5 mg 的天平   (D)分度值为 1.0 g 的天平

54. 浓的高氯酸应与(   )分开存放。
(A)氯化钠   (B)浓硫酸   (C)次磷酸盐   (D)浓硝酸

55. 不能直接配制成标准溶液的物质是(   )。
(A)$K_2Cr_2O_7$ (B)Na_2CO_3 (C)NaCl   (D)NaOH

56. 强制检定的计量器具是指(   )。
(A)强制检定的计量标准
(B)强制检定的工作计量器具
(C)强制检定的计量标准和强制检定的工作计量器具
(D)强制检定的标准

57. 表征同一被测量的多次测量结果分散性的参数,其术语称为(   )。
(A)标准不确定度   (B)偏差
(C)实验偏差   (D)实验标准偏差

58. 用于日常校准(检定)或核查实物量具、测量仪器或标准物质的标准,其术语称为(   )。
(A)参照标准   (B)传递标准   (C)工作标准   (D)国家标准

59. 欲测定 SiO_2 的正确含量,需将灼烧称重后的 SiO_2 以 HF 处理,宜用的坩埚是(   )。
(A)瓷坩埚   (B)铂坩埚   (C)镍坩埚   (D)刚玉坩埚

60. 丁二酮肟法测定钢铁中镍,通常在氨性介质中用(   )作掩蔽剂。
(A)柠檬酸铵   (B)酒石酸   (C)草酸   (D)氟化钠

61. 下列物质可用直接法配制成标准溶液的物质是(   )。
(A)$KMnO_4$ (B)$KBrO_3$ (C)Na_2EDTA   (D)NaOH

62. 铂金电极的浸洗使用的试剂应该是(   )。
(A)王水   (B)稀硝酸

(C)盐酸与氧化剂的混合物　　　　　　　　　(D)溴水

63. 下列化合物绝不能在银器皿中熔融操作的是(　　)。

(A)碳酸盐　　　　(B)过氧化物　　　　(C)硫化物　　　　(D)氢氧化物

64. 下列熔剂不可以在石英器皿中进行烘干或熔融操作的是(　　)。

(A)碳酸氢钾　　　　(B)碱金属碳酸盐　　　　(C)焦硫酸钾　　　　(D)硫代硫酸钠

65. 光电倍增管在加上高压后千万注意不得受强光照射,否则(　　)。

(A)分析结果偏低　　　　　　　　　(B)分析结果偏高

(C)容易使光电管老化　　　　　　　(D)产生过大电流烧坏光电倍增管

66. 光电比色计和光电分光光度计的区别在于(　　)。

(A)光源不同　　　　(B)比色池不同　　　　(C)检测器不同　　　　(D)单色器不同

67. 在液体油品顶表面下、深度为1/6液面处所取得的试样称为(　　)。

(A)撇取样　　　　(B)顶部样　　　　(C)中部样　　　　(D)上部样

68. 光电倍增管适用的波长范围为(　　)。

(A)160～300 nm　　(B)160～700 nm　　(C)300～700 nm　　(D)200～700 nm

69. 18.9 g铜与过量稀硝酸充分反应,发生氧化还原反应的 HNO_3 的物质的量为(　　)。(铜的相对原子质量为63)

(A)0.8 mol　　　　(B)0.6 mol　　　　(C)0.3 mol　　　　(D)0.2 mol

70. 用硫酸亚铁铵容量法测定钢铁中钒,采用(　　)来指示终点。

(A)二甲酚橙　　　　　　　　　(B)铬黑 T

(C)苯代邻氨基苯甲酸　　　　　(D)二苯胺磺酸钠

71. 硫酸亚铁铵容量法测定钢中钒,在高锰酸钾氧化钒之前加入 2 mL 硫酸亚铁铵的目的是(　　)。

(A)为调整溶液中 Fe^{2+} 的浓度,增强氧化能力

(B)为调整溶液中 Fe^{2+} 的浓度,增强还原能力

(C)为了避免高价铬的干扰,还原高价铬为低价铬

(D)为了避免溶液中其他的干扰元素

72. 配制 $SnCl_2$ 溶液时必须加入一定量的(　　)。

(A)HAc　　　　(B)HCl　　　　(C)HNO_3　　　　(D)H_2SO_4

73. 用容量法测定钢铁中铬时,采用亚铁铵盐作为标准滴定溶液是由于(　　)。

(A)亚铁铵盐反应速度快　　　　　　(B)亚铁铵盐还原性强

(C)亚铁铵盐在空气中稳定　　　　　(D)亚铁铵盐很容易配制标准液

74. 萃取分离方法是基于各种物质在不同溶剂中的(　　)不同。

(A)分配系数　　　　(B)分离系数　　　　(C)萃取百分率　　　　(D)溶解度

75. 铂金器皿内遇有不溶于水的碱性金属氧化物时,选用(　　)清除。

(A)Na_2O_2　　　　(B)KNO_3　　　　(C)$K_2S_2O_7$　　　　(D)NaOH

76. 要保持溶液的 pH 值在 4～6 之间,选择的缓冲溶液最佳的是(　　)。

(A)三乙醇胺及盐酸混合液　　　　　(B)六次甲基四胺与盐酸混合液

(C)醋酸—醋酸钠溶液　　　　　　　(D)氨—氯化铵溶液

77. 铝与铬天青 S 形成紫红色的络合物时,溶液的酸度是(　　)。

(A)中性　　　　　(B)强酸性　　　　　(C)微酸性　　　　　(D)弱碱性

78. 铬天青 S 光度法测定钢铁中铝,参比溶液是(　　)。

(A)试剂空白　　　(B)褪色空白　　　(C)水空白　　　　(D)平行操作空白

79. 偶氮氯膦 mA 是一种不对称的变色显色剂,在酸性介质中能与稀土元素形成蓝紫色
4∶1络合物,由于其与轻重稀土组分络合物的(　　)接近,所以各种不同含量的稀土组分均
不影响测定。

(A)摩尔吸光系数　　　　　　　　　(B)摩尔浓度

(C)颜色　　　　　　　　　　　　　(D)配比

80. 邻二氮杂菲光度法测定铝合金中的铁,当有大量干扰元素铜、锌、镍存在时,在给定的
酸度下,加入(　　)可消除干扰。

(A)过量的硫脲　　　　　　　　　　(B)过量的草酸溶液

(C)过量的邻二氮杂菲　　　　　　　(D)过量的铜试剂

81. 移液管上的环形标线是表示(　　)时准确移出的液体体积。

(A)10 ℃　　　　　(B)30 ℃　　　　　(C)20 ℃　　　　　(D)40 ℃

82. 高碘酸钾光度法测定铝合金中锰,加入磷酸可避免(　　)的干扰。

(A)Cu^{2+}　　　　(B)Ni^{2+}　　　　(C)Fe^{3+}　　　　(D)Co^{2+}

83. 丁二酮肟重量法测定钢中镍,在乙酸铵缓冲溶液中镍与丁二酮肟形成的沉淀适宜酸
度是 pH 值为(　　)。

(A)4.0~6.5　　　(B)5.0~8.5　　　(C)7.5~10.2　　　(D)6.0~6.4

84. EDTA 与金属离子形成的络合物在一般情况下以(　　)形式络合。

(A)1∶1　　　　　(B)2∶1　　　　　(C)3∶1　　　　　(D)3∶2

85. 过硫酸铵银盐光度法测定锰,加硝酸银的作用是起(　　)。

(A)氧化作用　　　(B)还原作用　　　(C)催化作用　　　(D)络合作用

86. 采用重铬酸钾滴定 Fe^{2+} 时,可以使用的指示剂是(　　)。

(A)淀粉　　　　　(B)二甲酚橙　　　(C)邻二氮杂菲　　(D)二苯胺磺酸钠

87. 铋磷钼蓝光度法测定磷元素,砷对测定有严重干扰,可在处理试料时用(　　)除去。

(A)无水亚硫酸钠　　　　　　　　　(B)无水碳酸钠

(C)硫代硫酸钠　　　　　　　　　　(D)氢溴酸—盐酸

88. 铬天青 S 光度法测定硅铁中铝,严格控制溶液的 pH 值为(　　)。

(A)5.8±0.4　　　(B)2.0±0.4　　　(C)7.0±0.4　　　(D)4.0±0.4

89. 用氢氟酸处理含硅的试样时,加入少量硫酸的目的是(　　)。

(A)提高沸点　　　　　　　　　　　(B)防止 SiF_4 水解

(C)降低沸点　　　　　　　　　　　(D)保持酸度

90. 评定漆膜附着力的等级分为(　　)。

(A)二级　　　　　(B)五级　　　　　(C)七级　　　　　(D)四级

91. 油品倾点在 −33 ℃~33 ℃之间的试样,放入冷却设备时应在不断搅拌下将试样放入
(　　)水浴中加热至(45±1)℃,取出冷却。

(A)(80±1)℃　　　(B)(70±1)℃　　　(C)(48±1)℃　　　(D)(60±1)℃

92. 国标中涉及的允许差为一类误差,二类允许误差适用于(　　)。

（A）成品分析　　　　　　　　　　　　　　　（B）部分产品分析

（C）炉前控制分析　　　　　　　　　　　　　（D）标准分析

93. 当某种漆料固体含量小于 15％时,固体含量测定应称取样品(　　　)g。

（A）1.5～2　　　　　（B）2～3　　　　　（C）4～5　　　　　（D）6～7

94. 用草酸钠标定高锰酸钾的反应方程式如下：$2MnO_4^- + 5C_2O_4^{2-} + 16H^+ = 2Mn^{2+} + 8H_2O + 10CO_2$。根据"等物质的量"规则,它们相互作用相等的量是(　　　)。

（A）$n(\frac{1}{2}KMnO_4) = n(\frac{1}{5}Na_2C_2O_4)$　　　　　（B）$n(\frac{1}{5}KMnO_4) = n(\frac{1}{2}Na_2C_2O_4)$

（C）$n(KMnO_4) = n(Na_2C_2O_4)$　　　　　（D）$n(5KMnO_4) = n(2Na_2C_2O_4)$

95. 下列物质的称量,易采用减量称样法的是(　　　)。

（A）钢铁试样　　　　（B）氢氧化钠　　　　（C）铁矿石　　　　（D）硫酸钾

96. 润滑脂滴定测点接近读数时,应以 1～1.5 ℃/min 的速度加热油浴,使试管内温度和油浴温度的差值维持在(　　　)。

（A）1 ℃～2 ℃　　　（B）1 ℃～3 ℃　　　（C）1 ℃～4 ℃　　　（D）1 ℃～5 ℃

97. 仲裁分析时应选择对待测元素(　　　)的分析方法,或争议双方协商确定所用分析方法。

（A）准确度高　　　　　　　　　　　　　　　（B）干扰小、精密度高

（C）偏差小　　　　　　　　　　　　　　　　（D）允许差小

98. 甲、乙、丙、丁四名工作者同时分析 SiO_2 的含量,甲测定结果：52.16％、52.23％、52.18％,乙测定结果：53.46％、53.46％、53.28％,丙测定结果：54.16％、54.18％、54.15％,丁测定结果：55.30％、55.35％、55.28％,其中测定结果精密度最差的是(　　　)。

（A）甲　　　　　　　（B）乙　　　　　　　（C）丙　　　　　　　（D）丁

99. 在实验室蒸馏易燃物时,一次量不得超过(　　　)。

（A）400 mL　　　　　（B）500 mL　　　　　（C）800 mL　　　　　（D）1 000 mL

100. 下列国外先进标准中,表示美国材料与试验协会标准的是(　　　)。

（A）ASTM　　　　　　（B）IP　　　　　　（C）ISO　　　　　　（D）API

101. 乙炔导气管不得用(　　　)连接,以防乙炔与该物质作用产生易爆炸的化合物。

（A）塑料管　　　　　（B）不锈钢管　　　　（C）铜管　　　　　（D）铸铁管

102. 涂料挥发物测定中,试样平行测定两次,两次估量的相对误差不大于(　　　)。

（A）2％　　　　　　　（B）3％　　　　　　（C）5％　　　　　　（D）7％

103. 钠基润滑脂具有良好的耐热性,长时间在较高温度下作用也能保持其润滑性,其适宜的工作温度是(　　　)。

（A）−10 ℃～60 ℃　　　　　　　　　　　　　（B）−20 ℃～150 ℃

（C）−10 ℃～120 ℃　　　　　　　　　　　　　（D）−20 ℃～120 ℃

104. 涂料试样储存至规定期限后开盖检查是否有结皮、容器腐蚀及腐蚀味等,按(　　　)个等级进行记分。

（A）4　　　　　　　　（B）5　　　　　　　（C）6　　　　　　　（D）7

105. 密度法测定液体试样的密度时,测定温度前必须充分搅拌试样,以保证试样混合均匀,温度记录要准确到(　　　)。

(A)0.5 ℃　　　　(B)1 ℃　　　　(C)0.2 ℃　　　　(D)0.1 ℃

106. 称量时,试样吸收了空气的水分引起的误差是(　　)。

(A)相对误差　　　(B)系统误差　　　(C)偏差　　　(D)偶然误差

107. 读取滴定管读数时,最后一位数字估计不准所引起的误差是(　　)。

(A)系统误差　　　(B)偏差　　　(C)偶然误差　　　(D)操作误差

108. EDTA 与金属离子络合滴定时,对酸度的要求是(　　)。

(A)酸度范围较大　　　　　　　　(B)在弱酸性条件下

(C)对酸度范围有一定要求　　　　(D)对酸度无要求

109. 一般在溶解样品后,把常见元素同时氧化为最高氧化态而不需要加入其他氧化剂的是(　　)。

(A)盐酸　　　(B)硫酸　　　(C)高氯酸　　　(D)磷酸

110. 分解含硅化合物或硅酸盐时,通常是用(　　)混合酸进行分解。

(A)硫酸+磷酸　　　　　　　　　(B)硝酸+硫酸

(C)氢氟酸+硫酸　　　　　　　　(D)盐酸+硝酸

111. 根据溶液中 Ba^{2+} 离子和 SO_4^{2-} 离子的溶度积大小,在(　　)情况下,沉淀不断析出。

(A)$[Ba^{2+}][SO_4^{2-}]<K_{sp}$　　　　(B)$[Ba^{2+}][SO_4^{2-}]=K_{sp}$

(C)$[Ba^{2+}][SO_4^{2-}]>K_{sp}$　　　　(D)$[Ba^{2+}][SO_4^{2-}]$为某一常数

112. 铂金器皿内遇有不溶于水的碳酸盐,应用的清除剂最好是(　　)。

(A)H_3PO_4　　　(B)稀 H_2SO_4　　　(C)稀 HCl　　　(D)HF

113. 钼蓝光度法测定铝及铝合金中硅的适宜酸度是(　　)。

(A)中性　　　(B)微酸性　　　(C)碱性　　　(D)酸性

114. 试样表面有油污,在制样前应(　　)。

(A)用汽油、乙醚等溶剂洗净、风干　　　(B)用水洗清干净并烘干

(C)用洗涤剂清洗并烘干　　　　　　　(D)用稀盐酸清洗,用水冲净烘干

115. 为了减少试样分解时引入的误差,在测定高硅(大于 0.8% 的硅)钢样品时宜采用(　　)。

(A)(1+1)硝酸　　　(B)稀硫酸　　　(C)(1+1)盐酸　　　(D)高氯酸

116. 实验室中常用的铬酸洗液是由(　　)两种物质配制的。

(A)K_2CrO_4 和浓 H_2SO_4　　　　(B)K_2CrO_4 和浓 HCl

(C)$K_2Cr_2O_7$ 和浓 HCl　　　　　(D)$K_2Cr_2O_7$ 和浓 H_2SO_4

117. 碘量法测定钢铁中铜,用(　　)试剂指示终点。

(A)二甲酚橙　　　(B)淀粉　　　(C)磺基水杨酸　　　(D)丁二酮肟

118. 铬天青 S 光度法测定钢铁中铝,加入 Zn-EDTA 的作用是(　　)。

(A)为了掩蔽微量铜　　　　　　(B)为了掩蔽大量铁、镍

(C)可以使显色在弱酸性溶液中进行　　(D)可以提高铁与铬天青 S 显色灵敏度

119. 邻二氮杂菲光度法测定铝合金中的铁,用(　　)将 Fe^{3+} 离子还原至 Fe^{2+}。

(A)无水亚硫酸钠　　　　　　(B)对苯二酚

(C)盐酸羟胺　　　　　　　　(D)硫脲

120. EDTA 滴定法测定铝合金中锌,选用(　　)指示终点。

　(A)铬黑 T　　　　　　　(B)双硫腙　　　　　(C)二苯胺磺酸钠　　　(D)PAN

121. 重铬酸钾容量法测定铁时,加入(　　)可避免二苯胺磺酸钠指示剂被过早氧化,提前出现终点。

　(A)硫酸　　　　　　　　(B)磷酸　　　　　　　(C)硝酸　　　　　　　　(D)盐酸

122. 1,10-二氮杂菲分光光度法测定铜合金中铁,加入 4-甲-戊酮-2 的作用是(　　)。

　(A)保持有色络合物的稳定性　　　　　　(B)萃取三价铁的氯化络合物

　(C)保持溶液酸度　　　　　　　　　　　(D)加速显色反应

123. 8-羟基喹啉重量法测定钼铁中钼,在溶液沸腾状态下加入沉淀剂的原因是(　　)。

　(A)为了使形成的沉淀易于洗涤,且回收率高

　(B)只有在溶液沸腾状态下,8-羟基喹啉与钼才形成沉淀

　(C)为了保持溶液的稳定性

　(D)为了避免钒酸根的干扰

124. 某显色剂 pH 值在 1~6 时呈黄色,pH 值在 6~12 时呈橙色,pH 值大于 13 时呈红色。该显色剂与某金属离子配合后呈红色,则该显色反应应在(　　)介质溶液中进行。

　(A)弱酸性　　　　　　　(B)弱碱性　　　　　　(C)强碱性　　　　　　　(D)中性

125. 当某些油品中有开口、闭口闪点两种指标,如果两者结果悬殊太大,则说明该油品中混有(　　)。

　(A)润滑油　　　　　　　(B)重质油　　　　　　(C)轻质油　　　　　　　(D)机油

126. 当一束单色光通过含有乳浊液或悬浮物的有色溶液时,溶液的吸光度会(　　)。

　(A)增加　　　　　　　　(B)减少　　　　　　　(C)不变　　　　　　　　(D)无法确定

127. 石油产品的灰分测定时,盛装试样的器皿是(　　)。

　(A)容量瓶　　　　　　　(B)瓷坩埚　　　　　　(C)表面皿　　　　　　　(D)称量瓶

128. 丁二酮肟光度法测镍,最大吸收波长在 460~470 nm 处,实际工作中在最大波长处有干扰,应选(　　)段处波长来避免此干扰。

　(A)360~420 nm　　(B)520~530 nm　　(C)600~650 nm　　(D)700~800 nm

129. 测定涂料细度时,细度在 30~70 μm 时应用量程为(　　)的刮板细度计。

　(A)50 μm　　　　　(B)100 μm　　　　(C)150 μm　　　　(D)200 μm

130. 光栅单色器所得到光的单色性比棱镜单色器所得到的纯度要(　　)。

　(A)高　　　　　　　　　(B)低　　　　　　　　(C)一样　　　　　　　　(D)无法比较

131. 用返滴定法测定试样中某组分的含量,按下式计算:$X\% = \dfrac{0.100\,0 \times (25.00-1.52) \times 246.47}{1.000 \times 1\,000} \times 100\%$,分析结果应以(　　)位有效数字报出。

　(A)两　　　　　　　　　(B)三　　　　　　　　(C)四　　　　　　　　　(D)五

132. 用分析天平称量物品时,如果被称物的温度高于天平温度,那么称量的结果(　　)。

　(A)高于真实值　　　　　　　　　　　　(B)低于真实值

　(C)与真实值一样　　　　　　　　　　　(D)不能称量

133. 测定油品的闭口闪点值,国标中规定火球直径必须调节为(　　)。

　(A)1~2 mm　　　(B)2~3 mm　　　(C)3~4 mm　　　(D)5~6 mm

134. 冶金产品化学分析标准中所载的精密度或允许差是对特定的分析方法和被分析项

目特定含量而定的,是化学分析方法(　　)的衡量标准。

(A)标准偏差　　　　(B)偏差　　　　　　(C)准确度　　　　　(D)方差

135. 采用氢氟酸分解含硅的铁合金试样,应在(　　)中进行。

(A)瓷坩锅　　　　　(B)铂金坩锅　　　　(C)镍坩锅　　　　　(D)石英坩锅

136. 涂-4黏度计适用于测定流出时间在(　　)以下的涂料产品。

(A)20 s　　　　　　(B)50 s　　　　　　(C)100 s　　　　　(D)150 s

137. 络合滴定中所选用的指示剂,有时在等当点附近没有引起颜色的变化,这种现象称为指示剂的(　　)。

(A)僵化　　　　　　(B)封闭　　　　　　(C)氧化变质　　　　(D)被还原

138. EDTA滴定金属离子使用二甲酚橙指示剂,溶液的酸度是(　　)。

(A)中性　　　　　　(B)酸性　　　　　　(C)碱性　　　　　　(D)弱碱性

139. 我国化学试剂规定分析纯药品的标签颜色应为(　　)。

(A)蓝色　　　　　　(B)绿色　　　　　　(C)红色　　　　　　(D)棕色

140. 摩尔吸光系数值愈大,表示该物质对某波长光的吸收能力愈(　　)。

(A)强　　　　　　　(B)弱　　　　　　　(C)小　　　　　　　(D)不能确定

141. 导致闭口闪点测定结果偏低的因素是(　　)。

(A)加热速度过快　　　　　　　　　　　(B)试样含水量

(C)气压偏高　　　　　　　　　　　　　(D)火焰直径偏小

142. 当置信度为95%时,测得三氧化二铝的 μ 置信区间为(35.21 ± 0.10)%,其意义为(　　)。

(A)在所测得的数据中有95%在此区间

(B)若再进行测定,将有95%的数据落入此区间

(C)总体平均值 μ 落入此区间的概率为95%

(D)在此区间内包含 μ 值的概率为95%

143. 用重量法测定钢中钨,灼烧三氧化钨的适宜温度应该是(　　)。

(A)500 ℃～600 ℃　　　　　　　　　　(B)850 ℃～950 ℃

(C)750 ℃～800 ℃　　　　　　　　　　(D)600 ℃～700 ℃

144. 从精密度好就可断定分析结果可靠的前提条件是(　　)。

(A)随机误差小　　(B)系统误差小　　　(C)平均偏差小　　　(D)相对偏差小

145. 下列说法正确的是(　　)。

(A)准确度是表示测定结果与真实含量接近的程度,两者越接近,其误差越小,则准确度越高

(B)偏差越小,精确度越高

(C)偏差越小,准确度越高

(D)偶然误差越小,精确度越高

146. 用盐酸标准溶液滴定氨水溶液,当反应达到化学计量点时的 pH 值(　　)。

(A)等于7　　　　　(B)大于7　　　　　(C)小于7　　　　　(D)无法判断

147. 为消除金属-指示剂的封闭现象,最好选用的方法是(　　)。

(A)沉淀分离　　　　(B)加入掩蔽剂　　　(C)调整 pH 值　　　(D)加热破坏

148. 摩尔吸光系数很大,说明(　　　)。

(A)该物质的浓度很大　　　　　　　　(B)光通过该物质溶液的光程长

(C)该物质对某波长光的吸收能力强　　(D)测定该物质方法的灵敏度低

149. 下列说法不正确的是(　　　)。

(A)原子发射光谱能同时测定多元素,样品无需化学处理

(B)原子发射光谱只限于多数金属和少数非金属的分析

(C)原子发射光谱不仅用于元素分析,而且能确定样品中化合物的状况

(D)基体效应大,必须采用组成与分析样品相匹配的参比试样

150. 涂料试样储存至规定期限后发生结块很硬、不能恢复成均匀悬浮液体的现象,应评定为(　　　)级。

(A)2　　　　　　　(B)0　　　　　　　(C)3　　　　　　　(D)4

151. 三种酸的离解常数分别为 $K_a = 10^{-3}$、$K_b = 1.5 \times 10^{-5}$、$K_c = 5.7 \times 10^{-8}$,其酸度强弱是(　　　)。

(A)a>b>c　　　　(B)c>b>a　　　　(C)b>a>c　　　　(D)无法判断

152. 破坏试剂中的滤纸和有机溶剂时,必须先加足够量的(　　　)加热破坏,稍冷后再加入高氯酸冒烟破坏残余碳化物,避免发生剧烈爆炸。

(A)盐酸　　　　　(B)硫酸　　　　　(C)硝酸　　　　　(D)氢氟酸

153. 我国车用柴油指标规定,50%馏出温度不得高于 300 ℃,90%馏出温度不得高于 355 ℃,95%的馏出温度不得高于(　　　)。

(A)360 ℃　　　　(B)365 ℃　　　　(C)370 ℃　　　　(D)375 ℃

154. 油品蒸馏法所使用的溶剂,通常采用(　　　)的工业溶剂油或直馏汽油馏分。

(A)50 ℃~110 ℃　　　　　　　　　　(B)60 ℃~110 ℃

(C)70 ℃~120 ℃　　　　　　　　　　(D)80 ℃~120 ℃

155. 下列酸中,酸性最强的是(　　　)。

(A)H_3PO_4　　　　(B)HF　　　　(C)HNO_3　　　　(D)HAc

156. 溅洒出的细小汞珠,可用(　　　)收集。

(A)20%的三氯化铁溶液　　　　　　　(B)5%的乙酸溶液

(C)5%的氯化钠溶液　　　　　　　　　(D)5%的碳酸氢钠溶液

157. 实验室油类及高级仪表着火,选用的灭火器材最佳的是(　　　)。

(A)高压水　　　　　　　　　　　　　(B)砂土

(C)石棉毯　　　　　　　　　　　　　(D)二氧化碳泡沫灭火器

158. 使用氢氟酸后如感到接触部分开始疼痛,应该(　　　)先急救处理一下。

(A)用水冲洗　　　　　　　　　　　　(B)用碘酒清洗

(C)用饱和硼砂液浸泡　　　　　　　　(D)用2%的过氧化氢冲洗

159. 用分光光度计在测定过程中,透光度 100%经常发生变化,造成该现象的原因是(　　　)。

(A)仪器的灵敏度挡使用不当

(B)比色皿表面液滴没擦干净或空白溶液倒得太满

(C)样品前处理错误

(D)比色皿不配对引起的

160. 光电分析天平,光幕上光线暗淡或有黑影缺陷,造成这一现象的原因是(　　)。

(A)灯泡坏了　　　　　　　　　　　　(B)标尺不在光路上

(C)光源与聚光管不在同一条直线上　　(D)天平开启时开头过猛

161. 玻璃电极在使用前一定要在水中浸泡 24 h 以上,其目的是(　　)。

(A)清洗电极　　　(B)活化电极　　　(C)校正电极　　　(D)检查电极好坏

162. pH 玻璃电极是一种对氢离子具有高度选择性的指示电极,但不能在(　　)中使用。

(A)含有氧化剂的溶液　　　　　　　　(B)含有还原剂的溶液

(C)含有氟离子的溶液　　　　　　　　(D)含有氯离子的溶液

163. 使用乙炔钢瓶气体时,管路接头不可用的是(　　)。

(A)铜接头　　　　　　　　　　　　　(B)锌铜合金接头

(C)不锈钢接头　　　　　　　　　　　(D)银铜合金接头

164. 国标中规定,工业"废水"中六价铬最高允许排放浓度为(　　)。

(A)0.1 mg/L　　　(B)0.5 mg/L　　　(C)1 mg/L　　　(D)1.5 mg/L

165. 紫外可见分光光度计的单色器是仪器的核心部分,装在密封的盒内,一般不宜拆开,要经常更换单色器盒中的(　　),防止色散元件受潮生霉。

(A)吸收池　　　(B)干燥剂　　　(C)灯泡　　　(D)棱镜

三、多项选择题

1. 高碘酸钾光度法测定铝合金中的锰,加入数滴亚硝酸钠的作用是消除(　　)的干扰。

(A)Cu^+　　　(B)Fe^{3+}　　　(C)Ni^{2+}　　　(D)CO^{2+}

2. 能直接配制标准溶液的物质是(　　)。

(A)Na_2SO_3　　　(B)NaOH　　　(C)Na_2CO_3　　　(D)$K_2Cr_2O_7$

3. 影响化学平衡的因素有(　　)。

(A)浓度　　　(B)温度　　　(C)催化剂　　　(D)压力

4. 使沉淀溶解的常用的方法有(　　)。

(A)加入适当的离子,使其与溶液中某一离子结合成水、弱酸或弱碱

(B)加入适当的物质,使其与溶液中某一离子作用生成微溶的气体逸出

(C)加入氧化剂或还原剂,使其与溶液中某一离子发生氧化还原反应以降低其离子浓度

(D)加入适当的络合剂,使其与溶液中某一离子生成稳定的络合物

5. 判断一个反应是否属于氧化还原反应的原则是(　　)。

(A)化合价改变　　　　　　　　　　　(B)电子对有偏移

(C)能否置换出金属元素　　　　　　　(D)有无电子得失

6. 检测涂料的施工性能主要指标有(　　)。

(A)光泽　　　(B)遮盖力　　　(C)流平行　　　(D)冲击性

7. 检测涂膜的机械性能主要指标有(　　)。

(A)外观　　　(B)附着力　　　(C)光泽　　　(D)杯突

8. 开口杯和闭口杯闪点测定仪的区别是(　　)。

(A)仪器不同　　　　　　　　　　　　(B)温度计不同

(C)加热引火条件不同   (D)坩埚不同

9. 通常油品分析中所说的无水是指没有(   ),溶解水是很难除去的。

(A)游离水   (B)水蒸气   (C)悬浮水   (D)分析水

10. 同一试验方法对同一试样测定的两个或多个结果的一致程度为精密度,石油产品试验的精密度用(   )表示。

(A)重复性   (B)偏差   (C)相对误差   (D)再现性

11. 《冶金产品化学分析方法标准的总则及一般规定》(GB/T 1467—2008)中的一般规定中要求:所用分析天平除特殊说明外,其感量应达的数值和容量器具应先选用国家标准(   )产品。

(A)0.1 mg   (B)0.2 mg   (C)A 级   (D)B 级

12. 配制溶液或分析过程中所用的水为(   )或相当纯度的水。

(A)自来水   (B)蒸馏水   (C)开水   (D)去离子水

13. 仲裁分析时应选择对待测元素(   )的分析方法或争议双方协商确定所用分析方法。

(A)干扰小   (B)精密度高

(C)偏差小   (D)准确度高,允许差不计

14. 在冶金产品化学分析分光光度法通则中,消除对吸光度干扰的方法有分离方法和不分离方法,不分离的方法有(   )。

(A)绘制与被测组分相近的工作曲线   (B)在干扰最小的波长处进行测量

(C)应用掩蔽剂掩蔽干扰元素   (D)将被测元素沉淀

15. 冶金产品化学分析方法标准中的"干过滤"系指溶液用(   )过滤于干燥器中,并弃去最初部分滤液。

(A)干滤纸   (B)干滤斗

(C)乙醇润湿后的滤纸   (D)对经水浸湿后抽滤的滤纸和漏斗

16. 复分解反应进行到底应符合的条件是(   )。

(A)生成难溶性气体   (B)生成挥发性气体

(C)生成水   (D)生成盐

17. 还原型硅钼酸盐分光光度法测定钢中酸溶硅和全硅含量,在弱酸性溶液中硅酸与钼酸盐生成硅钼蓝,增加硫酸浓度,加入草酸是为了消除(   )的干扰。

(A)钼   (B)磷   (C)砷   (D)钒

18. 氟化钠分离—EDTA 滴定法测定钢、合金中的铝,试样用酸溶解,用柠檬酸和草酸铵络合的元素有(   )。

(A)铁   (B)铬   (C)镍   (D)锰

19. 分析测试中系统误差产生的原因有(   )。

(A)方法误差   (B)仪器误差   (C)试剂误差   (D)操作误差

20. 实验室用水的检验方法有(   )。

(A)电导率法   (B)化学方法   (C)络合法   (D)电离法

21. 根据被测组分的分离方法不同,重量分析法有(   )。

(A)沉淀称量法   (B)气化法   (C)电解法   (D)络合法

22. 能够用来表示物质溶解能力的单位有( )。

(A)溶解度 (B)浓度 (C)溶度积 (D)电离度

23. 同一周期里,元素最高氧化物的水化物,从左到右碱性逐渐减弱,酸性逐渐增强,根据此原理,判断属于弱酸的氧化物的水化物是( )。

(A)H_3PO_4 (B)H_3AlO_3 (C)H_2SO_4 (D)H_2SiO_3

24. 影响化学反应速度的主要条件有( )。

(A)浓度 (B)温度 (C)催化剂 (D)压力

25. 化学反应按反应形式不同可分为( )。

(A)分解反应 (B)化合反应 (C)置换反应 (D)复分解反应

26. 氢氧化钠和氢氧化钾常和其他溶剂混合使用,在用碳酸钠溶解试样时,加入氢氧化钠的目的是( )。

(A)提高熔点 (B)降低熔点 (C)提高分解能力 (D)降低成本

27. 不能与高氯酸接触的物质有( )。

(A)金属铋 (B)浓硫酸 (C)纸 (D)氢氟酸

28. 分解试样时,不能与银器皿接触的物质有( )。

(A)氧化钠 (B)铅 (C)汞 (D)碱性硫化剂

29. 评价分析结果好坏的两个量度是( )。

(A)偏差 (B)允许差 (C)准确度 (D)精密度

30. 干燥器中最常用的干燥剂有( )。

(A)变色硅胶 (B)无水氯化钙 (C)无水硫酸铜 (D)无水硫酸锌

31. 影响沉淀纯度的因素有( )。

(A)反溶现象 (B)共沉淀现象 (C)后沉淀现象 (D)络合现象

32. 下列属于氧化还原滴定法的是( )。

(A)银量法 (B)高锰酸钾法 (C)重铬酸钾法 (D)碘量法

33. 滴定分析时如果没有合适的指示剂,下列方法可以确定滴定终点的是( )。

(A)电位滴定 (B)电导滴定 (C)光度滴定 (D)温度滴定

34. 下列各组物质按等物质的量混合配成溶液后,能作为缓冲溶液的是( )。

(A)$NaHCO_3$ 和 Na_2CO_3 (B)$NaCl$ 和 $NaOH$

(C)$NH_3 \cdot H_2O$ 和 NH_4Cl (D)HAc 和 $NaAc$

35. 在称量分析中,称量形式应具备的条件是( )。

(A)摩尔质量大 (B)组成与化学式相符

(C)不受空气中 O_2、CO_2 及水的影响 (D)与沉淀形式组成一致

36. 制备标准溶液的方法有( )。

(A)标定配制法 (B)比较配制法 (C)直接法配制 (D)间接法配制

37. 被高锰酸钾溶液污染的滴定管可用( )溶液洗涤。

(A)铬酸洗液 (B)碳酸钠 (C)草酸 (D)硫酸亚铁

38. 下列不属于化学分析法的是( )。

(A)电解法 (B)滴定分析法 (C)光谱分析法 (D)色谱分析法

39. 下列数据中,有效数字位数是四位的是( )。

(A)$[H^+]$=0.006 mol/L   (B)pH=11.78

(C)$W(MgO)$=14.18%   (D)$c(NaHG)$=0.113 2 mol/L

40. 不能用去污粉刷的器皿是(　　)。

(A)烧杯　　　　　　(B)滴定管　　　　　　(C)比色皿　　　　　　(D)漏斗

41. 下列有关称量分析法的描述,正确的是(　　)。

(A)称量分析是定量分析方法之一

(B)称量分析法不需要基准物质作比较

(C)称量分析法一般准确度较高

(D)操作简单,适用于常量组分和微量组分的沉淀

42. 以 $CaCO_3$ 为基准标定 EDTA 时,(　　)需用操作液润洗。

(A)滴定管　　　　　(B)容量瓶　　　　　　(C)移液管　　　　　　(D)锥形瓶

43. 下列属于 SI 国际单位制的基本单位名称有(　　)。

(A)摩尔　　　　　　(B)克　　　　　　　　(C)秒　　　　　　　　(D)升

44. 下列溶液需要在棕色滴定管中进行滴定的是(　　)。

(A)高锰酸钾标准溶液　　　　　　　　(B)硫代硫酸钠标准溶液

(C)碘标准溶液　　　　　　　　　　　(D)硝酸钾标准溶液

45. 下列物质只能用间接法配制成一定浓度的标准溶液的是(　　)。

(A)$KMnO_4$　　　　　(B)NaOH　　　　　　(C)H_2SO_4　　　　　(D)$H_2C_2O_4 \cdot 2H_2O$

46. 滴定分析法对化学反应的要求是(　　)。

(A)反应必须按化学计量关系进行完全(达 99.9%以上),没有副反应

(B)反应速度迅速

(C)有适当的方法确定滴定终点

(D)反应必须有颜色变化

47. 实验室用水是将源水采用(　　)等方法,去除可溶性、不溶性盐类以及有机物、胶体等杂质,达到一定纯度标准级别的水。

(A)蒸馏　　　　　　(B)离子交换　　　　　(C)电渗析　　　　　　(D)过滤

48. 下列不利于形成晶形沉淀的是(　　)。

(A)沉淀应在较浓的热溶液中进行　　　(B)沉淀过程应保持较低的过饱和度

(C)沉淀时应加入适量的电解质　　　　(D)沉淀后加入热水稀释

49. 酸碱滴定曲线直接描述错误的是(　　)。

(A)指示剂的变色范围　　　　　　　　(B)滴定过程中 pH 值变化规律

(C)滴定过程中酸碱浓度变化规律　　　(D)滴定过程中酸碱体积变化规律

50. 沉淀滴定反应必须符合的条件是(　　)。

(A)沉淀反应要迅速、定量地完成　　　(B)沉淀的溶解度不受外界条件的影响

(C)要有确定滴定反应终点的方法　　　(D)沉淀要有颜色

51. 以 $K_2Cr_2O_7$ 标定 $Na_2S_2O_3$ 溶液时,滴定前加水稀释是为了(　　)。

(A)便于滴定操作　　　　　　　　　　(B)保持溶液的微酸性

(C)减少 Cr^{3+} 的绿色对终点的影响　　(D)防止淀粉凝浆

52. 欲测定石灰中的钙含量,可以用(　　)。

(A)EDTA 滴定法　　　　　　　　　　(B)酸碱滴定法

(C)重量法　　　　　　　　　　　　　(D)草酸盐—高锰酸钾滴定法

53. 计算机病毒传播途径有(　　)。

(A)使用来路不明的软件　　　　　　(B)通过借用他人的磁盘

(C)通过非法的软件拷贝　　　　　　(D)通过把多张软盘叠放在一起

54. 下列说法正确的是(　　)。

(A)酸碱中和生成盐和水,而盐水解又生成酸和碱,所以说酸碱中和反应都是可逆的

(B)某溶液呈中性(pH=7),这种溶液一定不含水解的盐

(C)强酸强碱生成的盐,其水解呈中性

(D)强酸弱碱所生成的盐的水溶液呈酸性

55. $KMnO_4$ 法不用 HCl 和 HNO_3 的原因是(　　)。

(A)HCl 具有还原性,能与 $KMnO_4$ 作用　(B)HCl 具有氧化性,能与被测物质作用

(C)HNO_3 具有还原性,能与 $KMnO_4$ 作用　(D)HNO_3 具有氧化性,能与被测物质作用

56. 计量器具的标识有(　　)。

(A)有计量检定合格印证

(B)有中文计量器具名称、生产厂名和厂址

(C)明显部位有"CMC"标志和《制造计量器具许可证》编号

(D)有明示采用的标准或计量检定规程

57. 电路主要由(　　)组成。

(A)负载　　　　　(B)线路　　　　　(C)电源　　　　　(D)开关

58. 制备漆膜主要应考虑(控制)的方面有(　　)。

(A)底材的选择　　　　　　　　　　(B)涂层厚度的控制

(C)底材的处理　　　　　　　　　　(D)制板方法的选择

59. 测定漆膜耐冲击性时对试验结果有影响的是(　　)。

(A)温、湿度的影响　　　　　　　　(B)冲击深度的影响

(C)底材及表面处理的影响　　　　　(D)漆膜厚度的影响

60. 常用的评价油品低温流动性能的指标有(　　)。

(A)运动黏度　　　　(B)倾点　　　　(C)冷滤点　　　　(D)浊点

61. 评价油品腐蚀性的指标有(　　)。

(A)酸值　　　　(B)铜片腐蚀　　　　(C)硫含量　　　　(D)机械杂质

62. 下列溶液不是定性测定石油产品中是否含硫的"博士试验"中所用溶液的是(　　)。

(A)CH_3COOH　　　　　　　　　　(B)$(CH_3COO)Pb_2$

(C)NaOH　　　　　　　　　　　　　(D)Na_2PbO_2

63. 影响沉淀溶解度的因素有(　　)及其他因素。

(A)同离子效应　　　(B)盐效应　　　(C)酸效应　　　(D)配位效应

64. 滴定分析结果的表示方法有(　　)。

(A)按实际存在形式表示　　　　　　(B)按氧化物形式表示

(C)按元素形式表示　　　　　　　　(D)按所存在的离子形式表示

65. 可用下列(　　)方法减少滴定过程中的系统误差。

（A）进行对照试验　　　　　　　　　　　（B）进行空白试验

（C）进行仪器校准　　　　　　　　　　　（D）增加平行试验次数

66. 在滴定分析法测定中出现下列（　　　）情况属于偶然误差。

（A）滴定时有液体溅出　　　　　　　　　（B）砝码未经校正

（C）滴定管读数错误　　　　　　　　　　（D）试样未经混匀

67. 下列不属于参比电极的是（　　　）。

（A）玻璃电极　　　　（B）生物电极　　　　（C）甘汞电极　　　　（D）气敏电极

68. 下列操作不正确的是（　　　）。

（A）比色皿外壁有水珠　　　　　　　　　（B）手捏比色皿的磨光面

（C）手捏比色皿的毛面　　　　　　　　　（D）用报纸擦拭比色皿外壁

69. 标准物质的作用有（　　　）。

（A）用于校准分析仪器　　　　　　　　　（B）用于评价分析方法

（C）用于工作曲线　　　　　　　　　　　（D）便于分析计算结果

70. 欲测定石灰中的钙含量，可以用（　　　）。

（A）EDTA 滴定法　　　　　　　　　　　（B）酸碱滴定法

（C）重量法　　　　　　　　　　　　　　（D）草酸盐—高锰酸钾滴定法

71. 不能在镍坩埚中熔融含（　　　）等的金属盐，这些元素都能使镍坩埚变脆。

（A）铝　　　　　　　（B）锌　　　　　　　（C）铅　　　　　　　（D）铁

72. 下列属于系统误差的是（　　　）。

（A）方法误差　　　　（B）环境温度变化　　　（C）操作误差　　　　（D）试剂误差

73. 在酸性介质中，以高锰酸钾溶液滴定草酸盐时，对滴定速度的要求错误的是（　　　）。

（A）滴定开始时速度要快　　　　　　　　（B）开始时缓慢进行，以后逐渐加快

（C）开始时快，以后逐渐缓慢　　　　　　（D）始终缓慢进行

74. 提高分析结果准确度的方法有（　　　）。

（A）减少称量误差　　　　　　　　　　　（B）对照试验

（C）空白试验　　　　　　　　　　　　　（D）校正仪器

75. 下列（　　　）情况下需要休止天平。

（A）打开天平门　　　　　　　　　　　　（B）向天平托盘上加减物品

（C）向天平托盘上加减砝码　　　　　　　（D）调整水平仪

76. 碘量法分为（　　　）。

（A）直接碘量法　　　（B）氧化法　　　　　（C）返滴定法　　　　（D）间接碘量法

77. 有色溶液稀释时，对最大吸收波长的位置，下列描述错误的是（　　　）。

（A）向波长方向移动　　　　　　　　　　（B）向短波方向移动

（C）不移动但峰高降低　　　　　　　　　（D）全部无变化

78. 基准物质必须符合的条件有（　　　）。

（A）纯度在 99.9% 以上　　　　　　　　（B）必须储存于干燥器中

（C）组成与化学式完全相符　　　　　　　（D）性质稳定，具有较大的摩尔质量

79. 朗伯—比耳定律的摩尔吸光系数 ε 与（　　　）有关。

（A）入射光的波长　　（B）溶液液层厚度　　　（C）溶液的浓度　　　（D）温度

80. 铬天青 S 直接光度法测定钢铁中的铝,加入 Zn-EDTA 的作用是掩蔽( )。
(A)铜 　　　　　(B)铁 　　　　　(C)镍 　　　　　(D)钴

81. 1,10-二氮杂菲分光光度法测定铜合金中铁,所需的相关试剂有( )。
(A)抗坏血酸 　　　(B)高氯酸 　　　(C)4-甲基-戊酮-2 　　　(D)亚硝酸钠

82. 不属于原子吸收分光光度计核心部分的是( )。
(A)光源 　　　　　(B)原子化器 　　　(C)分光系统 　　　(D)检测系统

83. 不能用来检测溶液 pH 值的电极是( )。
(A)标准氢电极 　　(B)玻璃电极 　　　(C)甘汞电极 　　　(D)银—氯化银电极

84. 下列描述正确的是( )。
(A)方法误差属于系统误差 　　　　(B)系统误差又称可测误差
(C)系统误差呈正态分布 　　　　　(D)随机误差呈正态分布

85. 下列属于标准物质用途的是( )。
(A)用于校正分析仪器
(B)用于配制溶液
(C)用于评价分析方法
(D)用于实验室内部或实验室之间的质量保证

86. 某些指示剂溶液放置时间较长后发生聚合和氧化反应等,不能敏锐指示终点,如( )。
(A)二甲酚橙 　　　(B)铬黑 T 　　　(C)酚酞 　　　(D)淀粉

87. 配制 $KMnO_4$ 溶液时,煮沸 5 min 是为了( )。
(A)除去试液中杂质 　　　　　(B)赶出 SO_2
(C)加快 $KMnO_4$ 溶液 　　　　(D)除去蒸馏水中还原性物质

88. 天平的主要技术参数(数据)是( )。
(A)偏差 　　　　　(B)变动性 　　　　(C)最大载荷 　　　(D)感量

89. 硫氰酸盐直接光度法测定钢铁中钼,常用的还原剂有( )。
(A)抗坏血酸 　　　(B)氯化亚锡 　　　(C)二氯化铁 　　　(D)硫脲

90. 下列不属于电位滴定法滴定终点判断依据的是( )。
(A)指示剂颜色变化 　　　　　(B)电极电位
(C)电位突跃 　　　　　　　　(D)电位大小

91. 碘量法是利用碘离子的( )性质进行滴定的方法。
(A)稳定性 　　　　(B)活泼性 　　　　(C)还原性 　　　(D)氧化性

92. 下列对沉淀洗液的选择,正确的是( )。
(A)溶解度小又不易形成胶体的沉淀,可用蒸馏水洗涤
(B)溶解度较大的晶形沉淀,可选用稀的沉淀剂洗涤
(C)溶解度较小且可能分散成胶体的沉淀,应选用易挥发的稀电解质
(D)溶解度受温度影响小的沉淀,应选用冷的洗液洗涤

93. 在改变了的测量条件下,对同一被测量的测量结果之间的一致性称为( )。
(A)重复性 　　　　(B)再现性 　　　　(C)准确度 　　　(D)精密性

94. 下列影响酸碱指示剂变色范围的主要因素是( )。

(A)试液的酸碱性　　　　　　　　　(B)指示剂用量

(C)温度　　　　　　　　　　　　　(D)溶剂

95. 铬天青 S 光度法测定硅铁中的铝含量,加入的铜试剂是排除(　　)等元素的干扰。

(A)钒　　　　　(B)铁　　　　　(C)钼　　　　　(D)钛

96. 下列对对照试验的叙述,正确的是(　　)。

(A)检查试剂是否含有杂质　　　　　(B)检查仪器是否正常

(C)检查所用方法的准确性　　　　　(D)减少或消除系统误差

97. 显著性检验的最主要方法应当包括(　　)。

(A)t 检验法　　　　　　　　　　　(B)狄克松(Dixon)检验法

(C)格鲁布斯(Grubbs)检验法　　　　(D)F 检验法

98. 在分析中做空白试验的目的是(　　)。

(A)提高精密度　　(B)提高准确度　　(C)消除系统误差　　(D)消除偶然误差

99. 在一组平行测定中,有个别数据的精密度不甚高时,正确的处理方法是(　　)。

(A)舍去可疑数

(B)根据偶然误差分布规律决定取舍

(C)测定次数为 5,用 Q 检验法决定可疑数的取舍

(D)用 Q 检验法,如 $Q \leqslant Q_{0.90}$,则此可疑数应舍去

100. 下列说法正确的是(　　)。

(A)直接电位法应用广泛

(B)电位滴定法准确度比化学滴定法低

(C)直接电位法是由电池电动势计算溶液浓度的

(D)玻璃电极是一种离子选择电极

101. 下列物质中,不能用标准强碱溶液直接滴定的是(　　)。

(A)盐酸苯胺 $C_6H_5NH_2 \cdot HCl(K_b=4.6\times10^{-10})$

(B)$(NH_4)_2SO_4(NH_3 \cdot H_2O)(K_b=1.8\times10^{-5})$

(C)邻苯二甲酸氢钾$(K_a=2.9\times10^{-6})$

(D)苯酚$(K_a=1.1\times10^{-10})$

102. 下列方法属于分光光度分析的定量方法的是(　　)。

(A)工作曲线法　　　　　　　　　　(B)直接比较法

(C)校正面积归一化法　　　　　　　(D)标准加入法

103. 滴定分析法按反应类型通常可分为(　　)。

(A)酸碱滴定法　　　　　　　　　　(B)氧化还原滴定法

(C)络合滴定法　　　　　　　　　　(D)沉淀滴定法

104. 配制硫代硫酸钠标准溶液时,需(　　)配制溶液比较稳定。

(A)加入蒸馏水直接配制

(B)新煮沸并冷却的蒸馏水

(C)加入少量 Na_2CO_3(约 0.02%),使溶液呈微碱性

(D)加入少量 Na_2SO_4(约 0.02%),使溶液呈微酸性

105. 分光光度法测定中,工作曲线弯曲的原因是(　　)。

(A)单色光不纯   (B)溶液浓度太稀
(C)溶液浓度太大   (D)参比溶液有问题

106. 用分光光度法测定时,选择入射光波长的原则是(   )。

(A)吸收最大   (B)干扰最小   (C)颜色最亮   (D)沉淀最小

107. 在下列方法中,(   )是沉淀滴定采用的方法。

(A)莫尔法   (B)碘量法   (C)佛尔哈德法   (D)高锰酸钾法

108. 下列关于沉淀吸附的一般规律,正确的是(   )。

(A)离子价数高的比低的易吸附
(B)离子浓度愈大愈易被吸附
(C)沉淀颗粒愈大,吸附能力愈强
(D)能与构晶离子生成溶盐沉淀的离子,优先被吸附

109. 沉淀完全后进行陈化是为了(   )。

(A)使无定沉淀转化为晶形沉淀   (B)使沉淀更为纯净
(C)加速沉淀作用   (D)使沉淀颗粒变大

110. 对于间接碘量法测定还原性物质,以下说法正确的是(   )。

(A)被滴定的溶液应为中性或微酸性
(B)被滴定的溶液中应有适当过量的 KI
(C)接近终点时加入指示剂,滴定终点时被滴定溶液蓝色刚好消失
(D)滴定速度可适当加快,摇动被滴定溶液也应同时加剧

111. 与缓冲溶液的缓冲容量大小有关的因素是(   )。

(A)缓冲溶液的总浓度   (B)缓冲溶液的 pH 值
(C)缓冲溶液组分的浓度比   (D)外加的酸量

112. 用亚砷酸钠—亚硝酸钠测定钢中的锰,溶液出现不稳定的红色,使检测结果偏低,造成的原因主要是(   )。

(A)锰氧化不完全   (B)催化剂是否起作用
(C)煮沸时间太长   (D)滴定速度慢

113. 用高氯酸氧化测定铬时,结果偏低的可能原因是(   )。

(A)氧化不完全   (B)冒烟时间不定
(C)冒烟温度不定   (D)六价铬被还原

114. 原子吸收光谱定量分析的主要分析方法有(   )。

(A)工作曲线法   (B)标准加入法   (C)间接分析法   (D)示差光度法

115. 滴定分析操作中出现下列情况可导致系统误差的有(   )。

(A)滴定管未经校准   (B)滴定时有溶液溅出
(C)指示剂选择不当   (D)试剂中含有干扰离子

116. 下列论叙正确的是(   )。

(A)准确度是指多次测定结果相符合的程序
(B)精密度是指在相同条件下,多次测定结果相符合的程序
(C)准确度是指测定结果与真实值相接近的程度
(D)精密度是指测定结果与真实值相接近的程度

117. ICP 光谱法测定低合金钢时,下列说法错误的是(　　　)。

(A)元素含量越高,检测结果越准确　　　　(B)可以准确检测标准曲线外的元素含量

(C)不存在干扰　　　　(D)进样时间越短,检测结果越稳定

118. 直读光谱法测定低合金钢试样,下列描述错误的是(　　　)。

(A)表面未经处理的试样可以直接检测　　　　(B)试样表面处理偏斜,不影响检测结果

(C)不存在干扰　　　　(D)无需预热仪器,随时开随时检测

119. 碘量法测定铜,为保证检测结果稳定可靠,应(　　　)操作。

(A)避免阳光照射　　　　(B)开始滴定应快滴慢摇

(C)滴定终点时慢滴快摇　　　　(D)滴定终点时慢滴慢摇

120. 用原子吸收法测定铜合金中元素,应选择的最佳工作条件是(　　　)。

(A)灯电流的大小　　　　(B)燃气和助燃气的流量

(C)波长和光谱通带的选择　　　　(D)燃烧器和雾化器的调节

121. 检验并消除分析过程中的系统误差的方法有(　　　)。

(A)校准仪器　　　　(B)做空白试验　　　　(C)进行对照试验　　　　(D)反复试验

122. 下列油品检测项目,需要进行大气压力校正的是(　　　)。

(A)恩氏黏度　　　　(B)开口闪点　　　　(C)熔点　　　　(D)沸点

123. 下列不能作为形成晶形沉淀的沉淀条件的是(　　　)。

(A)浓、冷、慢、搅、陈　　　　(B)稀、热、快、搅、陈

(C)稀、热、慢、搅、陈　　　　(D)稀、冷、快、搅、陈

124. 下列不是原子吸收分光光度法中的吸收物质状态的是(　　　)。

(A)激发态原子蒸汽　　　　(B)基态原子蒸汽

(C)溶液中分子　　　　(D)溶液中离子

125. 重量分析对沉淀形式的要求是(　　　)。

(A)溶解度要小,使被测组分沉淀完全　　　　(B)必须纯净,夹带的杂质应尽量小

(C)易于过滤可洗涤　　　　(D)便于转化为合适的称量形式

126. 色漆流挂性能试验中,对刮涂及成膜形式的要求是(　　　)。

(A)2～3 s 完成刮涂　　　　(B)3～5 s 完成刮涂

(C)条膜呈横向放置　　　　(D)条膜呈纵向放置

127. 影响电极电位的因素有(　　　)。

(A)参加电极反应的离子浓度　　　　(B)溶液温度

(C)转移的电子数　　　　(D)大气压

128. 红外吸收法测定某物质含量应具备的条件是(　　　)。

(A)被测物质能够吸收红外线　　　　(B)在 200～780 nm 波长范围内可选

(C)选择性地吸收某一特定波长的红外线　　　　(D)红外光辐射的能量大

129. 蒸馏装置安装使用正确的是(　　　)。

(A)温度计水银球应插入蒸馏烧杯内液面下

(B)各个塞子孔道应尽量做到紧密套进各部件

(C)铁夹不要夹得太紧或太松

(D)整套装置应安装合理端正,气密性好

130. 在可见分光光度法中,当试液和显色剂均有颜色时,不可用作参比溶液的是(　　)。
(A)蒸馏水
(B)不加显色剂的试液
(C)只加显色剂的试液
(D)先用掩蔽剂将被测组分掩蔽,以免与显色剂作用,再按试液测定方法加入显色剂及其他试剂后所得的试液

131. 不能用氢氟酸分解试样的是(　　)。
(A)玻璃器皿　　　　(B)陶瓷器皿　　　　(C)镍器皿　　　　(D)聚四氟乙烯器皿

132. 我国企业产品质量检验可用采用的标准有(　　)。
(A)国家标准和行业标准　　　　　　　(B)国际标准
(C)合同双方当事人约定的标准　　　　(D)企业自行制定的标准

133. 检测漆膜实际干燥时间的方法有(　　)。
(A)指触法　　　　(B)刀片法　　　　(C)压滤纸法　　　　(D)压棉球法

134. 涂料产品按随时取样法对同一生产厂生产的相同包装的产品进行取样,错误的最低取样数是(　　)。
(A)$S=\sqrt{n/2}$　　(B)$S=\sqrt{n/4}$　　(C)$S=\sqrt{n/3}$　　(D)$\sqrt[3]{n/2}$
(注:S—取样数;n—交货产品的桶数)

135. 试样中若含有下列(　　)含水元素,分解后的溶液必须保持在酸性介质中。
(A)Ti(Ⅴ)　　　　(B)Fe(Ⅲ)　　　　(C)Sn(Ⅳ)　　　　(D)Sb(Ⅴ)

136. 根据《实验室玻璃器皿　分度吸量管》(GB/T 12807—1991)规定的检测方法,对分度吸量管的检测项目有(　　)。
(A)容量允许差和流速　　　　　　　(B)外形尺寸及外观缺陷
(C)内应力和耐水性能　　　　　　　(D)分度线及标数字的着色牢固度

137. 实验室各级用水在储存期间,其沾污的主要来源是(　　)。
(A)容器可溶性成分的溶解　　　　　(B)空气中的二氧化碳和其他杂质
(C)制备时被污染的管路　　　　　　(D)经同级水清洗的容器

138. 实验室在接收样品到开始试验时,应做到(　　)。
(A)必须有详细的记录
(B)在检验工作开始前应消除对样品状态的一切怀疑
(C)在检验工作前应做好样品(以作处置后)的一切准备
(D)可以忽略检测方法所描述的标准状态有所偏离

139. 测量器具我国又称为计量器具,测量器具包括(　　)。
(A)实物量具　　　　(B)测量仪器　　　　(C)测量设备　　　　(D)测试设备

140. 各种热电偶外形各不相同,但它们的基本结构大致相同,均由(　　)组成。
(A)热电极　　　　(B)绝缘管　　　　(C)保护管　　　　(D)接线盒

141. 实验室应使用适当的方法和程序进行所有检测工作及职责范围内的其他有关业务活动,包括样品的(　　)。
(A)抽取、处置、制备　　　　　　　(B)传递和储存
(C)测量不确定度的估算　　　　　　(D)检验数据的分析

142. ICP 光谱仪日常分析工作应注意的事项有（　　）。
(A)进样前进样系统的检查
(B)测定后进样系统的检查和清洗
(C)炬管、雾化器、雾室的清洗
(D)废液桶中的废液多少不影响检测

143. 下列有关毒性物质特性的描述，正确的是（　　）。
(A)越易溶于水的毒性物，其危害性也就越大
(B)毒物颗粒越小，危害性越大
(C)挥发性越小，危害性越大
(D)沸点越低，危害性越大

144. 有毒气体在车间大量逸散时，工作人员正确的做法是（　　）。
(A)呆在车间里不出去
(B)用湿毛巾捂住口鼻，顺风向跑出车间
(C)用湿毛巾捂住口鼻，逆风向跑出车间
(D)带防毒面具跑出车间

145. 天平正确使用及维护描述正确的是（　　）。
(A)天平使用前应检查天平位置是否水平，各部件是否处在正确位置
(B)天平开启或关闭动作要轻缓
(C)称量和读数时应关闭玻璃侧门
(D)天平应有专人保管，负责维护保养

146. 可见—紫外吸收分光光度计接通电源后，指示灯和光源灯都不亮，电流表无偏转的原因有（　　）。
(A)电源开关接触不良或已坏
(B)电流表坏
(C)保险丝断
(D)电源变压器初线线圈已断

147. 下列关于分光光度计维护使用的描述，正确的是（　　）。
(A)仪器应置于稳固的平台上，室内应较干燥，并且照明不宜太强
(B)连续测定时间太长不会对检测结果有影响
(C)比色皿不能用强碱或过强的氧化剂洗涤
(D)因仪器以光电管作为光电转换器，为消除电流的影响，操作时需要经常校对零点

148. 一台分光光度计的校正应包括（　　）等。
(A)波长的校正
(B)吸光度的校正
(C)杂散光的校正
(D)吸收池的校正

149. 使用甘汞电极时，操作正确的是（　　）。
(A)使用时，先取下电极下端口的小胶帽，上侧加液口的小胶帽不必取下
(B)电极内饱和 HCl 溶液应完全浸没内电极，同时电极下端要保持少量的 KCl 晶体
(C)电极玻璃弯管处不应有气泡
(D)电极下端的陶瓷芯毛细管应通畅

150. 在维护保养仪器设备时，应做到（　　）。
(A)定人保管
(B)定点存放
(C)定人使用
(D)定期检修

151. 实验室中皮肤上溅上浓碱时，应立即用大量水冲洗，然后用（　　）处理。
(A)5%的硼酸溶液
(B)5%的小苏打溶液
(C)2%的乙酸溶液
(D)0.01%的高锰酸钾溶液

152. 下列中毒急救的方法，正确的是（　　）。

(A)呼吸系统急性中毒时,应使中毒者离开现场,使其呼吸新鲜空气或做抗休克处理

(B)H_2S中毒立即进行洗胃,使之呕吐

(C)误食了重金属盐溶液立即洗胃,使之呕吐

(D)皮肤、眼、鼻受毒物侵害时,立即用大量自来水冲洗

153. 有关废渣处理正确的是(　　)。

(A)毒性小、稳定、难溶的废渣可深埋地下　　(B)汞盐沉淀残渣可用烘烤法回收

(C)有机物废渣可倒掉　　(D)AgCl废渣可送国家回收银部门

154. 使用时不能倒转灭火器并摇动的是(　　)。

(A)1211灭火器　　(B)干粉灭火器

(C)二氧化碳灭火器　　(D)泡沫灭火器

155. 发生B类火灾(液体火灾和可熔化的固体物资火灾),可采用的方法有(　　)。

(A)铺黄砂　　(B)使用干冰　　(C)干粉灭火器　　(D)合成泡沫

156. 下列有关电器设备防护知识,正确的是(　　)。

(A)电线上洒有腐蚀性药品应及时处理　　(B)电器设备电线不宜通过潮湿的地方

(C)电器设备应按说明书规定操作　　(D)对地线没有要求

157. 我国采用国标标准或国外先进标准的方式(　　)。

(A)等同采用　　(B)全部采用　　(C)等效采用　　(D)参照采用

158. 分光光度计的保养和维护包括的项目有(　　)。

(A)在不使用时不要开光源灯

(B)经常更换单色器盒中的干燥剂

(C)吸收池用毕应立即洗净

(D)可用热的碳酸钠(2%)浸泡不洁净的吸收池

159. 红外碳硫仪需日常维护的项目有(　　)。

(A)定期检查吸水剂是否结块

(B)定期检查自动清扫机构组件中的O形圈

(C)纤维素(脱脂棉)过滤器膜变黑1英寸或全部变成棕色,要进行更换

(D)燃烧管不用定期检查或清洁,损坏即换

160. ICP光谱仪需日常维护的项目有(　　)。

(A)定期检查冷却水水位及清洁度,必要时添加或更换纯水

(B)定期清扫等离子台内的部件

(C)定期更换真空泵内侧的分子筛

(D)真空泵油不定期更换

四、判 断 题

1. 分析结果要求不是很高的试验,可选用优级纯或分析纯代替基准试剂。(　　)

2. 醇和硝酸作用生成的硝酸酯受热爆炸,多元醇硝酸酯的爆炸性更强。(　　)

3. 如果溶液中有关离子的溶度积大于其浓度积时,溶液未饱和,无沉淀析出。(　　)

4. 晶形沉淀应该在热的浓溶液中缓慢加入沉淀剂进行沉淀,以便生成颗粒较大的晶体。(　　)

5. 沉淀的溶解度是指在一定的温度下,一定量溶剂能够溶解的沉淀物的最低量。(　　)

6. 滴定时等当点附近溶液 pH 值所发生的突跃现象是选择指示剂的依据。(　　)

7. 强酸滴定强碱时,常采用的指示剂为甲基橙。(　　)

8. 缓冲溶液的浓度较大时,缓冲容量较大,抗酸、碱能力较强。(　　)

9. 标准溶液的制备与温度无关。(　　)

10. 高锰酸钾是一种强的氧化剂,它的氧化作用与酸度无关。(　　)

11. 氧化还原指示剂变色的原因是它的氧化态和还原态具有不同的颜色,且自身能被氧化或被还原。(　　)

12. 氧化还原反应的实质是电子的得失,且两电极电位差越大,反应越不易进行。(　　)

13. 同一物质的不同浓度的溶液,若在波长相同处测量,所得吸光度值会随浓度增加而减小。(　　)

14. 化学反应速度可以用任何一种反应物的浓度变化来表示。(　　)

15. 影响化学反应速度的主要因素是反应物浓度。(　　)

16. 有机显色剂与金属离子形成的化合物比无机显色剂与金属离子形成的化合物稳定性要稍差些。(　　)

17. 物质失去电子的过程叫氧化,表现为化合价升高。(　　)

18. 不同的元素发射不同的特征谱线,且谱线的强弱与元素含量有关,根据谱线强弱可进行物质的定性分析。(　　)

19. 在配制溶液和分析试验中所用的纯水,要求其纯度越高越好。(　　)

20. 在化学反应中,得到电子的原子或离子是还原剂,自身被氧化。(　　)

21. 数值修约时不能多次连续修约,因为多次连续修约会产生累积不确定度。(　　)

22. 一切酸的水溶液都能使紫色石蕊试纸或蓝色石蕊试纸变红,但不能使酚酞溶液变红。(　　)

23. 选择指示剂时应尽可能使指示剂的变色点的 pH 值靠近曲线的化学计量点的 pH 值,至少变色点应在滴定曲线的突跃范围内。(　　)

24. 氧化物是由氧元素和另一种非金属元素组成的化合物。(　　)

25. 酸碱滴定法是以中和反应为基础的滴定分析方法。(　　)

26. 活泼的金属都是氧化剂,活泼的非金属都是还原剂。(　　)

27. 在金属活动顺序表中,排在左边的金属能够把排在右边的金属从它的盐溶液中置换出来。(　　)

28. 硫酸是二元酸,用氢氧化钠滴定时有两个滴定突跃。(　　)

29. 对于大多数化学反应,升高温度,反应速率增大。(　　)

30. 在同一主族中,元素的最高价氧化物的水化物从上到下碱性逐渐增强,酸性逐渐减弱。(　　)

31. 溶液的溶解度大,电离度也一定大。(　　)

32. 溶解度是指在一定温度下的饱和溶液,100 g 溶液中所能溶解溶质的克数。(　　)

33. 盐类的水解实际上是中和反应的逆反应。(　　)

34. 同组两个名义质量相同的砝码,为减少误差,称量时应使用同一砝码,一般先使用不带点的,然后使用带点的。(　　)

35. 配制碱溶液不可以用玻璃滤器过滤。(   )

36. 在重量分析中,一般都加入过量的沉淀剂使被测组分沉淀完全,因而加入的沉淀剂量越多越好。(   )

37. 溶度积和溶解度都可以用来表示物质的溶解能力。(   )

38. 一定量的萃取溶剂应分作几次萃取,比使用同样数量溶剂萃取一次有利的多,这是分配定律的原理应用。(   )

39. 在分析化学中,经常于溶液中加入乙醇、丙酮等有机溶剂是为了降低沉淀的溶解度。(   )

40. 钢中碳主要以碳化物形式存在,当碳含量增加时,其强度和硬度增加。(   )

41. 普通钢、优质钢、高级优质钢通常是按钢中有害杂质硫、磷的多少来确定的。(   )

42. 铝是钢中良好的脱氧剂,可以提高钢的抗氧化性。(   )

43. 我国把砝码分为有修正值和无修正值两类,前者分为 2 等,后者分为 7 级,各等和各级砝码都规定了质量允许和检定精度。(   )

44. 称量误差分为系统误差、偶然误差和过失误差。(   )

45. 进行物质称量时,如果绝对误差相同,则相对误差也相同。(   )

46. 试剂中含有微量被测组分时,测定产生的误差是系统误差。(   )

47. 滴定过快,液面未稳定即读数产生的误差是随机误差。(   )

48. 王水溶解能力强,主要在于它具有更强的氧化能力和结合能力。(   )

49. 配制易水解的盐类的水溶液,应先加酸溶解后再以一定浓度的稀酸稀释。(   )

50. 缓冲溶液缓冲容量的大小不仅与缓冲剂的浓度有关,也与缓冲比值有关,当其比值为 2∶1 时,缓冲容量最大。(   )

51. 12.30 cm 的有效数字是 3 位。(   )

52. 由计算机发出的实验报告数据可杠改。(   )

53. 计算机备份的已发出报告的数据,相关人员可以随时修改。(   )

54. 制取铝及铝合金碎屑试样时,不需要冷却润滑剂,遇高纯铝或较粘合金产品取样时,可采用无水乙醇作润滑剂。(   )

55. 采用 Na_2CO_3 与 K_2CO_3 混合起来溶解的目的在于提高熔点。(   )

56. 采用 $HCl+H_2O_2$ 溶解含硅较高的试样,能防止硅酸析出。(   )

57. 高硅铸铝合金样品时,硅的测定通常用氢氧化钠在银皿中进行。(   )

58. 金属或合金中磷的测定必须用氧化性酸分解试样,以免生成 PH_3 逸出,造成结果偏低。(   )

59. 在测定钢中铬时,一般根据 Cr_2O_3 的出现来判断铬氧化是否完全。(   )

60. 硫氰酸盐直接光度法测定钼,显色后放置时间不够颜色没有褪去,会使结果偏低。(   )

61. 溶解含碳的各类钢,常滴加 HNO_3 的目的在于控制酸度。(   )

62. 钢铁分析中,常用高氯酸分解含碳化合物。(   )

63. 变色酸光度法测定钢铁中的钛,加入草酸是为了保持溶液的酸度。(   )

64. 用乙醇溶液配制二苯碳酰二肼显色剂是为了保存时间长一些。(   )

65. 高碘酸钾光度法测定铝合金中的锰,加入磷酸的作用是使锰顺利地氧化至七

价。（　　）

66. 碘量法测定铜,加入硫氰酸盐的目的是为了稳定溶液的酸度。（　　）

67. 碘量法的误差来源主要有两个方面:一是碘容易挥发;二是 I^- 在酸性溶液中易被空气中的氧氧化而析出 I_2。（　　）

68. 常见金属离子与 EDTA 形成的络合物,一般来说金属离子价数越高,离子半径越小,形成络合物的稳定性越小。（　　）

69. 重量法测硅的关键在于脱水是否完全,使用硫酸脱水最好。（　　）

70. 非水溶液酸碱滴定时,溶剂若为碱性,所用的指示剂可以是中性红。（　　）

71. 含硫的碱性物质可在银器皿中溶解,酸性物质不可以。（　　）

72. 8-羟基喹啉重量法测定钼铁中的钼,沉淀时要控制 pH 值。（　　）

73. 被测体系中含有两种以上吸光物质,且之间无化学作用,则总吸光度等于各组分吸光度之和。（　　）

74. 溶液中的共存离子与显色剂生成有色络合物,则会引起负误差。（　　）

75. 有机溶剂会降低有色化合物的离解度,从而提高显色反应的灵敏度。（　　）

76. 铋磷钼蓝光度法测定钢铁中的磷,用抗坏血酸作还原剂,还原 Fe^{3+} 为 Fe^{2+} 消除干扰。（　　）

77. 分光光度法测定元素的波长可由吸收曲线来选择。（　　）

78. 在同一溶液中如果有两种以上的金属离子,只有通过控制溶液酸度的方法才能进行配位滴定。（　　）

79. 偏离朗伯—比耳定律的主要原因是单色光不纯和溶液本身化学变化造成的。（　　）

80. 当试剂和显色剂均无色、试液中其他组分有色时,以不加试样溶液作参比。（　　）

81. 单色光的纯度越高,测定的灵敏度越高。（　　）

82. 划圈法检测漆膜附着力,以样板上划痕的下侧为检查的目标。（　　）

83. 以固定质量的重锤落于试板上而不引起漆膜破坏的最大高度表示漆膜的耐冲击性能。（　　）

84. 石油和石油产品试样在规定的条件下冷却时,能够流动的最高温度称为倾点。（　　）

85. 执行标准方法是为了保证分析结果的重现性、再现性和准确性。（　　）

86. 当两次检验结果之差小于或等于 95% 置信水平下的 r 值时,则认为两个结果均可靠,数据有效,可将其平均值作为检验结果。（　　）

87. 高黏度涂料固体含量测定时,应采用培养皿法。（　　）

88. 色漆流挂性测定时,应将刮完涂膜的试板立即垂直放置,放置时应使条膜呈横向且保持"上薄下厚"。（　　）

89. 各级用水在存储期间,其沾污主要来源是容器的可溶解成分、空气中的二氧化碳和其他杂质。（　　）

90. 某试样平行测定结果的精密度好,准确度也一定好。（　　）

91. 对照试验是检查分析过程中有无系统误差的最有效办法。（　　）

92. 测定钢铁中铬的分析,两次测得结果为 13.51% 和 13.88%(方法允许差为 ±0.12%),则该试样中铬的结果为 13.70%。（　　）

93. 允许差是衡量分析方法精密度和准确度的指标。（　　）

94. 热电偶与补偿导线连接端所处的温度不应超过 100 ℃，否则由于热电特性的不同而产生新的误差。（　　）

95. 在分析测试中，系统误差的产生遵循正态分布规律，因此可以找到消除的办法。（　　）

96. 原始记录是试验过程的最真实体现，不可任意更改。（　　）

97. 四分法缩分样品，弃去相邻的两个扇形样品，留下两个相邻的扇形样品混匀用于检测。（　　）

98. 测定试样中某一组分，每个操作步骤中都存着误差并将传递到最后结果中。（　　）

99. 分光光度计的灵敏度有"5"挡，在分析样品时，为了提高测量的灵敏度，可用灵敏度转换来提高测试的灵敏度。（　　）

100. 每瓶试剂必须贴有明显的与内容相符的标签，标明试剂名称、浓度。（　　）

101. 重量分析对滤纸的选择没有要求。（　　）

102. 对胶状物沉淀如 $Fe_2O_3 \cdot nH_2O$，应选用慢速滤纸过滤。（　　）

103. 加热至近沸的水或溶液，应用烧杯夹将其轻摇后，方可取下。（　　）

104. 酸碱溶液浓度越小，滴定曲线化学计算点附近的滴定突跃越大，可供选择的指示剂越多。（　　）

105. 含有重金属的化合物不可以在铂金坩埚中加热或灼烧。（　　）

106. 天平的灵敏度就是指天平的感量。（　　）

107. 成品分析所得的值，以超过规定化学成分范围的上限加上偏差或超过规定范围的下限减去偏差来表示。（　　）

108. 在一定置信度下，以平均值为中心，包括真实值的可能范围称为平均值的置信区间。（　　）

109. 在过筛时，凡不能通过筛孔的颗粒可弃去。（　　）

110. 溶解和熔融样品时，各种沾污或样品的损失均可产生负误差。（　　）

111. 硫氰酸盐直接光度法测定钼，铁的存在对钼还原至一定价态起稳定作用，有利于钼的测定。（　　）

112. 采用钼酸盐与溶液中硅形成硅钼黄，用还原剂还原成钼蓝进行测定，是由于钼黄的稳定性比钼蓝差，不利于光度分析。（　　）

113. 铋磷钼蓝光度法测定硅铁中的磷，加入乙醇的作用是提高显色液的稳定性。（　　）

114. 锰铁中磷的测定，加入氢溴酸是为了消除其他元素的干扰。（　　）

115. 准确度和精密度只是对测量结果的定性描述，不确定度才是测量结果的定量描述。（　　）

116. 通常难以蒸发的石油产品多用闭口杯法测定油品的闪点。（　　）

117. 光通过含有吸光物质的溶液时，溶液的吸光度仅与溶液的浓度成正比。（　　）

118. 光度分析中，只要显色反应的灵敏度高，它的选择就好。（　　）

119. 参比溶液是用来调节仪器的工作零点的，目的在于能使工作曲线通过原点。（　　）

120. 用标准样品绘制工作曲线，标准样品组成与试样组成越接近越好。（　　）

121. 玻璃电极的优点是不易中毒，不受溶液中氧化剂和还原剂的影响，pH 值测定范围较

大。（　　）

122. 石油产品倾点的温度一般低于凝点的温度。（　　）

123. 分析天平的稳定性越好,灵敏度越高。（　　）

124. 采用银器皿进行熔融分解试样,在浸取熔融物时可使用酸浸取,效果很好。（　　）

125. 在 pH＝6.0～6.4 的溶液中,丁二酮肟与镍生成棕红色沉淀,可与钴、铜、锰、铬、钼等元素分离,是丁二酮肟重量法测定镍量的方法。（　　）

126. 在通常情况下,标准溶液的体积占储存瓶的十分之一时应停止使用。（　　）

127. 用标准物质评价分析结果的准确度,可近似地将精密度作为分析结果的准确度。（　　）

128. 质量越大的砝码,其允许差越大,在称量少量试样时应设法不更换大砝码以减小称量误差。（　　）

129. 比色皿应按其上箭头方向与光路方向一致置于比色皿架中。（　　）

130. 溶液的酸度对显色反应无太大影响。（　　）

131. 马口铁板和薄钢板经同样表面处理和漆膜制备,漆膜耐冲击结果一般马口铁板高于薄铁板。（　　）

132. 在光度分析法中,采用可见光作为入射光进行分析测定。（　　）

133. 铬天青 S 分光光度法测定铝含量,铝与铬天青 S 生成紫红色络合物在强酸性溶液中进行。（　　）

134. 漆膜冲击强度主要是表现试验漆膜的弹性和对底材的附着力。（　　）

135. 漆膜冲击器冲头进入凹槽的深度为(2±0.1) mm,冲击深度过深会使结果偏低,反之偏高。（　　）

136. 硫酸亚铁铵滴定法测定钢铁中的钒,在硫酸—磷酸介质中,于温室中用高锰酸钾氧化钒,过量的高锰酸钾不影响测定结果。（　　）

137. 变色酸光度法测定钢铁中的钛,试样以酸溶解,以硫酸冒烟,在草酸介质中,变色酸与钛形成红色络合物,测量其吸光度。（　　）

138. 火焰原子吸收分光光度法测定镍含量,为消除基体影响,绘制校准曲线时应加入与试样溶液相近的铁量。（　　）

139. 燃烧法测定碳和硫,不同的燃烧系统对添加剂的选择没有要求。（　　）

140. 由于 $K_2Cr_2O_7$ 容易提纯,干燥后可作为基准物质直接配制标准溶液,不必标定。（　　）

141. 光电直读光谱仪所使用的控制样品和标准样品一样,可以用于制作分析曲线。（　　）

142. 加工好的光谱分析试样工作面应平整、光滑,不应有气孔、砂眼、缩孔、毛刺、裂纹和夹杂类缺陷。（　　）

143. GB/T 9264—2012 规定:色漆相对流挂性测定适用于测试清漆、粉末、涂料的流挂性。（　　）

144. 我国的标准物质分为一级和二级,其编号由国家质量监督检验检疫总局统一指定、颁发。（　　）

145. 用偏差衡量精密度,偏差愈小,说明精密度愈高,相对偏差和绝对偏差没有正负之

分。（　　）

146. 亚砷酸钠—亚硝酸钠法测定低合金钢中的锰量,对氯化钠加入的量没有严格规定。（　　）

147. 溶液的酸度直接影响着金属离子和显色剂的存在形式以及有色络合物的组成和稳定性。（　　）

148. 控制溶液适宜的酸度是保证光度分析获得良好结果的唯一条件。（　　）

149. 分光光度计重复性检查:在同一工作条件下,用同一溶液重复测定,其透光率读数(百分数)最大误差不得超过0.8。（　　）

150. 石灰、石灰石中氯化钙的测定是在氨性溶液中以酸性铬蓝K和酚绿作混合指示剂,用EDTA滴定测得。（　　）

151. 原子吸收光谱分析的关键是分析物的原子化程度。（　　）

152. 开启易挥发试剂瓶时,尤其在室温较高时,应先用水冷却,且不可把瓶口对着自己或他人。（　　）

153. 开启压力表的阀门时要缓慢,气流不可太快以防仪器被冲坏或引起着火爆炸。（　　）

154. 化学分析室内含有氰化物废液,因是碱性物质,可加入酸中和后稀释排放掉。（　　）

155. 过氧化钠的废料不得用纸或类似可燃物包裹后丢于废料箱中,应用水冲洗排入下水道,以免自燃引起火灾。（　　）

156. 电子天平长时间不用时应每隔一段时间通电一次,以保持电子元器件干燥,湿度大时更应经常通电。（　　）

157. 浓酸或浓碱洒在衣服或皮肤上应用大量水清洗,再分别用2%的碳酸氢钠溶液或3%～4%的乙酸溶液轻轻擦洗。（　　）

158. 当铜片腐蚀程度恰好处于两个相邻的标准色板之间,则按变色或失去光泽较为严重腐蚀级别给出测定结果。（　　）

159. 含有六价铬的废液应先将铬还原后再稀释排放。（　　）

160. 仪器设备运行检查记录、仪器设备维护记录由各专业组保存,此两种记录需长期保存。（　　）

161. 要得到颗粒较大的晶形沉淀,沉淀剂必须过量,因此沉淀反应应在较浓的溶液中进行。（　　）

162. 试样的采样和制备,系指先从大批物料中采取最初试样(原始试样),然后再制备成供分析用的最终试样。（　　）

163. 原子吸收法用乙炔气瓶要放在通风良好、温度不超过50 ℃的地方。（　　）

164. 在进行分析时,应根据被测物质的性质、含量、试样的组分和对分析结果准确度的要求等,选用适当的测定方法。（　　）

165. 在光谱实验室工作的人员,试样激发时如仪器上不带遮光板或防护罩,必须戴上滤光镜,以保护眼睛免受伤害。（　　）

五、简 答 题

1. 氧化还原滴定法所使用的指示剂有几种？举例说明。

2. 重量分析法中影响沉淀溶解度的主要因素有哪些？

3. 重量分析法中沉淀物必须符合哪些要求？

4. 分析过程中选择缓冲溶液的原则是什么？

5. 为什么增加平行测定次数能减小随机误差？

6. 简述应掌握的实验室一般安全知识。

7. 能进行沉淀滴定分析的条件是什么？

8. 能进行氧化—还原滴定的要求是什么？

9. 简述金属指示剂的变色原则。

10. 什么是酸碱缓冲溶液？

11. 简述分析方法标准的制定要求。

12. 简述标准物质的主要用途。

13. 王水能溶解铂、金等贵金属和某些难溶的高合金钢，简述其原理。

14. 选择标准物质的原则是什么？

15. 简述能用直接法配制标准溶液的条件。

16. 简述试样分解过程中可引入哪些误差。

17. 过硫酸铵氧化可视滴定法测定铬所得数据是否一定是试样中的含铬量？为什么？

18. 简述硫氰酸盐直接光度法测定钼的原理。

19. 简述钼蓝光度法测定铝合金中硅的原理。

20. 日常分析中接触到的钛一般为几价？为何分析过程中须保持溶液的酸度？

21. 造成称量误差的影响因素有哪些？

22. 碘量法测定铜采用的指示剂是什么？为何不可过早地加入？

23. 二安替吡啉甲烷作为检测铝合金中的钛的显色剂有哪些优点？

24. 用高氯酸氧化测定铬时，结果偏低的原因是什么？如何避免？

25. 作为氧化剂标准溶液滴定 Fe^{2+}，重铬酸钾为何比高锰酸钾更具优点？

26. 重铬酸钾滴定法测定铜及铜合金中的铁，加入硫磷混合酸的目的是什么？

27. 简述铋磷钼蓝光度法测定硅铁中磷的原理。

28. 简述重量法测硅的基本原理。

29. 简述吸光度分析法的特点。

30. 简述吸收光谱曲线的制作。

31. 显色反应的一般要求是什么？

32. 影响显色反应的因素有哪些？

33. 滴定分析产生的误差主要有哪些？

34. 光度分析中的主要干扰因素有哪些？

35. 举例说明分光光度法中常用的四种参比溶液。

36. 分析测试中系统误差产生的原因有哪些？

37. 简述络合滴定反应必须具备的条件。

38. 实验室对原始记录的要求是什么？

39. 丁二酮肟光度法测镍时，为什么不选用最大吸收波长 460 nm，而用 530 nm？

40. 什么叫准确度？什么叫精密度？它们是如何表示的？

41. 过硫酸铵氧化滴定法测定钢铁中铬，为什么说溶液出现 MnO_4^- 紫红色表明铬已完全氧化？

42. 实验室分析用水的技术要求有哪些？实验室用水分为几个等级？简述各级水的使用范围。在一般实验工作中，我们常用哪个等级的水？用什么方法制备？

43. 举例说明试样分解过程中的"挥发损失"。

44. 简述测定磷的玻璃器皿为什么要专用。

45. 如何溶解含钼的合金钢的试样？

46. 溶解含钨的钢铁试样时应注意什么？

47. 简述二安替吡啉甲烷光度法测定铝合金中钛的原理。

48. 简述高碘酸钾光度法测定硅铁中锰的原理。

49. 在进行比色分析时，为何有时要求显色后放置一段时间再进行，而有些分析却要求在规定的时间内完成比色？

50. 简述在光度分析法中，制作的工作曲线不通过原点的几种原因。

51. 简述石油产品闭口杯法测定闪点的原理。

52. 简述对分析结果的一般处理方法。

53. 日常分析结果可疑数据值应如何处理？

54. 对分析结果准确度的评价方法有哪些？

55. 简述 EDTA 络合剂的优点。

56. 砝码的使用、保养应注意哪些事项？

57. 简述络合滴定反应所采用的几种掩蔽方法。

58. 用 $AgNO_3$ 检查沉淀过滤液或水中是否含有 Cl^- 离子时，为什么不能在氨性或强碱性溶液中进行？

59. 吸光度测量条件如何选择？

60. 酸溶性硼和酸不溶性硼是怎样定义的？如何划分？

61. 什么是原子发射光谱？

62. 为什么在络合滴定中选择的金属指示剂与金属离子络合的稳定性要适当？

63. 什么是原子吸收光谱？

64. 简述油品的黏度指数所表示的意义。

65. 简述酸度对金属络合物稳定性的影响。

66. 为什么要研究分析方法的精密度？

67. 影响油品运动黏度的因素有哪些？

68. 使用原子吸收法测定试样时应注意哪些工作条件的选择？

69. 银坩埚在熔融试样时应注意的事项是什么？

70. 红外碳硫仪一般由哪几部分构成？

六、综合题

1. 用重量法分析铁矿石的含铁量,称取试样为 0.500 0 g,铁形成 $Fe(OH)_3$,沉淀经灼烧后称得物质量为 0.319 4 g,求该铁矿石中铁的质量分数。(铁的相对原子量为 55.85,氧的相对原子量为 16)

2. 用丁二酮肟重量法测定镍合金中的镍含量。若称取 0.200 0 g 的含镍 60% 的合金,需用 1% 的丁二酮肟($C_4H_8N_2O_2$)沉淀剂溶液多少毫升?($C_4H_8N_2O_2$ 的相对分子量为 116.12,Ni 的相对原子量为 58.70)

3. 按理论值计算,有 2.500 0 g 硝酸银,若使其中的银以 AgCl 的形式沉淀出来,需要加入氯化钠多少克?($AgNO_3$ 的相对分子量为 169.87,NaCl 的相对分子量为 58.44)

4. 配制硝酸标准溶液,$C_{HNO_3}=0.200\ 0$ mol/L,1 000 mL,问应取密度为 1.42 g/mL、含量为 69.80% 的浓硝酸多少毫升?(HNO_3 的相对分子量为 63)

5. 配制 $C(1/6\ K_2Cr_2O_7)=0.050\ 0$ mol/L 标准溶液 1 L,应取重铬酸钾多少克?该溶液对 Fe 的滴定度是多少?($K_2Cr_2O_7$ 的相对分子量为 294.00,Fe 的相对原子量为 55.85)

6. 计算 0.10 mol/L HAc 和 0.010 mol/L NaAc 混合溶液的 pH 值。(HAc 的 K_a 为 1.8×10^{-5},lg1.8=0.261)

7. 用标准物质 $Na_2C_2O_4$ 标定 $KMnO_4$ 标准溶液,称取 0.400 0 g $Na_2C_2O_4$,在酸性溶液中,用 $KMnO_4$ 溶液滴定,消耗了 23.20 mL,计算 $C(KMnO_4)$ 标准溶液的物质的量浓度。($Na_2C_2O_4$ 的相对分子质量为 134.00,反应方程式为:$5C_2O_4^{2-}+2MnO_4^-+16H^+=10CO_2+2Mn^{2+}+8H_2O$)

8. 求 28% 的硫酸溶液($\rho=1.200$ g/mL)的物质的量浓度。(硫酸的相对分子量为 98)

9. 在 200 mL、$C_{H_2SO_4}=1.00$ mol/L 溶液中,加入多少水能使溶液稀释成为 $C_{H_2SO_4}=0.050\ 0$ mol/L?

10. 称取氧化钙 0.200 0 g,酸溶后移入 500 mL 容量瓶中,吸取 50.00 mL,调整 pH>12,以 $C_{EDTA}=0.020\ 00$ mol/L 滴定,钙指示剂指示终点,消耗 EDTA 溶液 15.00 mL,求氧化钙的质量分数(以 % 计)。(CaO 的相对分子量为 56.08)

11. 将 0.500 0 g 钢标样中铬氧化成 $Cr_2O_7^{2-}$,然后加入 $C_{(NH_4)_2Fe(SO_4)_2}=0.025\ 00$ mol/L 溶液 10.00 mL,再用 $C_{(1/5\ KMnO_4)}=0.025\ 16$ mol/L 溶液反滴定至终点,消耗 2.22 mL,计算钢中铬的质量分数(以 % 计)。(Cr 的相对原子量为 52)

12. 锌标准溶液 20.00 mL(含纯锌 1.308 g),用 EDTA 溶液滴定,用去 30.00 mL,求 EDTA 溶液的物质的量浓度。(Zn 的相对原子量为 65.40)

13. 在重铬酸钾溶液中,加入过量的碘化钾(酸度适宜),析出碘后,用 $C_{Na_2S_2O_3}=0.200\ 0$ mol/L 标准溶液滴定,消耗 15.00 mL,问溶液中重铬酸钾有多少克?($K_2Cr_2O_7$ 的相对分子量为 294.0)

14. 计算 $C_{HCl}=0.001\ 0$ mol/L 溶液的 pOH 值。

15. 已知 HCl 的密度为 1.19 g/mL,HCl 的百分含量为 37.23%,求将 1 L 溶液稀释 1 倍,其浓度 C_{HCl} 为多少?(HCl 的相对分子量为 36.46)

16. 用草酸标定 NaOH 溶液的浓度,称取 0.204 5 g $H_2C_2O_4\cdot2H_2O$,用去 30.08 mL NaOH 溶液,求 C_{NaOH} 是多少?($H_2C_2O_4\cdot2H_2O$ 的相对分子量为 126.1)

17. 滴定某一氯化物样品 0.259 2 g,需 0.100 0 mol/L AgNO₃ 为 22.10 mL,求样品中 Cl 的质量分数(以%计)。(Cl 的相对原子量为 35.45)

18. 准确称取 Na₂CO₃ 0.153 5 g 溶于 25 mL 蒸馏水中,以甲基橙为指示剂,用去 HCl 21.80 mL,求 C_{HCl} 为多少?(Na₂CO₃ 的相对分子量为 106.0)

19. 滴定 0.098 50 mol/L H₂SO₄ 溶液 20.00 mL,用去 0.194 5 mol/L NaOH 溶液多少毫升?

20. 称取炉渣 0.200 0 g,测定氧化亚铁,经处理后消耗 $C_{(1/6\ K_2Cr_2O_7)}=0.002\ 0$ mol/L 标准溶液 30.32 mL,求炉渣中氧化亚铁的质量分数(以%计)。(FeO 的相对分子量为 72.0)

21. 有一 KMnO₄ 标准溶液,其浓度为 $C_{KMnO_4}=0.021\ 20$ mol/L,求 $T_{Fe/KMnO_4}$、$T_{Fe_2O_3/KMnO_4}$。称取试样 0.272 8 g,溶解后将溶液中的 Fe³⁺ 还原成 Fe²⁺,然后用 KMnO₄ 标准溶液滴定,用去 26.18 mL,求试样中铁的质量分数(分别以 Fe%、Fe₂O₃% 表示)。(Fe 的相对原子量为 55.85,O 的相对原子量为 16.0)

22. 称取铝合金 0.400 0 g,用二安替吡啉甲烷光度法测定其中钛含量,按操作方法处理试样后,稀释至 100 mL,吸取 10 mL 显色,用 1 cm 比色皿,在 500 nm 处测吸光度值为 0.426,同样条件下测定浓度 $C=1.36\times10^{-6}$ mol,标液吸光度 $A_{标}=0.355$,求试样中钛的质量分数。(Ti 的相对原子量为 47.88,检量线是通过原点的直线)

23. 已知用浓度为 4.12×10^{-5} mol/L 的 1,10-邻菲啰啉络合 Fe²⁺ 离子。显色溶液用 1.00 cm 的比色皿在 580 nm 处测得的吸光度值为 0.480,计算该溶液的摩尔吸光系数 ε。

24. 用邻菲罗啉分光光光度法测定试样中的 Fe 含量,分别在 5 个 100 mL 容量瓶中显色,其中 1#、2# 瓶为试剂空白溶液,3# 瓶为试样溶液,4#、5# 瓶分别为 0.01 mg、0.02 mg 的 Fe 标准溶液,显色后以水为参比测定吸光度,结果见表 1。

表 1

瓶 号	1#	2#	3#	4#	5#
吸光度(A)	0.080	0.008	0.20	0.068	0.128

以上测定数据可说明测定存在什么问题? 应如何处理?

25. 取 0.100 mg/mL 钼标准溶液 2.50 mL,于容量瓶中稀释至 1 000 mL,计算 Mo 的浓度(ppm)。取此溶液 2.50 mL,再稀释至 1 000 mL,计算 Mo 的浓度(ppb)。

26. 用滴定法对锰铁中的锰含量进行五次测定,测得以下分析数据:67.47%、67.43%、67.40%、67.48%、67.37%,求平均偏差和相对平均偏差。

27. 用金属铝和稀硫酸作用制造硫酸铝,投料纯铝 5 kg,问需要消耗 10% 的硫酸多少千克?(Al 的相对分子量为 27.00,H₂SO₄ 的相对分子量为 98.06)

28. 测定某样品中的锰,5 次平行测定数据如下:10.29%、10.33%、10.38%、10.40%、10.70%。试用格拉布斯准则判别 10.70% 这一数据是否应剔除?(置信度为 95%;已知临界值 $G(0.05,5)=1.672, s=0.15\%$)

29. 称取锰钢试样 0.200 0 g,酸溶后,HClO₄ 氧化,用 $C_{(NH_4)_2Fe(SO_4)_2}=0.020\ 00$ mol/L 标准溶液滴定,用去 14.25 mL,求该锰钢中锰的质量分数(锰的相对原子质量为 55.00)平行分析六次,消耗硫酸亚铁铵分别为 14.20 mL、14.25 mL、14.30 mL、14.20 mL、14.25 mL、14.25 mL,试计算分析结果的标准偏差。

30. 工业生产上通过煅烧石灰石制造生石灰(CaO),现有 94％的石灰石(CaCO$_3$)5 t,问煅烧后可得到多少吨生石灰?(Ca 的相对原子量为 40,O 的相对原子量为 16,C 的相对原子量为 12)

31. 有一个含镍量为 0.12％的样品,用丁二酮肟法测定镍。已知丁二酮肟-镍的摩尔吸光系数 $\varepsilon＝1.3\times10^4$,若配置 100 mL 的试样,在波长 470 nm 处用 1 cm 的比色皿测定,计算测量的相对误差最小时应取试样多少克?(镍的相对原子质量为 58.70)

32. 用分光光度法测定样品中某一元素的含量,试样量为 0.500 0 g,用 30 mL 稀硫酸(1＋9)溶解后,稀释至 200 mL,移取 10.00 mL,加入 5 mL(1％)的有机显色剂,求此时显色溶液中硫酸的浓度(mol/L)是多少?

33. 称取试样 0.250 0 g 测定样品中铝,经溶样,分离后于 100 mL 容量瓶中以水稀释至刻度。吸取试液 25.00 mL 置于 250 mL 锥形瓶中,加入 EDTA 溶液($C_{EDTA}＝0.050\ 0$ mol/L)20.00 mL,按操作方法进行。用锌标准溶液($C_{Zn}＝0.020\ 0$ mol/L)滴定至终点(第一终点),加入 NH$_4$F 1～2 g 煮沸 1～2 min,用锌标准溶液滴定至终点(第二终点),消耗锌标液 8.25 mL,求试样中铝的质量分数。(Al 的相对原子量为 26.982)

34. 举例说明缓冲溶液的缓冲作用机理。

35. 过硫酸铵氧化滴定法测铬,分解试样时为了完全破坏碳化物可采取什么措施?

材料成分检验工(中级工)答案

一、填空题

1. 反应物或生成物
2. 化合反应
3. 复分解
4. 置换
5. 复分解
6. 元素化合价
7. 相反
8. 化学平衡
9. 反应物浓度
10. 原子
11. 元素周期律
12. 氧元素
13. 复杂氧化物
14. 氯化钠或盐酸
15. 二氧化碳
16. 风化
17. 挥发性气体
18. 降低
19. pH 值
20. 返滴定法
21. $SnCl_2$
22. 取代
23. 20 ℃
24. 平衡点
25. 氢键
26. 碱性
27. 氢
28. 缓冲容量
29. 溶度积
30. 完全和纯净
31. 稳定常数
32. $H^+ + OH^- = H_2O$
33. 突跃
34. 小
35. ±5%
36. 两个月
37. 基准物质
38. 不锈钢
39. 过滤
40. 发射光谱
41. 专属
42. 单色光
43. 互补色光
44. 有机和无机
45. 分析过程
46. 光电法
47. 催化剂
48. 脱水
49. 30 ℃
50. 准确度和精密度
51. 高氯酸
52. 检出限
53. 六
54. 企业
55. 总碳量
56. 代表性
57. 铜和锌
58. 一般化学分析试验
59. 准确
60. 合格
61. 示差
62. 2~4 滴
63. 试液量
64. 结果处理
65. 非合金钢
66. 2%以下
67. 干燥、通风、清洁
68. 三个
69. 多次蒸馏
70. 5.0~7.5
71. 空白试验
72. 返滴定
73. 本身发生氧化还原
74. 金属指示剂
75. 再现性
76. 稀硝酸
77. 测量方法
78. 标定法
79. 1 200 ℃
80. 700 ℃
81. 厚度
82. 正确性
83. 溶解水
84. 标准
85. 信号显示
86. 玻璃电极
87. GB/T 20066—2006
88. 表面氧化铁皮和脏物
89. 复验
90. 化学成分
91. 样品
92. 特征发射光谱
93. 50 g
94. 氯化亚锡
95. 室温
96. 两
97. 损失量
98. 0.1%
99. 空白增大
100. 分光器
101. 还原 Fe^{3+} 为 Fe^{2+}
102. 络合物
103. 3.5~4.5
104. 化学成分
105. 亚硝酸钠
106. pH＝3~4
107. 三氧化锰
108. 弱酸
109. 亚硝酸钠
110. 0.9
111. 氧化皮
112. 损坏
113. 高
114. 褪色
115. 铁、钒、钛
116. 游离指示剂
117. 浓度
118. 吸光光度法
119. $A = -\lg T$
120. 最大吸收
121. 显色反应

122. 高频发生器　　123. 单色光　　124. 掩蔽剂　　125. 附着力
126.（23±2）℃　127. 涂膜　　128. 3　　129. 脱水
130. 指触法　　131. 刀片法　　132. 稠度　　133. 误差
134. 绝对误差和相对误差　　135. 再现性　　136. 抵偿性
137. 检测　　138. 检验　　139. 列表表示法　　140. 系统误差
141. 浓度　　142. 允许差　　143. 两　　144. 减量称样法
145. 灵敏度　　146. 越强　　147. 国家标准　　148. 减小
149. 双光束　　150. 终点误差　　151. 随机误差　　152. 重现性
153. 61 ℃　　154. 原子化　　155. 软　　156. 5％～20％
157. 分光部分　　158. 正　　159. 强酸　　160. 氧化还原
161. 二等或三等　　162. 校准和检测　　163. 一年　　164. 肯定有电
165. 一年

二、单项选择题

1. C　2. B　3. C　4. B　5. C　6. B　7. B　8. B　9. C
10. A　11. B　12. C　13. C　14. B　15. B　16. D　17. D　18. A
19. B　20. D　21. A　22. A　23. B　24. C　25. B　26. C　27. C
28. B　29. D　30. B　31. C　32. D　33. A　34. C　35. A　36. B
37. D　38. C　39. A　40. A　41. D　42. B　43. B　44. A　45. B
46. B　47. A　48. B　49. D　50. B　51. D　52. A　53. C　54. C
55. C　56. C　57. D　58. C　59. B　60. A　61. B　62. B　63. C
64. B　65. D　66. D　67. D　68. B　69. B　70. C　71. C　72. B
73. C　74. A　75. C　76. C　77. C　78. B　79. A　80. C　81. C
82. C　83. A　84. A　85. C　86. D　87. D　88. A　89. B　90. C
91. C　92. C　93. C　94. B　95. B　96. A　97. B　98. B　99. B
100. A　101. C　102. B　103. C　104. C　105. D　106. B　107. C　108. C
109. C　110. C　111. C　112. B　113. D　114. A　115. B　116. B　117. B
118. B　119. C　120. B　121. B　122. B　123. A　124. A　125. C　126. A
127. B　128. B　129. B　130. A　131. C　132. B　133. C　134. B　135. B
136. D　137. B　138. B　139. C　140. A　141. A　142. D　143. B　144. B
145. A　146. C　147. B　148. C　149. C　150. B　151. A　152. C　153. B
154. D　155. A　156. A　157. D　158. C　159. B　160. C　161. B　162. C
163. C　164. B　165. B

三、多项选择题

1. ACD　2. CD　3. ABD　4. ABCD　5. ABD　6. BC　7. BD
8. AC　9. AC　10. AD　11. AC　12. BD　13. AB　14. ABC
15. AB　16. ABC　17. BCD　18. ABCD　19. ABCD　20. AB　21. ABC
22. AC　23. BD　24. ABCD　25. ABCD　26. BC　27. ABC　28. BCD

29. CD	30. AB	31. BC	32. BCD	33. ABCD	34. CD	35. ABC
36. CD	37. CD	38. ACD	39. CD	40. BC	41. ABC	42. AC
43. AC	44. ACD	45. ABC	46. ABC	47. ABC	48. ACD	49. ACD
50. AC	51. BC	52. ACD	53. ABC	54. CD	55. AD	56. ABCD
57. ABCD	58. ABCD	59. ABCD	60. BCD	61. ABC	62. ABC	63. ABCD
64. ABCD	65. ABC	66. ACD	67. ABD	68. ABD	69. ABC	70. ACD
71. ABC	72. AD	73. ACD	74. ABCD	75. ABC	76. AD	77. ABD
78. ACD	79. AD	80. BC	81. AC	82. ACD	83. ACD	84. ABD
85. ACD	86. AB	87. CD	88. CD	89. ABD	90. ABD	91. AC
92. ABC	93. AB	94. BCD	95. ABD	96. BCD	97. AD	98. BC
99. CD	100. ABD	101. BD	102. ABD	103. ABCD	104. BC	105. AC
106. AB	107. AC	108. ABD	109. BD	110. AB	111. AC	112. AB
113. AD	114. ABC	115. ACD	116. BC	117. ABCD	118. ABCD	119. ABC
120. ABCD	121. ABC	122. BD	123. ABD	124. ACD	125. ABCD	126. AC
127. ABC	128. AC	129. ABCD	130. ABC	131. ABC	132. ABD	133. BCD
134. BCD	135. ABCD	136. ABCD	137. AB	138. ABC	139. AB	140. ABCD
141. ABCD	142. ABC	143. ABD	144. CD	145. ABCD	146. ACD	147. ACD
148. ABCD	149. BCD	150. ABD	151. AC	152. ACD	153. ABD	154. ABC
155. ABCD	156. ABC	157. ACD	158. ABC	159. ABC	160. ABC	

四、判 断 题

1. ×	2. √	3. ×	4. ×	5. ×	6. √	7. √	8. √	9. ×
10. ×	11. √	12. ×	13. ×	14. √	15. ×	16. ×	17. √	18. ×
19. ×	20. ×	21. √	22. √	23. √	24. √	25. √	26. ×	27. √
28. ×	29. √	30. √	31. ×	32. ×	33. √	34. √	35. √	36. ×
37. √	38. √	39. √	40. √	41. √	42. √	43. √	44. √	45. ×
46. √	47. ×	48. √	49. √	50. ×	51. ×	52. √	53. ×	54. √
55. ×	56. √	57. √	58. √	59. √	60. ×	61. √	62. √	63. ×
64. √	65. √	66. ×	67. √	68. √	69. ×	70. √	71. ×	72. √
73. √	74. ×	75. √	76. ×	77. √	78. ×	79. √	80. ×	81. √
82. ×	83. √	84. ×	85. √	86. √	87. ×	88. ×	89. √	90. ×
91. √	92. ×	93. √	94. √	95. ×	96. √	97. √	98. √	99. ×
100. √	101. ×	102. ×	103. √	104. ×	105. √	106. ×	107. ×	108. √
109. ×	110. ×	111. √	112. √	113. √	114. √	115. √	116. ×	117. √
118. ×	119. ×	120. √	121. √	122. ×	123. ×	124. √	125. √	126. √
127. √	128. √	129. √	130. ×	131. √	132. ×	133. √	134. √	135. √
136. ×	137. √	138. √	139. ×	140. √	141. ×	142. √	143. ×	144. √
145. ×	146. ×	147. √	148. √	149. ×	150. √	151. √	152. √	153. √
154. ×	155. √	156. √	157. √	158. √	159. √	160. ×	161. ×	162. √
163. ×	164. √	165. √						

五、简 答 题

1. 答:有三种类型:(1)自身指示剂,如高锰酸钾(2分);(2)氧化还原指示剂,如次甲基蓝(2分);(3)专属指示剂,如可溶性淀粉(1分)。

2. 答:在重量分析法中影响沉淀溶解度的主要因素有:同离子效应(1分)、盐效应(1分)、酸效应(1分)、络合效应(1分)以及温度(1分)等。

3. 答:沉淀物必须符合以下要求:(1)溶解度必须很小(1分);(2)纯度要高(1分);(3)具有颗粒粗大的晶形结构(1分);(4)具有较大的分子量(1分);(5)称量式必须有固定的组成(1分)。

4. 答:首先缓冲溶液对分析过程应没干扰(2分);其次所控制的pH范围应在缓冲溶液的缓冲范围内(2分);另外缓冲溶液应有足够的缓冲容量(1分)。

5. 答:随机误差服从正态分布的统计规律(2分),大小相等方向相反的误差出现的几率相等,测定次数多时正负误差可以抵消,其平均值越接近真值(3分)。

6. 答:(1)掌握防火、防爆和灭火常识(1分);(2)掌握化学毒物的中毒和救治方法(1分);(3)掌握腐蚀、化学灼伤、烫伤、割伤及防治(1分);(4)掌握高压气瓶的安全使用(1分);(5)掌握安全用电常识(1分)。

7. 答:(1)反应速度要快,生成的沉淀溶解度要小(2分);(2)能用适当的指示剂或其他方法确定滴定终点(2分);(3)共沉淀现象不影响滴定结果(1分)。

8. 答:(1)滴定剂和被滴定物的电位要有足够的差别反应才能进行完全(2分);(2)能正确地指示滴定终点(2分);(3)滴定反应必须能迅速完成(1分)。

9. 答:金属指示剂就是随溶液中金属离子浓度的变化而发生颜色变化的试剂,其本身就是一种配位体,这种配位体游离形式与金属离子生成的络合物具有不同的颜色,以此现象进行分析(5分)。

10. 答:一种能对溶液的酸度起稳定作用的溶液(3分),当向溶液中加入少量酸或碱,或溶液中的化学反应产生了少量的酸,或者将溶液稍加稀释,都能使溶液的酸度基本上保持不变的溶液称为酸碱缓冲溶液(2分)。

11. 答:(1)按照规定的程序编制(1分);(2)按照规定的格式编写(1分);(3)方法的成熟性、可靠性得到确认,通过试验确定了方法的误差范围(1分);(4)由权威机构审批和发布(2分)。

12. 答:(1)用于量值传递和保证测定的一致性(1分);(2)用于评定分析方法的精密度和准确度(1分);(3)用于校正仪器和充当工作标准(1分);(4)用于控制分析质量(2分)。

13. 答:王水是一份硝酸和三份盐酸的混合酸,二者混合之后生成的氯气和氯化亚硝酰都是强氧化剂(2分)。盐酸还能提供氯离子,与一些金属离子发生络合作用。$HNO_3+3HCl=NO_2Cl+Cl_2\uparrow+2H_2O$,因此能使铂、金等贵金属和某些高合金钢溶解(3分)。

14. 答:(1)标准物质基体组成与被测样品的组成越接近越好(1分);(2)分析方法的精密度是被测样品的函数,因此选择标准物质浓度水平要合适(2分);(3)要考虑标准物质的物理形态,化学分析选择粒(碎屑)状标准物质,光谱分析选择块状标准物质(2分)。

15. 答:(1)试剂纯度高,杂质可忽略不计(1分);(2)组成应与化学式完全相符(1分);(3)性质稳定,不易吸水,不被空气氧化,易干燥,便于称量(2分);(4)在反应中不发生副反应

(1分)。

16. 答:(1)被测组分没全部转变成分析状态(2分);(2)试样分解呈雾状损失(1分);(3)试样分解过程中挥发损失(1分);(4)试样分解时与容器反应造成的损失(1分)。

17. 答:所测得的数据不一定是含铬量(2分)。当试样中含 V 时,测定的结果为 Cr、V 总量(1分),因为溶解时 Cr^{3+} 被氧化为 Cr^{6+} 的同时,V^{4+} 也同时被氧化为 V^{5+},以 Fe^{2+} 滴定时,Cr^{6+}、V^{5+} 同时被滴定(2分)。

18. 答:试样用硫—磷混合酸溶解,冒硫酸烟使钼呈六价,在硫酸—高氯酸介质中,用氯化亚锡还原钼呈五价(3分)。五价钼与硫氰酸盐作用生成橙红色的络合物,借此颜色进行比色测定(2分)。

19. 答:试样以氢氧化钠和过氧化氢溶解,用硝酸和盐酸酸化(2分)。钼酸盐与硅形成硅钼黄络合物,用硫酸提高酸度(1分),以抗坏血酸为还原剂使硅形成硅钼蓝络合物(1分),于分光光度计波长 810 nm 处测定吸光度值(1分)。

20. 答:日常分析中接触到的钛一般为三价或四价(2分)。三价钛离子不稳定,易被空气和氧化剂氧化成四价(1分);四价钛在弱酸性溶液中极易水解生成白色偏钛酸沉淀或胶状物,且不易重溶于酸中(1分)。因此在分析过程中应注意保持溶液酸度以防钛水解而影响分析结果测定(1分)。

21. 答:(1)被称物情况变化的影响(试样本身有挥发性或能吸收放出水分等)(1分);(2)天平和砝码的影响(1分);(3)环境因素的影响(1分);(4)空气浮力的影响(1分);(5)操作者造成的影响(1分)。

22. 答:采用淀粉作指示剂(2分)。淀粉过早加入会使 I_2 被淀粉胶粒包于其中,释放不出来,使终点不明显(3分)。

23. 答:该显色剂不仅具有较高的灵敏度(1分),且与 Ti(Ⅳ)所形成的络合物稳定性好(2分),在掩蔽剂存在下选择性也较好(2分)。

24. 答:测定结果偏低的原因有三个方面:一是六价铬呈氯化铬酰(CrO_2Cl_2)挥发而损失(1分);二是六价铬被高氯酸冒烟时可能产生的过氧化氢还原(1分);三是氧化不完全(1分)。避免方法有:氧化时严格控制冒烟温度;采用含量相近的标准样品求滴定度(2分)。

25. 答:高锰酸钾是一种较强的氧化剂,滴定必须在强酸性溶液中进行。在盐酸溶液中滴定时,必须加适量的二价锰离子,否则结果偏高(2分)。重铬酸钾的氧化能力虽然比高锰酸钾低,但由于它具有稳定和可作为基准溶液等优点,且可以在盐酸浓度不大于 2 mol/L 的溶液中进行滴定,因此重铬酸钾比高锰酸钾作为标准滴定溶液更具优点(3分)。

26. 答:加入硫磷混合酸使溶液保持一定的酸度(2分),同时可以降低 Fe^{3+}/Fe^{2+} 电对的电位,避免指示剂过早地被氧化提前出现终点(3分)。

27. 答:试样用硝酸、氢氟酸溶解(1分),高氯酸冒烟(1分),用硫代硫酸钠还原砷(1分),在铋盐存在下,用抗坏血酸—乙醇溶液还原成铋磷钼蓝进行吸光度测定(2分)。

28. 答:将样品分解完全后,在较高温度下使试样溶液中的硅酸脱水为聚合硅酸沉淀,过滤、洗涤,于 1 000 ℃～1 100 ℃灼烧并称量(3分)。再用氢氟酸处理使硅成氟化硅挥发,灼烧残渣再次称量,失去的重量即为二氧化硅重量(2分)。

29. 答:(1)灵敏度高(2分);(2)准确度高(1分);(3)操作简便、迅速(1分);(4)应用广泛(1分)。

30. 答:逐渐地改变通过某一溶液的入射光的波长,并记下该溶液对每一种波长的吸光度值,然后以波长为横坐标、吸光度为纵坐标作图,便可得到一条曲线,称为吸收光谱曲线(5分)。

31. 答:(1)选择性要好、灵敏度要足够高(1分);(2)有色化合物的组成要恒定,符合一定的化学式(1分);(3)有色化合物的性质要足够稳定(1分);(4)对比度要大(1分);(5)显色反应的条件要易于控制,使测定结果的重现性好(1分)。

32. 答:(1)显色剂的用量(1分);(2)显色酸度、温度(1分);(3)显色时间(1分);(4)溶剂的影响(1分);(5)溶液中共存离子的影响(1分)。

33. 答:滴定分析产生的误差主要有滴定反应的完全程度(2分)、指示剂颜色变化偏离理论终点的程度(2分)、滴定误差等(1分)。

34. 答:(1)干扰物本身有色或与显色剂生成有色物质,与被测物有色化合物颜色重叠,结果偏高(3分);(2)干扰物质影响了被测组分与显色剂的定量反应而使结果偏低(2分)。

35. 答:(1)以水或溶剂作参比溶液,如钢铁中 P、Mn 的分析(1分);(2)以试剂作参比溶液,如 W 的测定以 $TiCl_3$ 作参比液(1分);(3)以试样作参比溶液,如测定 Mo,不加 SCN^-(1分);(4)退色后作参比溶液,如铝合金中测锰,加亚硝酸钠使高锰酸退色(2分)。

36. 答:(1)方法误差(2分);(2)仪器误差(1分);(3)试剂误差(1分);(4)操作误差(1分)。

37. 答:(1)反应必须完全,且能定量地进行(2分);(2)络合反应速度快(1分);(3)有确定等当点的简便方法(1分);(4)滴定过程中,生成的络合物最好是可溶性的(1分)。

38. 答:原始记录应记在专用记录本上,真实、及时、齐全、清楚、规范化(2分);应用钢笔记录,如有错应杠改、签字或盖章,不得涂刮、刀刮、补贴(3分)。

39. 答:由于丁二酮肟与镍的反应要求在碱性介质中进行,而铁、铝等在此介质中形成氢氧化物沉淀(2分),加入酒石酸或柠檬酸盐掩蔽铁、铝,生成的酒石酸或柠檬酸络合物呈黄色,在 470 nm 处有吸收,干扰镍的测定(2分),为避免此干扰,所以选用 530 nm 波长测定镍(1分)。

40. 答:准确度是测定结果与真实值相符合的程度,通常用误差表示(2分),误差越小,准确度越高(1分)。精密度是平行测定之间相互接近的程度,通常用偏差来表示(1分),偏差越小,精密度越好(1分)。

41. 答:根据标准电极电位可知,$(NH_4)_2S_2O_8$ 是比 $Cr_2O_7{}^{2-}$ 及 $MnO_4{}^-$ 更强的氧化剂(2分),$E^0 MnO_4{}^-/Mn^{2+}(+1.49\ V) > E^0 Cr_2O_7{}^{2-}/Cr^{3+}(+1.38\ V)$,$Mn^{2+}$ 是在 Cr^{3+} 被氧化后才被氧化,Mn^{2+} 被氧化为 $MnO_4{}^-$ 时,溶液中的 Cr^{3+} 已全部被氧化成 $Cr_2O_7{}^{2-}$ 了(3分)。

42. 答:实验室分析用水质量要求的技术指标有 pH 值范围、电导率、可氧化物质、吸光度、蒸发残渣、可溶性硅等(1分)。实验室分析用水分为三个等级:一级水、二级水和三级水(1分)。一级水用于有严格要求的分析实验,包括对微粒有要求的实验;二级水用于无机痕量分析等实验;三级水用于一般化学分析实验(2分)。在一般实验工作中,我们常用三级水,可用离子交换法或蒸馏法制备(1分)。

43. 答:在溶解试样时,有些元素会形成氢化物(如 P、S 等)或其他化合物而引起损失(2分)。例如铬在有氧化剂存在的氧化条件下,可形成挥发性化合物 CrO_2Cl_2 而损失。浓盐酸溶解纯锡反应较快,加热能加速溶解,但会引起氯化亚锡的挥发损失等(3分)。

44. 答:在高温时磷酸能侵蚀玻璃,磷酸冒烟时会形成 $SiO_2 \cdot P_2 \cdot O_5$ 或是 $SiO_2(PO_3)_2$,水

和清洁剂无法洗净它(2分),如果用这样的容器分解样品,将会有部分磷释出,在测定磷时就引入了干扰,所以测定磷的锥形瓶最好专用(3分)。

45. 答:钼在钢中常以碳化物的形式存在,不易溶于稀硫酸和盐酸中,但可溶于硝酸(2分)。硝酸不仅能分解钼的碳化物,且能溶解以金属固溶体存在的钼。对一些稳定的钼碳化物,可加热至冒高氯酸烟或硫酸烟将其溶解(2分)。若含钨会形成钨酸吸附钼,加磷酸可消除干扰(1分)。

46. 答:钨在钢主要以碳化物形式存在,碳化物在溶解过程中以黑色粉末沉于底部,加入硝酸一般能溶解(2分)。加硝酸时应缓慢,否则会使较多的铁、钼、铬、硅、磷夹杂在钨酸中(2分)。含钨高的试样使用硫磷混合酸溶解,滴加硝酸破坏碳化物能迅速溶清(1分)。

47. 答:试样以盐酸溶解(1分),在硫酸铜存在下用抗坏血酸将三价铁和五价钒等干扰离子还原(2分)。在硫酸介质中,加入二安替吡啉甲烷溶液显色,于分光光度计上测量其吸光度值(2分)。

48. 答:试样用硝酸、氢氟酸溶解后(2分),在硫磷混合酸介质中(1分),用高碘酸钾将锰氧化成紫红色的高锰酸,于分光光度计上测量其吸光度(2分)。

49. 答:因为一些物质的显色反应较慢,需要一定时间颜色才能达到稳定,故不能立即比色(2分)。有些化合物的颜色放置一段时间后,由于空气的氧化、试剂的分解或挥发、光的照射等原因,会使溶液的颜色发生变化,故应在规定时间内完成(3分)。

50. 答:(1)参比溶液选择不恰当(1分);(2)吸收池厚度光学性不一致,透光面不清洁(1分);(3)有色络合物的离解度较大(1分);(4)溶液中有其他掩蔽剂或缓冲溶液能络合少量被测离子(1分);(5)显色反应灵敏度不高(1分)。

51. 答:石油产品试样在连续搅拌下用很慢的恒定速率加热,在规定的温度时间间隔(2分),同时中断搅拌下,将火焰引入杯内,试验火焰引起试样上的蒸汽闪火时的最低温度即为石油产品的闪点(3分)。

52. 答:日常分析一般对每个试样平行测定两次。若所得的分析数据极差值不超过方法规定的允许差范围,均认为有效,可取平均值报出结果(3分)。如果两结果的极差值超出允许差,应加做一或二次,将接近的结果平均(2分)。

53. 答:(1)分析过程中已然知道数据是可疑的,应将其弃去(2分);(2)复查结果时找出出现可疑值的原因,应将可疑值弃去(1分);(3)找不出可疑值的原因,不应随意弃去或保留,而应根据数理统计原则来处理(2分)。

54. 答:(1)用标准物质来评价分析结果的准确度(2分);(2)用标准方法评价分析结果的准确度(2分);(3)通过测定回收率评价分析结果的准确度(1分)。

55. 答:(1)EDTA 含有羧基和氨基,能与大多数金属离子形成稳定的 1:1 络合物(1分);(2)EDTA 可以控制溶液的 pH 值(1分);(3)组成多环络合物而且是水溶性的络合剂(1分)。

56. 答:(1)用镊子,不得直接用手拿取砝码,砝码用后放回砝码盒内指定位置(1分);(2)严防砝码坠落或碰击(1分);(3)同组两个名义质量相同的砝码,一般先用不带点的,然后再用带点的(1分);(4)砝码应干燥、清洁,避开有害气体(1分);(5)砝码应定期检定,周期为一年,检定证书应妥善保管(1分)。

57. 答:(1)络合掩蔽法:使干扰离子与掩蔽剂形成稳定的络合物,以降低干扰离子的浓度

（2分）；(2)沉淀掩蔽法：利用掩蔽剂与干扰离子形成沉淀，以降低其浓度(1分)；(3)氧化还原掩蔽法：利用氧化还原反应改变干扰离子的价态，以消除干扰(2分)。

58. 答：用 $AgNO_3$ 检查 Cl^- 是否存在，主要标志是能否有 $AgCl$ 沉淀生成，其适应酸度为微酸性或中性(3分)。在氨性溶液中会形成银氨络离子，在强碱溶液中 Ag^+ 离子易生成 $AgOH$ 沉淀，Cl^- 离子是否存在也都很难检查出来，所以用来检验 Cl^- 离子的 $AgNO_3$ 溶液通常加入少许 HNO_3 酸化(2分)。

59. 答：(1)入射光波长的选择：入射光应尽量选择被测物质的最大吸收波长(2分)；(2)控制适当的吸光度范围：一般应控制标准液和被测液的吸光度在 0.2～0.8 范围内(2分)；(3)选择适当的参比溶液：利用参比液调节仪器的零点，以消除由于比色皿壁及溶液对入射光的反射和吸收带来的误差(1分)。

60. 答：以一定比例的硫酸(不加任何氧化剂)溶解试样测得的硼为酸溶硼，酸性硼主要为固溶硼、硼氧化物、铁碳硼化物(3分)。酸不溶硼的分解一般采用碳酸钠熔融法，酸不溶硼主要是氮化硼(2分)。

61. 答：原子的外层电子由激发态自发跃迁到一个较低能态时，辐射出不同波长的谱线，此过程所形成的谱线即为原子发射光谱(5分)。

62. 答：金属指示剂与金属离子络合的稳定性太低就会提前出现终点，且变色不敏锐(2分)；如果稳定性太高，就会使终点拖后，而且有可能 EDTA 不能夺出其中的金属离子，显色反应失去可逆性，得不到滴定终点(3分)。

63. 答：在一定频率的外部辐射光能激发下，原子的外层电子由一个较低能态跃迁到一个较高能态，此过程产生的光谱即为原子吸收光谱(5分)。

64. 答：黏度指数是衡量油品黏度随温度变化的一个相对比较值(2分)。用黏度指数表示油品的黏温特性是国际通用的方法(1分)，黏度指数越高，表示油品受温度影响越小，其黏温性越好，反之越差(2分)。

65. 答：酸度对金属络合物稳定性的影响是：酸度越低，络合物就越稳定，滴定反应进行的完全(3分)；反之，酸度越高($pH<2$)，络合物就不稳定(2分)。

66. 答：因为分析方法的精密度与被测定样品的均匀性、所用的仪器试剂、实验操作者、实验环境条件及测定次数有关，因此无论是研究新方法，还是应用已有方法都应在相应条件下针对具体样品研究分析方法的精密度(5分)。

67. 答：(1)温度的控制(保持规定温度±0.1 ℃)(1分)；(2)流动时间的控制(不少于 200 s)(1分)；(3)黏度计位置的控制(1分)；(4)气泡的影响(1分)；(5)试样的预处理(除去含有的水和机械杂质)(1分)。

68. 答：(1)灯电流的大小(1分)；(2)火焰燃气和助燃气的流量(1分)；(3)燃烧器的高度(1分)；(4)雾化器的调节(1分)；(5)波长和光谱通带的选择(1分)。

69. 答：银坩埚熔融温度不能超过 700 ℃(1分)，不允许熔融或灼烧含硫的物质(1分)，也不允许使用碱性硫化物作熔剂(1分)。银易溶于酸，在浸取熔融物时，不可用酸(1分)，更不能长时间浸在酸中，特别不可接触浓酸(1分)。

70. 答：由高频熔样炉(1分)、除尘装置(1分)、干燥装置(1分)、流量控制阀(1分)、二氧化硫检测器(0.5分)、二氧化碳检测器(0.5分)等构成。

六、综 合 题

1. 解:灼烧后得到 Fe_2O_3 为 0.319 4 g(1 分)

$2Fe \rightarrow Fe_2O_3$(1 分)

$$Fe\% = \frac{m_{Fe_2O_3} \times \dfrac{2Fe}{Fe_2O_3}}{G} \times 100\% = \frac{0.319\ 4 \times \dfrac{111.7}{159.7}}{0.500\ 0} \times 100\% = 44.68\%(7 分)$$

答:铁矿石中铁的质量分数为 44.68%(1 分)。

2. 解:根据与丁二酮肟反应得到:

$Ni^{2+} + 2C_4H_8N_2O_2 = Ni(C_4H_8N_2O_2)_2 + 2H^+$(1 分)

$\quad$ 58.70 $\quad$ 2×116.12

0.2×60% $\quad\quad$ X(1 分)

$$X = \frac{2 \times 116.12 \times 0.200\ 0 \times 60\%}{58.70} = 0.474\ 8(g)(3 分)$$

设需要 1% 的丁二酮肟为 X mL,

100 : 1 = X : 0.474 8(1 分)

$X = 47.0$(3 分)

答:需要 1% 的丁二酮肟沉淀剂 47.0 mL(1 分)。

3. 解:设需要氯化钠为 X g,

根据 $AgNO_3 + NaCl = AgCl\downarrow + NaNO_3$(3 分)

$\quad$ 169.87 $\quad$ 58.44

$\quad$ 2.500 0 $\quad$ X(1 分)

$$X = \frac{58.44 \times 2.500\ 0}{169.87} = 0.860\ 0(g)(5 分)$$

答:需要加入氯化钠 0.860 0 g(1 分)。

4. 解:已知:$C_{HNO_3} = 0.200\ 0$ mol/L,$V_{HNO_3} = 1\ 000$ mL = 1 L,$M_{HNO_3} = 63$,$\rho = 1.42$ g/mL,$A\% = 69.80\%$(1 分)

$$V = \frac{C_{HNO_3} \cdot V_{HNO_3} \cdot M_{HNO_3}}{\rho \cdot A} = \frac{0.200\ 0 \times 1 \times 63}{1.42 \times 69.80\%} = 12.71(mL)(8 分)$$

答:应取浓硝酸 12.71 mL(1 分)。

5. 解:已知:$V = 1\ 000$ mL,$C(1/6\ K_2Cr_2O_7) = 0.050\ 0$ mol/L

$$M(1/6\ K_2Cr_2O_7) = \frac{294.00}{6} = 49.00(g/mol)(1 分)$$

根据 $\dfrac{\frac{m}{M}}{V} = C$ 得:

$m = C \cdot V \cdot M/1\ 000 = 0.050\ 0 \times 49.00 \times 1\ 000/1\ 000 = 2.450\ 0(g)(5 分)$

$$T_{Fe/K_2Cr_2O_7} = \frac{C_{K_2Cr_2O_7} \cdot M_{Fe}}{1\ 000} = \frac{0.050\ 0 \times 55.85}{1\ 000} = 0.002\ 792(g/mL)(3 分)$$

答:应取重铬酸钾 2.450 0 g,重铬酸钾标准溶液对铁的滴定度为 0.002 792 g/mL(1 分)。

6. 解:已知:$C_{HAc} = 0.10$ mol/L,$C_{NaAc} = 0.010$ mol/L,$K_a = 1.8 \times 10^{-5}$,lg1.8 = 2.6(1 分)

$$[H^+] = K_a \times \frac{C_{HAc}}{C_{Ac^-}} = 1.8 \times 10^{-5} \times 0.10/0.010 = 1.8 \times 10^{-4} (\text{mol/L})(4 \text{分})$$

$$pH = -\lg[H^+] = 4 - 0.26 = 3.74(4 \text{分})$$

答:混合溶液的 pH 值为 3.74(1 分)。

7. 解:在 $KMnO_4$ 与 $Na_2C_2O_4$ 的反应中,$KMnO_4$ 的基本单元为 $1/5\ KMnO_4$,$Na_2C_2O_4$ 的基本单元为 $1/2\ Na_2C_2O_4$,根据公式 $n_B = \frac{m_B}{M_B}$,$1/2\ Na_2C_2O_4$ 的物质的量为 $0.400\ 0/67 = 0.005\ 970(\text{mol})$(3 分)。

$$C(1/5\ KMnO_4) = \frac{0.005\ 970 \times 1\ 000}{23.20} = 0.257\ 3(\text{mol/L})(4 \text{分})$$

即 $C(KMnO_4) = 0.257\ 3/5 = 0.051\ 46(\text{mol/L})(2 \text{分})$

答:$KMnO_4$ 标准溶液的物质的量浓度为 0.051 46 mol/L(1 分)。

8. 解:每升硫酸溶液中硫酸的质量为 $m = 1\ 000 \times 1.200 \times 28\% = 336.0(\text{g})(1 \text{分})$

$$C = \frac{\frac{m}{M}}{V} = \frac{\frac{336.0}{98}}{1} = 3.429(\text{mol/L})(8 \text{分})$$

答:硫酸溶液的摩尔浓度为 3.429 mol/L(1 分)。

9. 解:已知:$V_1 = 200$ mL,$C_1 = 1.00$ mol/L,$C_2 = 0.050\ 0$ mol/L(1 分)

根据 $C_1V_1 = C_2V_2$(1 分)得:

$$V_2 = \frac{C_1V_1}{C_2} = \frac{200 \times 1.00}{0.050\ 0} = 4\ 000(\text{mL})(5 \text{分})$$

加入水量 $= 4\ 000 - 200 = 3\ 800(\text{mL})(2 \text{分})$

答:加水量为 3 800 mL(1 分)。

10. 解:已知:$C_{EDTA} = 0.020\ 00$ mol/L,$V = 15.00$ mL,$M_{CaO} = 56.08$ g/mol(1 分)

$m = C \cdot V \cdot M$(2 分)

$$CaO\% = [0.020\ 0 \times 15.00 \times (56.08/1\ 000)/(0.200\ 0 \times \frac{50}{500})] \times 100\% = 84.12\%(6 \text{分})$$

答:氧化钙的质量分数为 84.12%(1 分)。

11. 解:已知:$V_{(NH_4)_2Fe(SO_4)_2} = 10.00$ mL,$C_{(NH_4)_2Fe(SO_4)_2} = 0.025\ 0$ mol/L,$V_{KMnO_4} = 2.22$ mL,$C_{(1/5\ KMnO_4)} = 0.025\ 16$ mol/L,$M_{Cr} = 52$,$M_{(1/3\ Cr)} = 17.33$ g/mol(3 分)

则样品中的 Cr 含量为:$(10.00 \times 0.025\ 0 - 2.22 \times 0.025\ 16) \times 17.33/1\ 000$(3 分)

$$Cr\% = \frac{(10.00 \times 0.025\ 0 - 2.22 \times 0.025\ 16) \times 17.33}{1\ 000 \times 0.500\ 0} \times 100\% = 0.673\%(3 \text{分})$$

答:铬的质量分数为 0.673%(1 分)。

12. 解:已知 20 mL 中含纯锌 1.308 g,$M_{Zn} = 65.40$ g/mol(1 分)

$$C_{Zn} = \frac{\frac{1.308}{65.40}}{\frac{20}{1\ 000}} = 1.000(\text{mol/L})(2 \text{分})$$

根据 $C_{Zn} \cdot V_{Zn} = C_{EDTA} \cdot V_{EDTA}$(2 分)得:

$$C_{EDTA} = \frac{C_{Zn} \cdot V_{Zn}}{V_{EDTA}} = \frac{1.000 \times 20.00}{30.00} = 0.666\ 7(\text{mol/L})(4 \text{分})$$

答:EDTA 溶液物质的量浓度为 0.666 7 mol/L(1 分)。

13. 解:已知:$C_{Na_2S_2O_3}=0.200\ 0$ mol/L,$V_{Na_2S_2O_3}=15.00$ mL,$M_{(1/6\ K_2Cr_2O_7)}=\dfrac{294.0}{6}=49.00$ g/mol(2 分)

根据 $C\cdot V=\dfrac{m}{M}$(2 分)得:

$$m_{K_2Cr_2O_7}=\frac{C_{Na_2S_2O_3}\times V_{Na_2S_2O_3}\times M_{(1/6\ K_2Cr_2O_7)}}{1\ 000}=\frac{0.200\ 0\times15.00\times49.00}{1\ 000}=0.147\ 0(g)(4\ 分)$$

答:溶液中重铬酸钾的量为 0.147 0 g(1 分)。

14. 解:已知:$[H^+]=0.001$ mol/L$=10^{-3}$ mol/L(2 分)

$pH=-lg[H^+]=-lg10^{-3}=3$(2 分)

根据 $pH+pOH=14$(2 分)得:

$pOH=14-3=11$(3 分)

答:溶液的 pOH 值为 11(1 分)。

15. 解:已知:$M_{HCl}=34.46$ g/mol,$\rho=1.19$ g/mL,$V_{HCl}=1\ 000$ mL(1 分)

则盐酸的摩尔数$=\dfrac{37.23\%\times1.19\times1\ 000}{36.46}$(2 分)

将 1 L 溶液稀释 1 倍后,这时 $V'_{HCl}=2\ 000$ mL(1 分)

$C_{HCl}=(37.23\%\times1.19\times1\ 000)/36.46/(2\ 000/1\ 000)=6.076(mol/L)$(5 分)

答:稀释后溶液的浓度为 6.076 mol/L(1 分)。

16. 解:已知:$M_{H_2C_2O_4\cdot2H_2O}=126.1$ g/mol,$M_{(1/2\ H_2C_2O_4\cdot2H_2O)}=63.05$ g/mol,$V_{NaOH}=30.08$ mL,$m=0.204\ 5$ g(1 分)

根据 $C\cdot V=\dfrac{m}{M}$(2 分)得:

$$C_{NaOH}=\frac{0.2045\times1\ 000}{63.05\times30.08}=0.107\ 8(mol/L)(6\ 分)$$

答:NaOH 溶液的浓度为 0.107 8 mol/L(1 分)。

17. 解:已知:$C_{AgNO_3}=0.100\ 0$ mol/L,$V_{AgNO_3}=22.10$ mL,$G_{样品}=0.259\ 2$ g

根据 $C\cdot V=\dfrac{m}{M}$(2 分)得:

$$m=\frac{0.100\ 0\times22.10\times35.45}{1\ 000}(2\ 分)$$

$$Cl\%=\frac{0.100\ 0\times22.10\times35.45}{1\ 000\times0.259\ 2}\times100\%=30.22\%(5\ 分)$$

答:样品中氯的质量分数为 30.22%(1 分)。

18. 解:已知:$m_{Na_2CO_3}=0.153\ 5$ g,$M_{Na_2CO_3}=106.0$ g/mol,$M_{(1/2\ Na_2CO_3)}=53.00$ g/mol,$V_{HCl}=21.80$ mL(1 分)

根据 $C\cdot V=\dfrac{m}{M}$(2 分)得:

$$C_{HCl}=\frac{0.153\ 5\times1\ 000}{53.00\times21.80}=0.132\ 8(mol/L)(6\ 分)$$

答:盐酸浓度为 0.132 8 mol/L(1 分)。

19. 解：$H_2SO_4 + 2NaOH = Na_2SO_4 + 2H_2O$（2分）

$$\begin{array}{ccc} & 1 & 2 \\ (摩尔数) & n_{H_2SO_4} & n_{NaOH} \end{array}$$

$n_{NaOH} = 2n_{H_2SO_4}$（1分）

已知：$C_{H_2SO_4} = 0.098\,50\ \text{mol/L}, V_{H_2SO_4} = 20.00\ \text{mL}, C_{NaOH} = 0.194\,5\ \text{mol/L}$（1分）

$2 \times C_{H_2SO_4} \times V_{H_2SO_4} = C_{NaOH} \cdot V_{NaOH}$（1分）

$V_{NaOH} = \dfrac{2 \times 0.098\,50 \times 20.00}{0.194\,5} = 20.26\,(\text{mL})$（4分）

答：用去 0.194 5 mol/L NaOH 溶液 20.26 mL（1分）。

20. 解：已知 $C_{(1/6\,K_2Cr_2O_7)} = 0.002\,0\ \text{mol/L}, V_{K_2Cr_2O_7} = 30.32\ \text{mL}, M_{FeO} = 72.0\ \text{g/mol}$（2分）

$FeO\% = \dfrac{0.002\,0 \times 30.32 \times (72.0/1\,000)}{0.200\,0} \times 100\% = 2.18\%$（7分）

答：炉渣中氯化亚铁的质量分数为 2.18%（1分）。

21. 解：$5Fe^{2+} + MnO_4^- + 8H^+ = 5Fe^{3+} + Mn^{2+} + 4H_2O$（1分）

$$\begin{array}{cc} 5 & 1 \\ n_{Fe} & n_{KMnO_4} \end{array}$$

$n_{Fe} = 5n_{KMnO_4}$

则 $n_{Fe_2O_3} = \dfrac{5}{2} n_{KMnO_4}$

$T_{Fe/KMnO_4} = \dfrac{m_{Fe}}{V_{KMnO_4}} = \dfrac{n_{Fe} \cdot M_{Fe}}{V_{KMnO_4}} = \dfrac{5n_{KMnO_4} \cdot M_{Fe}}{V_{KMnO_4}} = 5C_{KMnO_4} \cdot M_{Fe}$

$= 5 \times 0.021\,20 \times 55.85/1\,000 = 0.005\,920\,(\text{g/mL})$（2分）

$T_{Fe_2O_3/KMnO_4} = \dfrac{5}{2} C_{KMnO_4} \cdot M_{Fe_2O_3} = \dfrac{5}{2} \times 0.021\,20 \times 159.7/1\,000 = 0.008\,464\,(\text{g/mL})$（2分）

$Fe\% = \dfrac{T_{Fe/KMnO_4} \times V_{KMnO_4}}{G} \times 100\% = \dfrac{0.005\,920 \times 26.18}{0.272\,8} \times 100\% = 56.81\%$（2分）

$Fe_2O_3\% = \dfrac{T_{Fe_2O_3/KMnO_4} \times V_{KMnO_4}}{G} \times 100\% = \dfrac{0.008\,464 \times 26.18}{0.272\,8} \times 100\% = 81.23\%$（2分）

答：$T_{Fe/KMnO_4}$ 为 0.005 920 g/mL，$T_{Fe_2O_3/KMnO_4}$ 为 0.008 464 g/mL，试样中含铁量为 56.81%，Fe_2O_3 为 81.23%（1分）。

22. 解：$A = \varepsilon \cdot b \cdot c$，检量线是通过原点的直线（2分）。

$C_样 = A_样/A_标 \times C_标 = \dfrac{0.426 \times 1.36 \times 10^{-6}}{0.355} = 1.63 \times 10^{-6}\,(\text{mol})$（3分）

$Ti\% = C_样 \times M_{分子量}/G \times 100 = \dfrac{1.63 \times 10^{-6} \times 47.88}{0.400\,0 \times \dfrac{10}{100}} \times 100\% = 0.195\%$（4分）

答：铝合金中钛的质量分数为 0.195%（1分）。

23. 解：根据 $A = \varepsilon \cdot b \cdot c$（3分）得：

$\varepsilon = \dfrac{A}{b \cdot c}$（1分）

$\varepsilon = \dfrac{0.48}{1.00 \times 4.12 \times 10^{-5}} = 1.17 \times 10^4\,(\text{L} \cdot \text{mol}^{-1} \cdot \text{cm}^{-1})$（5分）

答:该显色溶液的摩尔吸光系数为 $1.17×10^4$ L·mol^{-1}·cm^{-1}(1分)。

24. 答:1#、2#瓶均为试剂空白溶液,而吸光度相差很大,根据经验,2#瓶是正常的,1#可能引入了被测离子,如烧杯、容量瓶未洗干净,加试剂的量杯、量筒、吸管等接触了铁标准溶液等(3分)。应倒掉 1#瓶,洗刷干净所用仪器,重新做一试剂空白,再进行比色(1分)。也说明以试剂空白为参比有时会引入误差,最好以水为参比,做两个试剂空白,以便相互佐证,尤其在做标准曲线时更应如此(3分)。

3#瓶为样品,吸光度超过了 5#瓶,说明样品瓶中铁含量超过了 0.02 mg,应再取 0.04 mg Fe 标准溶液再补做一点,或将 3#瓶稀释一倍后再进行比色(3分)。

25. 解: $\dfrac{0.1×2.50}{1\,000}=0.250$(mg/L)(2分)

钼的浓度:0.250 ppm(3分)

$\dfrac{0.250÷1\,000×2.50}{1\,000}=0.000\,625(mg/L)=0.625$(μg/L)(2分)

钼的浓度:0.625 ppb(2分)

答:第一次稀释后钼的浓度为 0.250 ppm,第二次稀释后钼的浓度为 0.625 ppb(1分)。

26. 解:平均偏差公式: $\bar{d}=\dfrac{\sum\limits_{i=1}^{n}|X_i-X|}{n}$(2分)

$\bar{x}=\dfrac{67.47\%+67.43\%+67.40\%+67.48\%+67.37\%}{5}=67.43\%$(3分)

$\bar{d}=\dfrac{\sum\limits_{i=1}^{5}|X_i-X|}{5}=\dfrac{0.18\%}{5}=0.036\%$(2分)

$\bar{d}_{相}\%=\dfrac{\bar{d}}{\bar{x}}×100\%=0.053\%$(2分)

答:平均偏差为 0.18%,相对平均偏差为 0.053%(1分)。

27. 解:根据 $2Al\ +\ 3H_2SO_4=Al_2(SO_4)_3+3H_2\uparrow$(2分)

　　　$2×27.00$　$3×98.06$

　　　　5　　　　X(1分)

$X=\dfrac{5×3×98.06}{2×27.00}=27.24$(kg)(3分)

实际用的是 10%的硫酸,因此实际用量为 $\dfrac{27.24}{10\%}=272.4$(kg)(3分)

答:需消耗 10%的硫酸 272.4 kg(1分)。

28. 解: $\bar{x}=\dfrac{10.29\%+10.33\%+10.38\%+10.40\%+10.70\%}{5}=10.42\%$(3分)

$G=\dfrac{|x_d-\bar{x}|}{s}=\dfrac{|10.70\%-10.42\%|}{0.15\%}=1.87$(3分)

根据格拉布斯准则: $G>G(5,0.95)$,所以 10.70%是异常值,应剔除(3分)。

答:根据格拉布斯准则,10.70%是异常值,应剔除(1分)。

29. 解: $Mn\%=\dfrac{C_{(NH_4)_2Fe(SO_4)_2}×V×0.055\,00}{m}×100\%$

$$= \frac{0.020\ 00 \times 14.25 \times 0.055\ 00}{0.200\ 0} \times 100\%$$

$$= 7.84\%(4 分)$$

六次结果分别为：7.81%、7.84%、7.86%、7.81%、7.84%、7.84%

$$\bar{x} = \frac{7.81\% + 7.84\% + 7.86\% + 7.81\% + 7.84\% + 7.84\%}{6} = 7.83\%(2 分)$$

$$准偏差 = \sqrt{\frac{1}{n-1} \sum_{i=1}^{} (x_i - \bar{x})^2}$$

$$= \sqrt{\frac{(0.02^2 + 0.01^2 + 0.03^2 + 0.02^2 + 0.01^2 + 0.01^2)}{5}} = 0.020(3 分)$$

答：该锰钢中 Mn 的质量分数为 7.84%，分析结果的标准偏差为 0.020%(1 分)。

30. 解：根据 $CaCO_3 \xrightarrow{燃烧} CaO + CO_2\uparrow$ (3 分)

$$\begin{array}{ccc} & 100 & 56 \\ & 5 \times 94\% & X(2 分) \end{array}$$

$$X = \frac{5 \times 94\% \times 56}{100} = 2.63(t)(4 分)$$

答：经煅烧后得到生石灰 2.63 t(1 分)。

31. 解：测量的相对误差最小时，吸光度 $A = 0.434$，根据光吸收定律 $A = \varepsilon cL$，由此可求出测量误差最小时的浓度：$c = \dfrac{A}{\varepsilon \times L} = \dfrac{0.434}{1.3 \times 10^4 \times 1} = 3.34 \times 10^{-5}(mol/L)(3 分)$

100 mL 样品溶液中 Ni 的质量：$m = 3.34 \times 10^{-5} \times 58.70 \times \dfrac{100}{1\ 000} = 1.96 \times 10^{-4}(g)(3 分)$

换算成样品的质量：$1.96 \times 10^{-4} \times \dfrac{100}{0.12} = 0.16(g)(3 分)$

答：测量的相对误差最小时，应取试样 0.16 g(1 分)。

32. 解：显色中浓硫酸的毫升数为：$V_{H_2SO_4} = \left(\dfrac{1}{1+9} \times 30\right) \times \dfrac{10}{200} = 0.15(mL)(2 分)$

显色液体积为：$V_显 = 5 + 10 = 15(mL)(2 分)$

已知浓硫酸浓度为 18 mol/L(1 分)，所以显色液中硫酸的浓度：

$$C_{H_2SO_4} = \frac{V_{H_2SO_4} \times 18}{15} = \frac{0.15 \times 18}{15} = 0.18(mol/L)(4 分)$$

答：此时显色液中硫酸的浓度为 0.18 mol/L(1 分)。

33. 解：已知：$C_{Zn} = 0.020\ 0$ mol/L，$M_{Al} = 26.982$，$V_{Zn} = 8.25$ mL，$G = 0.250\ 0$ g(2 分)

$$Al\% = \frac{C_{Zn} \cdot V_{Zn} \times 26.982}{G \times \dfrac{25}{100} \times 1\ 000} \times 100\% = \frac{0.020\ 0 \times 8.25 \times 26.982}{0.250\ 0 \times \dfrac{25}{100} \times 1\ 000} \times 100\% = 7.12\%(7 分)$$

答：试样中铝的质量分数为 7.12%(1 分)。

34. 答：以 $CH_3COOH - CH_3COONa$ 混合液为例。

$CH_3COONa = Na^+ + CH_3COO^-$

$CH_3COOH = H^+ + CH_3COO^- (2 分)$

溶液中除有少量的 H^+ 存在外，还有大量的 Na^+、CH_3COO^- 和醋酸分子存在。当把少量的酸加入上述缓冲液时,外来的 H^+ 和溶液中的 CH_3COO^- 结合成醋酸分子,使电离平衡向生成醋酸分子的方向移动(3分)。这样溶液中的 CH_3COOH 浓度增加, CH_3COO^- 的浓度减小,而使 H^+ 的浓度几乎不变,即 pH 值基本不变(2分);当把少量碱加入上述缓冲液时,外来的 OH^- 和溶液中 H^+ 结合生成更弱的电解质水分子, H^+ 浓度减小,使电离平衡向着生成 H^+ 方向移动,补充了溶液中 H^+ 浓度,因而 H^+ 离子浓度几乎不变,即溶液的 pH 值不变,这就是缓冲溶液的缓冲机理(3分)。

35. 答:(1)普碳钢,采用 H_2SO_4 溶样,滴加浓 HNO_3 分解碳化物(1分);(2)低合金钢,用稀的硫—磷酸溶样,滴加浓 HNO_3 分解碳化物(1分);(3)中合金钢、高速钢,用浓硫—磷酸溶样,滴加浓 HNO_3 分解碳化物(2分);(4)不锈钢用王水溶样,高氯酸冒烟(2分);(5)高碳铬钢,以 Na_2O_2 熔融浸出(2分);(6)含钨试样,用硫—磷酸溶样时,多加入磷酸(2分)。

材料成分检验工(高级工)习题

一、填空题

1.《中华人民共和国计量法》立法的宗旨是为了加强计量监督管理,保障国家(　　)的统一和量值的准确可靠,有利于生产、贸易和科学技术的发展,维护国家、人民的利益。

2.《中华人民共和国计量法》是我国(　　)依据的基本法律。

3. 我国《计量法》规定,使用计量器具不得(　　),损害国家和消费者的利益。

4. 参照标准是指在地区或组织内具有(　　)特性的,并在该地区或组织内进行量值传递的测量标准。

5. 在测量工作中,记录测量数据与表示测量结果的数值的位数,应与使用的测量仪表及测量方法的(　　)相一致。

6. 不确定度的 A 类评定,是指用对样本观测值进行(　　)的方法来评定标准不确定度。

7. 不确定度的 B 类评定,是指用不同于(　　)的其他方法来评定标准不确定度。

8. 术语"检定证书"是指证明测量器具经过检定(　　)的文件。

9. 稳定性是指测量器具保持其计量特性(　　)的能力,它一般是对时间而言的。

10. 讨论平均值的置信区间,实际上是对(　　)做统计处理。

11. 从物质结构上看,电解质能导电是由于分子里或在溶解过程中产生出来的(　　)移动的结果。

12. 弱电解质的电离度表示电离了的分子百分数,强电解质的电离度反映溶液中(　　)的强弱程度。

13. 不同原子间形成的共价键,由于原子的电负性不同,成键原子的电荷分布不对称而形成的键称为(　　)。

14. 对于浓度相同的弱电解质,(　　)越大的,电离度也越大。

15. 当沉淀反应达到平衡后,如果向溶液中加入含有某一构晶离子的试剂或溶液,则沉淀的溶解度减小,这就是(　　)。

16. 工业分析者对岩石、矿物、矿石中主要化学成分进行系统的(　　),称为全分析。

17. 电解质溶于水后就电离成为离子,所以电解质在溶液里所起的反应实质上是(　　)。

18. 在配制 $FeCl_3$ 溶液时,为了抑制其水解而得到澄清的三氯化铁溶液,常常向溶液中加入一定量的(　　)。

19. 当硅酸盐熔融后呈蓝绿色,在水中浸取时呈玫瑰色,则样品中有(　　)存在。

20. 在难溶电解质溶液中,沉淀生成的条件是(　　)大于该物质的 K_{sp}。

21. 在化学反应中,体现氧化—还原反应的本质是(　　)或电子对偏移的反应。

22. 同温同压下,同体积的气体含有的(　　)相同。

23. 用来进行电解的装置,也就是把电能转变为(　　)的装置。

24. 络合反应中,反应达到平衡时,其平衡常数叫作络合物的(　　)。

25. EDTA 二钠盐是重要的(　　)络合剂,能与大多数金属离子形成稳定的五元环络合物。

26. 采用丁二酮肟重量法测定钢中镍时,丁二酮肟镍在碱性溶液中不宜久放,否则沉淀会被氧化,形成(　　)。

27. 丁二酮肟重量法测定镍,为防止在氨性溶液中铁、锰、铬、铝和其他元素的共沉淀,必须加入(　　),使与之生成可溶性的络合物,消除其影响。

28. 溶质在两种不相混溶的溶剂之间的分配,在一定温度下,当溶质在两相中(　　)时,溶质在两相中的浓度比率是个常数,这种定律就叫分配定律。

29. 把已萃取溶解在有机相中的化合物,重新转化为亲水性物质而从有机相中返回到水溶液中的过程叫作(　　)。

30. 滴定终点与等当点不一定恰好符合,由此而造成的分析误差称为(　　)。

31. 以 PAN 为指示剂,用 $CuSO_4$ 标准溶液返滴定法测定硅酸盐中的铝常采用煮沸后立即滴定,其目的是消除指示剂的(　　)。

32. 沉淀是否完全主要取决于沉淀的溶解度,影响沉淀溶解度的因素很多,除温度条件外,还有(　　)、酸效应、盐效应和络合效应。

33. 沉淀过程中,快速加入过量的或浓度较大的沉淀剂时,吸附在沉淀表面的杂质还来不及离开其表面就被沉积上来的离子所(　　),而夹留在沉淀晶体内部,被沉淀包了起来,这种现象就叫作包藏现象。

34. 采用一种试剂与干扰测定的离子形成稳定的络合物或与干扰离子发生沉淀或氧化还原反应,使干扰离子不再干扰分析测定,这种试剂所引起的作用就称为(　　)。

35. 使已被掩蔽的组分重新恢复其参加正常反应能力的过程称为(　　)。

36. 原子吸收分光光度分析,就是利用处于基态的待测(　　)对光源辐射的共振线的吸收来进行分析测定。

37. 金属指示剂是一种能与金属离子生成(　　)的显示剂,可以用来指示滴定过程中金属离子浓度的变化。

38. 由固态或液态物质激发后产生的连续的、无法分辨出明显谱线的光谱,被称为(　　)。

39. 原子吸收定量分析方法有(　　)、内标法及标准加入法等。

40. 化学电池可分为原电池和(　　)两类,这两类电池的根本区别在于前者是通过化学反应产生电能,后者是利用外电源的电能产生化学反应。

41. 离子选择电极法是以离子选择性电极作为(　　)的电位分析法。

42. 漆膜在干燥过程中,对 CO、CO_2、SO_2、NO 等污气的(　　)称为漆膜的抗污气性。

43. 气相色谱分析中,待测组分从进样开始到柱后出现(　　)所需要的时间称为保留时间。

44. 色谱法是一种用于分离、分析多组分混合物质的有效方法,根据(　　)的不同可分为气相色谱和液相色谱。

45. 在工作中,对于裸露的导体、绝缘损坏的导线及接线端,在不知是否带电的情况下,绝不能(　　)。

46. 直读光谱仪使用中,样品台上没有正确放置样品时绝不能(　　),以防触电。

47. 计算机技术用于分析仪器中,不仅提高了仪器自动化程度,而且提高了(　　)。

48. 原子吸收分光光度计专用微机的主要功能是接收仪器输出的(　　),并向仪器发出控制信号。

49. 液—液萃取分离法又叫溶剂萃取分离,这种方法的原理是利用不同物质在不同溶剂中的(　　)不同进行分离的。

50. 工业分析的任务是测定大宗工业物料的(　　)。

51. 不锈钢的牌号表示方法中,对含碳量上限为 0.08%、平均含铬量为 18%、含镍量为 9% 的铬镍不锈钢,其牌号表示为(　　)。

52. 铜合金的牌号表示方法中,H68 表示(　　)。

53. 常用钢铁产品按品质分类时,根据钢中所含有害杂质元素(　　)的多少,分为普通钢、优质钢和高级优质钢。

54. 镍是钢中重要元素之一,在钢中,当镍与铬共存时,可大大提高钢的(　　)。

55. 石油是多组分的混合物,每一组分有各自不同的沸点,石油的分馏是按(　　)的差别,用蒸馏装置将各组分分开的工艺过程。

56. 评定车用无铅汽油腐蚀性的指标主要有硫含量、硫醇、铜片腐蚀和(　　)。

57. 试样在测定油品介损前应先充分摇荡均匀,然后过滤,取样时不应(　　)。

58. 计算标准偏差的贝塞尔公式为(　　)。

59. 标准物质是具有一种或多种良好特性,可用来校准测量器具、(　　)或确定其他材料特性的物质。

60. 国家标准规定的实验室分析用水为(　　)水,其电导率不大于 0.5 ms/m。

61. 碳是钢铁中的一个重要元素,在钢铁中以两种形式存在,(　　)与游离碳之和称为总碳量。

62. 欲配制 0.100 0 mol/L 的碘酸钾标准溶液 1 L,应准确称取碘酸钾基准物质(　　)。(碘酸钾的相对分子量为 214.08)

63. 欲标定 0.100 0 mol/L 的硫代硫酸钠标准溶液 20.00 mL,须称取碘酸钾基准物质(　　)。(碘酸钾的相对分子量为 214.08)

64. 欲配制 0.01 mol/L 的硝酸铅标准溶液 1 000 mL,须称取硝酸铅(　　)。(硝酸铅的相对分子量为 331.23)

65. 准确称取硝酸银基准物质 8.494 4 g 于棕色瓶中,加水溶解并转移至 20 mL 棕色容量瓶中稀释至刻度,此溶液的浓度为(　　)。(硝酸银的相对分子量为 169.888)

66. 称取硫酸铜($CuSO_4 \cdot 5H_2O$)25.4 g,加(1+9)硫酸 20 mL 稀释至 1 L,此溶液中含硫酸铜的摩尔浓度为(　　)。(硫酸铜的相对分子量为 249.684)

67. 将 0.820 6 g 邻苯二甲酸氢钾(KHP)溶于适量水后,用 0.200 0 mol/L NaOH 标准溶液滴定,大约需要消耗 NaOH 标准溶液(　　)。(邻苯二甲酸氢钾的相对分子量为 204.216)

68. 将 7.842 8 g 硫酸亚铁铵溶于适量水后,用 0.2 mol/L KMnO₄ 标准溶液滴定,大约需要消耗 KMnO₄ 标准溶液(　　)。(硫酸亚铁铵的相对分子质量为 392.14)

69. 今有一溴酸钾溶液,浓度为 0.1 mol/L,200 mL 标准溶液中含溴酸钾的质量应为(　　)。(溴酸钾的相对分子质量为 167.012)

70. 原子吸收分光光度计主要由光源(　　)、单色器、检测系统等组成。

71. 原子吸收分析中,将试样原子化的方式有两大类:火焰法和(　　)。

72. 光电直读光谱分析是在光谱分析过程中,以光电倍增管接受(　　)照射,将光强信号转变为电信号,经放大从读数系统读出分析结果的方法。

73. 红外光谱法是利用物质对(　　)光区的电磁辐射的选择性来进行结构分析,定性测定的一种方法。

74. 电解法测定 Cu 量时,外加电压大于(　　)电压时,Cu 就在阴极上析出。

75. 电位分析法是利用(　　)与离子浓度之间的关系来测量离子含量的。

76. 发射光谱分析是利用物质的(　　)来确定物质元素组成和含量的分析方法。

77. 用 X 射线照射样品物质所产生的(　　)称为 X 射线荧光,X 射线荧光分析法就是利用 X 射线荧光进行试样成分定性和定量分析。

78. 气相色谱仪是以(　　)为流动相,具有连续运行的管道密闭系统。

79. 原子吸收分析的干扰有光谱干扰、(　　)、化学干扰、电离干扰。

80. 原子吸收光谱法中,燃烧器的高度要控制在一定位置是因为(　　)。

81. 原子吸收分析法中,为了提高测定的灵敏度,通常选用元素的(　　)作为分析线。

82. 双波长光度法测定试样的依据为试样溶液在同一比色器中两个波长的(　　)与溶液中待测物质的浓度成正比。

83. 背景吸收是指待测元素的基态原子以外的其他物质,对(　　)而造成的干扰。

84. 原子吸收光谱仪的光源是(　　),它是锐线辐射光源,不同的待测元素应选择相对应的灯作光源。

85. 光谱分析只能用于确定待测物质的元素(　　),而不能提供出物质分子结构方面的信息。

86. 光电直读光谱仪分析钢样时,钢在氩气中的两种不同放电形式是(　　)和扩散放电。

87. 为了保证光电直读光谱仪分析的精度及灵敏度,对光源的(　　)要求很高,并且要求光源的激发能量有效,以得到较高的谱线强度。

88. ICP 光谱仪的装置由(　　)、ICP 炬管、高频发生器、光谱仪、计算机等组成。

89. ICP 光谱法是以(　　)为发射光源的光谱分析方法。

90. 光谱定性分析是以在试样光谱中能否检出元素的(　　)为依据的。

91. 发射光谱试样处理时,当采用 ICP 光源时,需将试样(　　),经雾化器使之成为气溶胶,再引入光源中。

92. ICP 样品引入系统中,工作气体氩气经减压阀分成三路,其中两路供给炬管用于产生等离子体,第三路供给气动雾化器作载气用,载气在进入雾化器之前,可以用(　　)增加氩气的湿度,以防止试样堵塞雾化器。

93. 内标法是借测量分析线对的(　　)来进行定量分析的一种方法。

94. 色谱分析是使混合物中组分在(　　)之间进行反复吸附、解吸,最后将各组分彼此分开。

95. 气相色谱分离系统的核心是(　　),其功能是将多组分样品分离为单个组分。

96. 气相色谱分析中,进样就是把被测的气体、液体样品快速而定量地加到(　　)上进行色谱分离。

97. 红外碳硫仪一般由（　　）、除尘器、干燥器、流量控制阀、二氧化硫检测器、二氧化碳检测器等构成。

98. 红外吸收光谱分析中，检测器的作用是能够接收红外辐射并使之转换为（　　）。

99. 电化学分析是利用物质的（　　）性质来测定物质含量的分析方法。

100. 离子选择性电极是一种电化学传感器，由对某种特定离子具有特殊（　　）的敏感膜及其他辅助部件构成。

101. 电位滴定法是基于滴定过程中（　　）的突跃来指示滴定终点的一种容量分析方法。

102. 用（　　）来指示溶液中离子浓度的方法称为电导分析法。

103. 计算机对分析仪器的控制目的是实现（　　）自动化。

104. 计算机在原子吸收分光光度计的应用中，计算机对仪器操作参数要进行优化标准、优化项目和优化（　　）三个问题的优化选择与控制。

105. 检验原始记录是对（　　）的现象、条件、数据和事实的如实记载。

106. 电解过程是在电解池的两个电极上施加直流电压，改变（　　），使电解质溶液在电极上发生氧化还原反应，同时电解池中有电流通过。

107. 丁二酮肟重量法测镍的基本原理是在（　　）中丁二酮肟与镍生成红色的丁二酮肟镍沉淀。

108. 二甲基苯胺蓝Ⅱ是一种不溶于水而能溶于多数（　　）的红色固体粉末。

109. 在交流电压作用下，纯净绝缘油的能量损耗主要是电导损耗，而含杂质的绝缘油除电导损耗外，还有极化损耗，通常将电解质在交流电压下引起的这两种能量损耗称为（　　）。

110. 在介质损耗测定中，为了防止电桥及试样对屏蔽之间杂散光参数的影响，一般采用反复调整（　　），使其最终趋向平衡，进行介质损耗的测定。

111. 光电光泽度计由光源、透镜和（　　）组成。

112. 利用标准曲线法进行定量分析时，测定样品的操作条件应与绘制标准曲线时相同。测出未知样品的吸光度，从吸光度—浓度曲线上用（　　）求出被测元素的浓度。

113. 在测定的一组数据中，数据的集中趋势可以用（　　）和集中位置来表示。

114. 对一组测定数据来说，其平均偏差、标准偏差 S 以及积差 R 可以统统概括为数据的（　　）。

115. 显著性检验就是利用统计的方法检验被处理的问题是否存在统计上的（　　）。

116. 平均值的置信区间是指在一定的（　　）下，以测定结果为中心包括总平均值在内的可靠性范围。

117. 在电解分析中，外加电压总是比理论电压大，这种差值一般用（　　）来表示。

118. 发射光谱定量分析最基本的方法是（　　）。

119. 从误差产生的原因来看，只有尽可能地减小（　　）和偶然误差，才能提高分析结果的准确度。

120. 对于一种新方法的设计，首先必须使所提出的试验方法建立在可靠的（　　）上，并按照设想的试验方法进行系统的条件试验。

121. 空心阴极灯的阴极一般使用被测元素的（　　）制成。

122. 新的玻璃电极在使用前必须在（　　）或 0.1 mol/L 盐酸中浸泡（活化）一昼夜以上，不用时也最好浸泡在蒸馏水中。

123. 光电倍增管的重要特性是其光谱灵敏度,另一重要特性为(　　)。

124. 光电直读光谱法是一种原子(　　)光谱分析方法。

125. "三废"是指(　　)、废液、废渣。

126. 废气有两类:一是来自各种工业用炉的(　　),另一类是化工生产中排放出来的大量尾气。

127. 光谱分析法按产生光谱的(　　)的不同可分为原子光谱法和分子光谱法。

128. 电感耦合等离子体原子发射光谱法测定液体试样时,氩气经减压阀减压,分成三路,其中(　　)供给炬管用于产生等离子体。

129. 电感耦合等离子体原子发射光谱法中,通入炬管的工作气体多为氩气,它肩负着提供(　　)、冷却保护炬管和输送样品气溶胶等使命。

130. 光电直读光谱分析中,常采用(　　),即相对强度法,这种方法可以消除操作条件的变化。

131. 光电直读光谱分析是将加工好的试样作为一个(　　),用光源发生器使样品与对电极之间激发发光,经分光系统色散成光谱。

132. 光电直读光谱分析中,标准化样品用于修正由于仪器随时间变化而引起的测量值对分析曲线的(　　)。

133. 空心阴极灯在使用前应预热(　　)min,使灯发射稳定。

134. 普通分光光度法的测定波长多由吸收曲线来选择,若无干扰时则选(　　)波长为入射波长。

135. 天平载重不得超过(　　),被称物应放在干燥清洁的器皿中称量。

136. 在空心阴极灯中,原子吸收线的宽度主要受多普勒变宽的影响,而自吸变宽随着(　　)的增大而增大。

137. 火焰原子化器是利用火焰加热使试样原子化,因此火焰的(　　)是影响原子化效果的基本因素。

138. 系统误差的减免是采用标准方法与所用方法进行比较、校正仪器以及做(　　)试验和空白试验等办法减免的。

139. 偶然误差可采用(　　)并取其平均值的办法来减小。

140. 电导仪是由测量电源、(　　)、放大器和指示器四部分组成。

141. 液—液萃取中,同一物质的分配系数与分配比的数值不同,这是因为物质在两相中的(　　)不同。

142. 气相色谱仪中,影响热导池灵敏度的因素有(　　)及桥流。

143. 原子发射光谱仪可分为棱镜光谱仪、(　　)光谱仪。

144. 原子化器的作用是使各种形式的试样解离出在原子吸收中起作用的(　　),并使其进入光源的辐射光程。

145. 原子吸收分析中,分光系统的作用是将待测元素的(　　)与其他谱线分开。

146. 原子吸收分光光度仪中,检测系统由光电元件、(　　)和显示装置等组成。

147. 光度分析中,为减小误差,应控制吸光度的读数,最好在0.2~0.7之间,如吸光度超过此范围,可通过调节溶液的浓度或改变(　　)来达到目的。

148. 分光光度法中,单色器是一种用来把光源发出的混合光分解为(　　)的装置。

149. ICP 光谱仪中,雾化装置的作用是利用载气流氩气将液体试样雾化成细微的（　　）状态,并输入等离子体中。

150. 光电直读光谱仪中,光电倍增管不仅起了光电的转换作用,并且起了在管内把（　　）放大的作用。

151. 气相色谱仪中,载气系统的作用是（　　）进行分离。

152. 分析化学是研究物质（　　）和结构的分析方法及有关理论的一门学科,是化学学科的一个重要分支。

153. 启动光谱仪操作中,真空泵启动后,应延迟（　　）min 再打开真空泵阀门,防止真空泵处于非真空状态而运作失常。

154. 比色分析中,选择显色剂的原则是:灵敏度要高、选择性要好、所组成的有色化合物（　　）、组成要恒定、反应条件容易控制等。

155. 电感耦合等离子原子发射光谱中,等离子炬管由三层同心石英玻璃管组成,三层石英管均通以（　　）。

156. 理化分析技术人员是理化分析室的主要（　　）,必须具备一定的理论知识和技术水平。

157. 光谱分析中,自吸收变宽即为（　　）原子发射的光被周围同类基态原子吸收,使谱线变宽,也使发射光强度减弱。

158. 紫外区测量吸光度必须采用（　　）比色皿,而在可见光区测量吸光度则应采用玻璃比色皿。

159. 介损测定仪读数不稳定的原因为油中（　　）高、油杯不干净及仪器不稳。

160. 光电光泽度计读数不稳定的原因为（　　）不够及涂刷不均匀。

161. 对记录的所有更改都要有（　　）的签名或签名缩写。

162. 为了保证检验报告内在的和外观的质量,必须由相关人员进行严格的审核,在审核中发现错误应由（　　）重新填写,审核人不得自行更改。

163. 进行重量分析时,使用了定性滤纸,最后灰分加大,对分析结果引起的误差属于（　　）误差。

164. 原子吸收分析的标准加入法中,只有（　　）之后,才能得到被测元素的真实含量。

165. 组分分子从气相到气—液界面进行质量交换所遇到的阻力,称为（　　）阻力。

166. 不合格品得到纠正之后应对其再次进行（　　）,以证实符合要求。

167. 在编写仪器操作规程以前,应认真阅读仪器使用说明书,在（　　）的基础上,按照使用说明书的操作方法编写仪器操作规程。

168. 分光光度计灯室内安置（　　）,可消除光栅光谱中存在的级次之间的光谱重叠问题及当在紫外区域时使紫外辐射能量进入单色器。

169. 光电直读光谱仪用凹面光栅作为色散元件,因为它的（　　）简单,光能量损失少。

170. 直读光谱分析中,由于放电污染物附着于聚光透镜上,导致分析值产生误差。因此,根据放电条件,必须定期对（　　）进行清洗。

171. 分光计温度不稳定或达不到设定温度,是由于仪器（　　）的影响,应检查环境温度是否正常。

172. ICP 电感耦合等离子体原子发射光谱仪使用中,每月应检查一次冷却水水位及

（　　），必要时添加或更换纯水。

173. 红外碳硫仪中的脱脂棉过滤器膜变黑 1 英寸或全部变成棕色时，就应（　　）。

174. 红外碳硫仪进气口试剂管中，无水过氯酸镁及碱石棉（　　）时需更换。

175. 红外碳硫仪中，网状过滤器视使用情况拆开清洗，气阻增大时需（　　）。

176. 原子吸收分光光度计火焰的作用是提供（　　）。

177. 化学试验中，凡产生有毒有害物质的操作必须在（　　）内进行。

178. 化验室内一切电气设备必须（　　），并有良好的接地线。

179. 氢氟酸烧伤较其他酸碱烧伤更危险，如不及时处理，将使（　　）坏死。

180. 各种电气设备及电线应始终保持（　　），不得浸湿，以防短路引起火灾或烧坏电气设备。

181. 处理废油漆等易燃物时，必须按环保和安全有关法规规定在（　　）进行处理。

182. 气瓶瓶体要装（　　），应轻装轻卸，在运输、储存和使用过程中应避免气瓶受到剧烈振动和撞击。

183. 气瓶应符合安全规定，并应（　　）。有缺陷的气瓶和瓶阀应标明记号，并送专业部门维修。

184. 观察结果、数据和计算要在工作的同时予以记录，工作完毕后不得对原始记录（　　），保证记录的原始性和真实性。

185. 期间核查的目的在于及时发现测量设备和参考标准出现的（　　），以及缩短失准后的追溯时间。

186. 实验室认可就是权威机构对实验室有能力进行指定类型的（　　）所作的一种正式承认。

187. EDTA 络合滴定中，先加入过量的 EDTA 标准溶液，使待测离子完全络合后，再用其他金属离子标准溶液返滴定过量的 EDTA，这种测定方法常称为（　　）。

188. ICP 光源是（　　）的等离子体，各部分温度相差较大。

189. 光谱分析中，分辨率是指有相同强度的两条单色光谱线，可以分辨开的（　　）间隔。

190. 丁二酮肟重量法测定钢铁及合金中镍量时，按照标准，沉淀镍时应加入足够量的氨水，以保证完全沉淀，但过量太多的氨水会（　　）。

191. 邻二氮杂菲分光光度法测定铝及铝合金中铁含量时，试料用酸溶解，用盐酸羟胺还原铁，控制试液酸度 pH 值为（　　），进行显色测定。

192. 电解法测定铜及铜合金中铜含量时，试样用酸溶解，以过氧化氢还原氮的氧化物，加入铅以降低阳极上（　　），电解使铜在铂阴极上析出。

193. 控样修正的目的是（　　），日常标准化后，百分含量有较少的偏差，需要进行日常的控样校正。

二、单项选择题

1. 下列不属于我国法定计量单位的是（　　）。

(A)国际单位制的基本单位

(B)国际单位制的辅助单位

(C)国际单位制中具有专门名称的导出单位

(D)国家选定的国际单位制单位

2. 在规定的条件下,为确定测量仪器、测量系统所指示的量值或实物的量具、标准物质所代表的量值与对应的测量标准所复现的量值之间关系的一组操作,其术语称为(　　)。

(A)检定　　　　　　　(B)测量　　　　　　　(C)计量　　　　　　　(D)校准

3. 测量仪器的操纵器件调到特定位置时可得到的示值范围,其术语称为(　　)。

(A)测量范围　　　　　(B)标称值　　　　　　(C)量值　　　　　　　(D)标称范围

4. 以下关于合成标准不确定度的说法,正确的是(　　)。

(A)主要考虑输入量的影响　　　　　　　　(B)主要考虑主要分量的影响

(C)主要考虑 A 类评定的分量　　　　　　　(D)主要考虑 B 类评定的分量

5. B 类评定中,概率分布一个简单的处理办法是比较界限附近与中心之值的可能性程度来选择分布,当量值出现在中心附近远多于边界附近时,可视为(　　)。

(A)正态分布　　　　　(B)均匀分布　　　　　(C)三角分布　　　　　(D)反正弦分布

6. B 类评定的不确定度的某分量难于确定属于何种分布型式时,常按(　　)。

(A)正态分布　　　　　(B)均匀分布　　　　　(C)三角分布　　　　　(D)反正弦分布

7. 下列物质不属于电解质的是(　　)。

(A)$Al_2(SO_4)_3$　　　(B)Na_2CO_3　　　(C)K_2SO_4　　　(D)CH_3CH_2OH

8. 下列不属于工业分析的特点的是(　　)。

(A)分析对象的物料量大　　　　　　　　　(B)分析对象的组成复杂

(C)分析任务广　　　　　　　　　　　　　(D)对试样的全部杂质进行分析

9. 在 0.1 mol/L 的醋酸溶液中,加入(　　)后,$[H^+]$会明显的降低。

(A)固体氯化钠　　　　(B)固体碳酸钠　　　　(C)固体醋酸钠　　　　(D)固体硫酸钠

10. 用同一盐酸溶液分别滴定体积相等的 NaOH 溶液和 $NH_3 \cdot H_2O$ 溶液,消耗盐酸溶液的体积相等,说明两溶液中的(　　)。

(A)$[OH^-]$相等　　　　　　　　　　　　(B)NaOH 和 $NH_3 \cdot H_2O$ 的浓度相等

(C)两物质的 pK_b 相等　　　　　　　　　(D)两物质的电离度相等

11. 下列叙述错误的是(　　)。

(A)酸效应使配合物的稳定性降低　　　　　(B)水解效应使配合物的稳定性降低

(C)配位效应使配合物的稳定性降低　　　　(D)各种副反应均使配合物的稳定性降低

12. 不能用离子方程式 $Ag^+ + Cl^+ = AgCl\downarrow$ 表达的化学方程式为(　　)。

(A)$AgNO_3 + NaCl = AgCl\downarrow + NaNO_3$

(B)$AgNO_3 + KCl = AgCl\downarrow + KNO_3$

(C)$[Ag(NO_3)_2]NO_3 + NH_4Cl = AgCl\downarrow + 2NH_3 + NH_4NO_3$

(D)$AgNO_3 + NH_4Cl = AgCl\downarrow + NH_4NO_3$

13. 下列说法正确的是(　　)。

(A)$NaHCO_3$ 中含有氢,故其水溶液呈酸性

(B)浓 HAc(17 mol·L^{-1})的酸度大于 17 mol·L^{-1} H_2SO_4 水溶液的酸度

(C)浓度(单位为 mol·L^{-1})相等的一元酸和一元碱反应后,其溶液呈中性

(D)当$[H^+]$大于$[OH^-]$时,溶液呈酸性

14. 对同一盐酸溶液进行标定,甲的相对平均偏差为 0.1%,乙为 0.4%,丙为 0.8%,下列

对其实验结果的评论,错误的是(　　　)。

(A)甲的精密度最高　　　　　　　　　　(B)甲的准确度最高

(C)丙的精密度最低　　　　　　　　　　(D)不能判断

15. 一般对标准物质和成品分析,准确度要求高应选用(　　　)。

(A)在线分析方法　　　　　　　　　　　(B)国家、部颁标准等标准分析方法

(C)化学分析方法　　　　　　　　　　　(D)灵敏度高的仪器分析

16. Q 检验法时如果 $Q_计 \geqslant Q_表$,则可疑值应(　　　)。

(A)舍弃　　　　　　　　　　　　　　　(B)保留

(C)继续用格鲁布斯法检验　　　　　　　(D)增加测定次数继续检验

17. 在标准状况下,44.8 L 氮气的质量是(　　　)。

(A)22.4 g　　　　　(B)44.8 g　　　　　(C)28 g　　　　　(D)56 g

18. 电解 $CuCl_2$ 溶液时,下列描述正确的是(　　　)。

(A)阳离子在阴极上得到电子发生还原反应

(B)阳离子在阴极上得到电子发生氧化反应

(C)阴离子在阳极上得到电子发生氧化反应

(D)阴离子在阳极上失去电子发生还原反应

19. 氧化还原的特点是在溶液中氧化剂与还原剂之间产生了变化,发生电子转移,氧化剂的变化是(　　　)。

(A)价数升高　　　　　　　　　　　　　(B)被还原

(C)被氧化　　　　　　　　　　　　　　(D)氧化剂的电子转移到还原剂上

20. 在络合滴定中,金属-指示剂与金属离子形成络合物的稳定性要比该金属离子与 EDTA 形成络合物的稳定性(　　　)。

(A)大　　　　　　　(B)小　　　　　　　(C)相近　　　　　　(D)不相关

21. 在 $[Cu(NH_3)_4]^{2+}$ 络离子中,铜的价态和配位数分别是(　　　)。

(A)2^+ 和 4　　　　(B)2^+ 和 3　　　　(C)2^+ 和 2　　　　(D)2^+ 和 1

22. 在一定温度下,溶质 A 在两种溶剂中浓度的比值是一常数,即 $[A]_有/[A]_水 = D$,下列因素不影响 D 变化的是(　　　)。

(A)被萃取物质　　　　　　　　　　　　(B)分液漏斗的大小

(C)溶剂的性质　　　　　　　　　　　　(D)溶液的酸度

23. 双指示剂法测混合碱,加入酚酞指示剂时,消耗 HCl 标准滴定溶液体积为 15.20 mL;加入甲基橙作指示剂,继续滴定又消耗了 HCl 标准溶液 25.72 mL,那么溶液中存在(　　　)。

(A)NaOH ＋ Na_2CO_3　　　　　　　　(B)Na_2CO_3＋$NaHCO_3$

(C)$NaHCO_3$　　　　　　　　　　　　(D)Na_2CO_3

24. 碘量法测铜,为了减小滴定的终点误差,滴定操作应选择的条件是(　　　)。

(A)60 ℃以上　　　　　　　　　　　　　(B)室温以上,60 ℃以下

(C)尽可能低的温度　　　　　　　　　　(D)室温以下

25. 采用电解法测铜,如发现阴极上析出铜的颜色变黑时,即视为铜被氧化,表示溶液的(　　　)。

(A)酸度不够　　　　(B)酸度太大　　　　(C)时间太长　　　　(D)时间太短

26. 容量法测定含锰钢中铬时,用过硫酸铵进行氧化,当铬已氧化完全时,溶液呈现的颜色是( )。

(A)黄色　　　　　　(B)黄绿色　　　　　(C)紫红色　　　　　(D)红色

27. 在络合滴定中,有些指示剂或金属—指示剂络合物在水中不易溶解或溶解度极小时,或金属—指示剂络合物相当稳定,则 EDTA 和金属—指示剂络合物交换缓慢,因而使滴定终点托长,这种现象称为指示剂的( )。

(A)封闭　　　　　　(B)僵化　　　　　　(C)包藏　　　　　　(D)氧化变质

28. 在原子吸收分光光度法中,与灵敏度或特征浓度无关的是( )。

(A)待测元素本身的性质　　　　　　(B)单色器的分辨率
(C)光源的特征　　　　　　　　　　(D)仪器的噪声

29. 为消除金属—指示剂的封闭现象,最好选用的方法是( )。

(A)沉淀分离　　　(B)加入掩蔽剂　　　(C)返滴定　　　(D)调整 pH 值

30. 对常量难挥发元素进行发射光谱定量分析时,最好采用( )光源,这种光源激发温度高,放电稳定性好。

(A)交流电弧　　　(B)高压火花　　　(C)低压火花　　　(D)直流电弧

31. 关于离子选择性电极,下列说法不正确的是( )。

(A)离子选择性电极是一种以电位法测定某些特定离子活度的电极
(B)离子选择性电极是一种指示电极
(C)离子选择性电极是一种参比电极
(D)离子选择性电极测定有关离子,一般都是基于内部溶液与外部溶液产生的电位差而测定

32. 根据电解过程中的电流-电压曲线来进行分析的方法叫作伏安法,使用滴汞电极作为( )的伏安法称为极谱分析法。

(A)离子选择性电极　　　　　　(B)指示电极
(C)参比电极　　　　　　　　　(D)工作电极

33. 常见的分离和富集方法是( )。

(A)溶解　　　　　(B)沉淀和萃取　　　(C)熔融　　　　(D)分光光度法

34. 在库仑滴定中,电解质溶液通过电极反应产生的滴定剂种类很多,下列不属于该滴定剂的是( )。

(A)H^+ 或 OH^-　　(B)氧化剂　　　(C)还原剂　　　(D)指示剂

35. 若电池电动势 E 为负值,说明反应不能自发地向右进行,要使该反应能够进行必须( )。

(A)加一个大于该电池电动势的外加电压
(B)加一个等于该电池电动势的外加电压
(C)加一个小于该电池电动势的外加电压
(D)加一个外加电压

36. 关于极谱分析法,下列说法不正确的是( )。

(A)极谱分析法属于伏安法
(B)极谱分析法是一类应用广泛且重要的电化学分析法

(C)极谱分析法中应用滴汞电极作为工作电极

(D)凡在滴汞电极上不起氧化还原反应的物质都可用极谱分析法直接测定

37. 原子或离子由最低能级激发态(第一激发态)直接跃迁至基态所辐射的谱线称为( )。

(A)原子线 　　　　(B)离子线 　　　　(C)最灵敏线 　　　　(D)分子线

38. 原子吸收光谱分析的关键是分析物的( )程度。

(A)离子化 　　　　(B)原子化 　　　　(C)分子化 　　　　(D)稳定

39. 空心阴极灯的主要参数是( )。

(A)灯电压 　　　　(B)灯电流 　　　　(C)阴极温度 　　　　(D)阴极材料

40. 当有人触电时,若附近没有开关,应立即( )。

(A)找到电源,切断电源 　　　　(B)用干燥木棍等绝缘物体打断导线

(C)用手将触电者拉开 　　　　(D)用木棍挑开导线

41. 电路主要由负载、线路、电源、( )组成。

(A)变压器 　　　　(B)开关 　　　　(C)发电机 　　　　(D)仪表

42. 电位分析法是通过测定含有待测溶液的化学电池的( ),进而求得溶液中待测组分含量的方法。

(A)电压 　　　　(B)电流 　　　　(C)电阻 　　　　(D)电动势

43. 玻璃电极在使用前一定要在水中浸泡 24 h 以上,其目的是( )。

(A)清洗电极 　　　　(B)活化电极 　　　　(C)校正电极 　　　　(D)检查电极好坏

44. 导致闭口闪点测定结果偏低的因素是( )。

(A)加热速度过快 　　(B)试样含水量 　　(C)气压偏高 　　(D)火焰直径偏小

45. 选择固定液的基本原则是( )。

(A)相似相溶 　　　　(B)极性相同 　　　　(C)官能团相同 　　　　(D)沸点相同

46. 影响氧化还原反应平衡常数的因素是( )。

(A)反应物的浓度 　　(B)温度 　　(C)催化剂 　　(D)反应产物的浓度

47. 重量分析中,影响弱酸盐沉淀形式溶解度的主要因素是( )。

(A)水解效应 　　　　(B)酸效应 　　　　(C)盐效应 　　　　(D)配位效应

48. 贫燃性火焰(氧化性火焰)为( )。

(A)助燃气量大于化学计算量时形成的火焰

(B)助燃气量小于化学计算量时形成的火焰

(C)燃气量大于化学计算量时形成的火焰

(D)燃气量小于化学计算量时形成的火焰

49. 分离是为了弥补分析方法在( )方面的不足。

(A)选择性 　　　　(B)精密度 　　　　(C)灵敏度 　　　　(D)准确度

50. 富集是为了弥补分析方法在( )方面的不足。

(A)选择性 　　　　(B)精密度 　　　　(C)灵敏度 　　　　(D)准确度

51. 配制碘酸钾标准溶液时,常用的方法是( )。

(A)直接配制法 　　(B)标定法 　　(C)间接配制法 　　(D)返滴定法

52. 可用于减少测定过程中的偶然误差的方法是( )。

(A)进行对照试验　　　　　　　　　　　(B)进行空白试验

(C)进行仪器校准　　　　　　　　　　　(D)增加平行试验的次数

53. 欲标定 0.01 mol/L 的硝酸铅标准溶液 20.05 mL,需移取 0.01 mol/L 的 EDTA 标准溶液(　　)。

　　(A)20.10 mL　　　　(B)40.10 mL　　　　(C)20.05 mL　　　　(D)10.02 mL

54. 欲配制 0.1 mol/L 的硝酸银标准溶液 1 000 mL,需准确称取硝酸银基准物质(　　)。
($M_{AgNO_3}=169.888$ g/mol)

　　(A)1.698 88 g　　　(B)16.988 8 g　　　(C)169.888 g　　　(D)8.494 4 g

55. 用 0.01 mol/L 的 EDTA 标准溶液 20.00 mL 标定 0.01 mol/L 的硫酸铜标准溶液,消耗硫酸铜标准溶液的体积为(　　)。

　　(A)20.00 mL　　　　(B)40.00 mL　　　　(C)10.00 mL　　　　(D)5.00 mL

56. 下列溶液在读取滴定管读数时,读液面周边最高点的是(　　)。

　　(A)$K_2Cr_2O_7$ 标准溶液　　　　　　　(B)$Na_2S_2O_3$ 标准溶液

　　(C)$KMnO_4$ 标准溶液　　　　　　　　(D)$KBrO_3$ 标注溶液

57. 用容量法测定钢中钒时,采用硫酸亚铁铵作为标准溶液是由于(　　)。

　　(A)亚铁铵盐反应速度快　　　　　　　(B)亚铁铵盐还原性强

　　(C)亚铁铵盐在空气中稳定　　　　　　(D)亚铁铵盐与酸度无关

58. 准确移取 0.100 0 mol/L 的 $Na_2S_2O_3$ 标准溶液 20.00 mL 于锥形瓶中,用待标定的 $KBrO_3$ 标准溶液进行标定,用去 21.00 mL,此 $KBrO_3$ 标准溶液的浓度应为(　　)。

　　(A)0.100 0 mol/L　　　　　　　　　　(B)0.200 0 mol/L

　　(C)0.015 20 mol/L　　　　　　　　　　(D)0.015 87 mol/L

59. 原子吸收分析法产生的背景吸收,对分析结果的影响是(　　)。

　　(A)分析结果偏高　　　　　　　　　　(B)分析结果偏低

　　(C)对分析结果无影响　　　　　　　　(D)无法判断

60. 真空光电光谱仪的光学系统置于真空之中,其目的是(　　)。

　　(A)避免光的辐射被空气吸收

　　(B)使 200 nm 以下的光辐射不被空气吸收

　　(C)使 200 nm 以上的光辐射不被空气吸收

　　(D)专供分析碳、硫、磷元素

61. 电解过程是在电解池的两个电极上施加(　　)电压,改变电极电位,使电解质溶液在电极上发生氧化还原反应,同时电解池中有电流通过。

　　(A)交流　　　　　　　　　　　　　　(B)直流

　　(C)交、直流并用　　　　　　　　　　(D)交、直流随便用哪一个

62. 电位滴定就是在待测试液中插入指示电极和参比电极,组成一个(　　)。

　　(A)原电池　　　　　(B)电解池　　　　(C)化学电池　　　　(D)物理电池

63. 标准加入法是一种用于消除(　　)的测定方法,适用于数目不多的样品的分析。

　　(A)基体干扰　　　　(B)背景干扰　　　(C)光谱干扰　　　　(D)化学干扰

64. 原子吸收法常用的火焰有空气-乙炔及(　　)两种。

　　(A)一氧化二氮—乙炔火焰　　　　　　(B)空气—氮气火焰

(C)空气—煤气火焰　　　　　　　　　(D)氮气—煤气火焰

65. 空心阴极灯电流的选择一般是(　　　)。

(A)具有最大的吸光度值时较小的灯电流　(B)具有最大的吸光度值时的灯电流

(C)具有较小的灯电流,较小的吸光度值　(D)具有较大的灯电流和吸光度值

66. 原子发射光谱与原子吸收光谱产生的共同点在于(　　　)。

(A)辐射能使气态原子内层电子产生跃迁

(B)能量使气态原子外层电子产生跃迁

(C)基态原子对共振线的吸收

(D)激发态原子产生的辐射

67. 红外 C-S 仪检测钢样时,样品燃烧后产生的气体不包含(　　　)。

(A)CO_2　　　　　(B)SO_2　　　　　(C)CO　　　　　(D)O_2

68. 以分光光度法测定某高含量元素,其吸光度大于 0.8,应选用(　　　)法测定,其结果准确度较高。

(A)减小称样　　　(B)示差分光光度　　(C)显色液稀释　　　(D)用较宽的比色器

69. 背景吸收随(　　　)而改变,因此非共振线校正背景法的准确度较差,只适用于分析线附近背景分布比较均匀的场合。

(A)波长　　　　　(B)频率　　　　　(C)能量　　　　　(D)周期

70. 空心阴极灯发射出的特征谱线应该是(　　　)。

(A)比基态原子吸收线宽度宽得多的特征谱线

(B)与基态原子吸收线宽相近的特征谱线

(C)比基态原子吸收线宽度窄得多的特征谱线

(D)与基态原子吸收线宽度相等的特征谱线

71. 光电直读光谱仪和摄谱仪的不同之处在于色散系统采用(　　　)作色散元件。

(A)透镜　　　　　(B)棱镜　　　　　(C)凸面光栅　　　(D)凹面光栅

72. 对于金属或合金的光电光谱分析,首先要考虑的问题是(　　　)。

(A)激发光源　　　(B)样品处理　　　(C)标样　　　　　(D)检测系统

73. 光电直读光谱仪要求氩气的纯度很高,其中含水蒸气的量应不大于(　　　)。

(A)4 ppm　　　　(B)2 ppm　　　　(C)3 ppm　　　　(D)5 ppm

74. 当试样量少又必须进行多元素测定时,应选用(　　　)。

(A)单道 ICP-AES 法　　　　　　　　(B)原子吸收光谱法

(C)摄谱法原子发射光谱法　　　　　　(D)摄谱法原子吸收光谱法

75. 关于 ICP 光谱法,下列说法错误的是(　　　)。

(A)测定元素范围广　　　　　　　　　(B)可供选择的波长多

(C)基本上没有什么化学干扰　　　　　(D)不存在基体效应

76. 邻菲罗啉在测定铁的显色反应中是(　　　)。

(A)分散剂　　　　(B)还原剂　　　　(C)氧化剂　　　　(D)显色剂

77. 光谱定性分析方法中,一般采用(　　　)。

(A)摄谱法　　　　(B)单一法　　　　(C)同步法　　　　(D)比较法

78. 发射光谱试样的处理中,对(　　　)试样,可将样品表面进行处理,加工成电极,与辅助

电极配合,进行摄谱。

(A)不导电的固体

(B)导电性良好的金属或合金

(C)固体有机物

(D)导电性不好的金属或合金

79. 下列不属于光泽度计应有特性的为(　　)。

(A)几何条件

(B)接收器处的滤光

(C)晕映

(D)接收器

80. 原子发射光谱中,元素谱线强度是随试样中该元素的(　　)而变化的。

(A)分子量　　　(B)克数　　　(C)密度　　　(D)浓度含量

81. 从进样开始到组分柱后出现浓度最大值所需要的时间是(　　)。

(A)死时间　　　(B)调整死时间　　　(C)保留时间　　　(D)调整保留时间

82. 分析数据的可靠性随平行测定次数的增加而提高,但达到一定次数后,再增加测定次数也就没有意义了。这一次数为(　　)。

(A)2 次　　　(B)8 次　　　(C)10 次　　　(D)20 次

83. 气相色谱分析中,气体样品为了获得更好的重视性,大多采用(　　)进样。

(A)医用注射器　　　(B)微量注射器　　　(C)六通阀　　　(D)导管

84. 将电极电位随待测离子活度变化而变化的电极称为(　　)。

(A)参比电极　　　(B)指示电极　　　(C)甘汞电极　　　(D)银—氯化银电极

85. 离子选择性电极法测定离子活度的基础为:在一定条件下,膜电位与溶液中欲测离子的活度的对数关系是(　　)。

(A)正比　　　(B)反比　　　(C)直线　　　(D)曲线

86. 下列关于电位滴定法的说法,不正确的是(　　)。

(A)可用于有色溶液和浑浊溶液的滴定

(B)能进行微量分析和超微量分析

(C)可进行连续滴定和自动滴定

(D)不能用于有色溶液和浑浊溶液的滴定

87. 电解 $CuSO_4$ 溶液时,在阴极上的反应是 $Cu^{2+}+2e \rightarrow Cu\downarrow$,此阴极上发生的反应为(　　)。

(A)还原反应　　　(B)氧化反应　　　(C)置换反应　　　(D)化合反应

88. 亚硝基-R 盐光度法测定钢铁及合金中钴时,下列酸度环境最适合钴与该试剂形成红色络合物的是(　　)。

(A)pH=3～4

(B)pH=3.2～4.3

(C)pH=5.5～7.5

(D)pH=8.0～10.0

89. 二甲基苯胺蓝光度法测定镁量时,在 pH=10～12 的碱性介质中,形成螯合物的比例是(　　)。

(A)1:1　　　(B)1:2　　　(C)2:1　　　(D)1:3

90. 在氨性介质中,下列元素不能与 H_2S 生成硫化物沉淀的是(　　)。

(A)Ag　　　(B)Cu　　　(C)As　　　(D)Pb

91. 用原子吸收分光光度法测定 Ca 时,PO_4^{3-} 有干扰,消除的方法是加入(　　)。

(A)$LaCl_3$　　　(B)NaCl　　　(C)CH_3COCH_3　　　(D)$CHCl_3$

92. 用 SCN^- 测定 Co^{2+} 时,Fe^{3+} 将影响 Co^{2+} 的测定,当加入 F^- 后,由于形成了 FeF_6^{3-},从而消除了 Fe^{3+} 对 Co^{2+} 测定的干扰,这种消除干扰的方法属于(　　)。

(A)氧化还原掩蔽法　　　　　　　　　　(B)气化掩蔽法

(C)络合掩蔽法　　　　　　　　　　　　(D)沉淀掩蔽法

93. 利用一些反应将已掩蔽的组分释放出来,这种过程在化学上称为(　　)。

(A)逆掩蔽　　　　(B)解蔽　　　　(C)分离　　　　(D)富集

94. 水污染源不包括(　　)。

(A)生活污水　　　(B)医院污水　　　(C)各种工业废水　　　(D)地下水

95. 工业污水监测项目中,对硫酸的监测项目正确的是(　　)。

(A)pH 值　　　(B)表面活性剂　　　(C)氯化物　　　(D)挥发酚

96. 我国饮用水卫生标准规定六价铬含量不得超过(　　)mg/L。

(A)0.06　　　(B)0.05　　　(C)0.01　　　(D)0.08

97. 下列不属于检验报告审查内容的是(　　)。

(A)检验报告记录内容　　　　　　　　　(B)试样条件的检查

(C)试验项目　　　　　　　　　　　　　(D)检验结果的判断

98. 下列不属于检验报告记录的内容的是(　　)。

(A)检测数据　　　　　　　　　　　　　(B)检验依据标准

(C)样品的检验　　　　　　　　　　　　(D)使用仪器

99. 在计算机操作时,键盘上 Num Lock 键的作用是(　　)。

(A)用于进行数字键与光标键的切换　　　(B)用于进行大写与小写的切换

(C)键灯亮时,为光标键　　　　　　　　(D)键灯灭时,为数字键

100. 在 EDTA 配位滴定过程中,下列有关物质的浓度变化关系的叙述,错误的是(　　)。

(A)被滴定物 M 的浓度随滴定反应的进行,其负对数值增大

(B)A 项中的负对数值应当随之减小

(C)A 项中的负对数值在其化学计量点附近有突跃

(D)滴定剂的浓度随滴定的进行而增大

101. 在原子吸收分光光度计中,所用的检测器是(　　)。

(A)硒光电池　　　(B)光敏电阻　　　(C)光电倍增管　　　(D)光电管

102. 由于试剂不纯和蒸馏水中含有微量杂质所引起的误差为(　　)。

(A)方法误差　　　(B)偶然误差　　　(C)操作误差　　　(D)试剂误差

103. 为了提高分析结果的准确度,下列说法不正确的是(　　)。

(A)选择合适的分析方法　　　　　　　　(B)选择合适的分析工作者

(C)增加平行测定的次数　　　　　　　　(D)消除系统误差

104. 用 K_2CrO_7 测定铁的过程中,采用二苯胺磺酸钠作指示剂,如果在 K_2CrO_7 标准溶液滴定前没有加入 H_3PO_4,则测定结果(　　)。

(A)偏高　　　(B)偏低　　　(C)时高时低　　　(D)正确

105. 原子吸收分光光度法中的标准加入法可以消除的干扰是(　　)。

(A)高浓度盐类对喷雾器的影响　　　　　(B)背景吸收

(C)电离效应　　　　　　　　　　　　　(D)高浓度盐类产生的化学反应

106. AAS 测量的是(　　)。

(A)溶液中分子的吸收　　　　　　　　　(B)蒸汽中分子的吸收

(C)溶液中原子的吸收　　　　　　　　　(D)蒸汽中原子的吸收

107. 石墨炉原子吸收法与火焰法相比,其优点是(　　　)。

(A)灵敏度高　　　　(B)重现性好　　　　(C)分析速度快　　　　(D)背景吸收好

108. 关于红外吸收光谱,下列说法不正确的是(　　　)。

(A)红外光谱吸收属于分子光谱

(B)分子振动时,必须伴随有瞬时偶极矩的变化

(C)红外吸收光谱的最突出的应用是从特征吸收来识别不同分子的结构

(D)CO_2是线性分子,其永久偶极矩为零,因此它不是红外活性的分子

109. 下列有关置信区间的定义,正确的是(　　　)。

(A)以真值为中心的某一区间包括测定结果的平均值的几率

(B)在一定置信度时,以测量值的平均值为中心的包括真值在内的可靠范围

(C)总体平均值与测定结果的平均值相等的几率

(D)在一定置信度时,以真值为中心的可靠范围

110. 光电天平开启后,天平灯泡不亮是由于(　　　)引起的。

(A)托盘太高

(B)某一边盘托太高,使水平盘不能及时降下

(C)中刀刀缝前后接触不良

(D)由升降枢控制的微动开关触点长锈,接触不良或未接触上

111. 耳折及吊耳脱落的原因为(　　　)。

(A)因操作太重或太不平衡时全开天平或严重耳折引起

(B)横梁不水平

(C)某一边盘托太高,使称盘不能及时下降

(D)水平不对

112. 双盘天平带针的原因为(　　　)。

(A)某一边盘托太高,使称盘不能及时下降　　(B)托盘太高

(C)水平不对　　　　　　　　　　　　　　　(D)中刀刀缝前后不等

113. 下列情况可能导致原子吸收分光光度计输出能量降低的是(　　　)。

(A)光电倍增管老化　　　　　　　　　(B)基线不稳定

(C)直流稳压电源不能正常工作　　　　(D)发光不稳定

114. 下列情况会造成原子吸收分光光度仪灵敏度下降的是(　　　)。

(A)负高压不正常　　　　　　　　　　(B)基线不稳定

(C)放大器输入级漏电　　　　　　　　(D)燃烧器不在正确光路位置上

115. 在滴定分析中一般利用指示剂颜色的突变来判断化学计量点的到达,在指示剂颜色突变时停止滴定,这一点称为(　　　)。

(A)化学计量点　　　(B)理论变色点　　　(C)滴定终点　　　(D)以上说法都可以

116. 下列情况不会导致分光光度计测光不正常的是(　　　)。

(A)样品前处理错误　　　　　　　　(B)比色器不配对

(C)干燥剂失效　　　　　　　　　　(D)波长不准

117. 关于原子吸收光度仪的燃烧器,下列说法不正确的是(　　　)。

(A)在使用过程中应注意清洗及清理　　　(B)火焰不应带有缺口

(C)在测定前应点燃火焰预热燃烧器　　　(D)在测定时不用预热燃烧器

118. 比色溶液呈现蓝色时,应选滤光片的颜色为(　　)。

(A)黄色　　　　(B)绿色　　　　(C)红色　　　　(D)蓝色

119. 进行分光光度法测定时,试样溶液中存在不与显色剂反应的有色离子,显色剂本身无色,此时应选用(　　)作为参比溶液为宜。

(A)水　　　　(B)试剂空白　　　　(C)试样空白　　　　(D)褪色空白

120. 关于分析天平的使用,下列说法不正确的是(　　)。

(A)使用前先检查天平是否处于水平状态

(B)同一试验应使用同一台天平和砝码

(C)温度对分析天平的称量几乎没有影响

(D)搬动天平时应卸下秤盘、吊耳、横梁与部件

121. 下列关于电导仪的使用,说法不正确的是(　　)。

(A)使用前接通电源,预热 10 min

(B)使用时不需预热

(C)若被测溶液电导很高,每次应在校正后读数,以提高测量精度

(D)使用完毕,取出电极用蒸馏水洗净

122. 气相色谱分析法中,不影响氢火焰离子化检测器灵敏度因素的是(　　)。

(A)喷嘴内径　　　　　　　　　　(B)电极形状和距离

(C)极化电压　　　　　　　　　　(D)桥流

123. 下列指标不能用来表征光栅光谱仪的光学特征的是(　　)。

(A)色散率　　　　(B)波长　　　　(C)分辨率　　　　(D)集光本领

124. 使用 ICP 光源工作时,气体压力和流量的大小变化导致雾化效率的变化而产生的误差属于(　　)。

(A)随机误差　　　　(B)偶然误差　　　　(C)系统误差　　　　(D)绝对误差

125. 钢铁中碳硫联合测定时,净化氧气管路内其中有一瓶盛有浓硫酸用以吸收氧气中的(　　)。

(A)三氧化硫　　　(B)二氧化碳　　　(C)二氧化硫　　　(D)水和破坏有机物

126. 原子吸收光谱分析中,已知该试样存在基体干扰、电离干扰和化学干扰,为简便而准确地报出分析结果,最好选用(　　)进行分析。

(A)标准系列法　　　(B)标准加入法　　　(C)内标法　　　(D)间接测定法

127. 原子吸收分光光度法中,常在试液中加入 KCl 作为(　　)。

(A)释放剂　　　　(B)缓冲剂　　　　(C)保护剂　　　　(D)消电离剂

128. 光电倍增管的"疲劳"现象的最佳解释为(　　)。

(A)灵敏度下降

(B)读数不稳定

(C)刚开始工作时,灵敏度下降,过一段时间趋于稳定,但长时间使用灵敏度又下降

(D)刚开始工作时,灵敏度下降,但过一段时间趋于稳定了

129. 光度测定中使用复合光时,曲线发生偏离,其原因是(　　)。

(A)光强太弱 　　　　　　　　　　(B)光强太强

(C)有色物质对各光波的 ε 相近 　　　　(D)有色物质对各光波的 ε 值相差较大

130. 下列光电倍增管的说法,不正确的是( )。

(A)不同型号的光电倍增管特性是不一样的

(B)光电倍增管在加上高压后,千万注意不得受强光照射

(C)光电倍增管达到稳定的工作状态需要一定的时间

(D)光电倍增管避免在低湿度条件下工作

131. 当用络合剂滴定金属离子时,由于金属-指示剂络合物的稳定性超过了金属与络合剂所形成的络合物的稳定性时,即使是滴入过量的络合剂也不能把指示剂从金属-指示剂络合物中置换出来,指示剂的颜色显不出来,这种现象称为( )。

(A)指示剂包藏　　(B)指示剂封闭　　(C)指示剂僵化　　(D)指示剂氧化变质

132. 二甲酚橙作指示剂,用 EDTA 测定 Pb^{2+},Al^{3+} 将产生干扰,为消除 Al^{3+} 的干扰,加入的掩蔽剂是( )。

(A)NH_4F　　　　(B)KCN　　　　(C)三乙醇胺　　　　(D)铜试剂

133. 在 $K_2Cr_2O_7$ 测定铁矿石中全铁含量时,把铁还原为 Fe^{2+} 时,应选用的还原剂是( )。

(A)Na_2WO_3　　　(B))$SnCl_2$　　　(C)KI　　　　(D)Na_2S

134. 为了减少沉淀的溶解损失,在进行沉淀时应加入过量的沉淀剂以增大构晶离子的浓度,从而减小沉淀的溶解度,这一效应为( )。

(A)同离子效应　　(B)盐效应　　　(C)酸效应　　　(D)络合效应

135. 欲滴定 20.00 mL、0.120 0 mol/L KOH 溶液至化学计量点时,需要 0.105 0 mol/L 的 HCl 溶液( )。

(A)20.00 mL　　(B)21.00 mL　　(C)21.88 mL　　(D)22.86 mL

136. 在重量分析中,为使沉淀反应进行完全,对不易挥发的沉淀剂来说,加入量最好( )。

(A)按计量关系加入 　　　　　　　(B)过量 20%～50%

(C)过量 50%～100% 　　　　　　(D)使沉淀剂达到饱和

137. GB/T 601—2002 规定了标准溶液浓度平均值的扩展不确定度一般不大于( )。

(A)0.3%　　　　(B)0.5%　　　　(C)0.2%　　　　(D)0.1%

138. 高锰酸钾试剂因含有少量杂质,溶液不稳定,因此采用( )配制 $KMnO_4$ 标准溶液。

(A)直接法　　　　(B)间接法　　　(C)稀释法　　　　(D)沉淀法

139. 标准偏差的大小说明( )。

(A)数据的分散程度 　　　　　　　(B)数据与平均值的偏离程度

(C)数据的大小 　　　　　　　　　(D)数据的集中程度

140. 精确称取金属银 0.100 0 g,溶于 15 mL(1+1)硝酸中,加热除去氮氧化物,以水稀至 1 L,此 1 mL 溶液中含银为( )。

(A)0.1 mg　　　(B)0.1 g　　　　(C)0.05 g　　　　(D)0.05 mg

141. 精确称取金属铅 0.500 0 g,溶于(1+2)硝酸 100 mL 中,加热除去氮氧化物,以水稀

至 1 L,此 1 mL 溶液中含铅为(　　)。

(A)0.1 mg　　　　(B)0.5 mg　　　　(C)0.05 mg　　　　(D)0.1 g

142. 碘量法使用的指示剂是(　　)。

(A)二苯胺磺酸钠　　(B)I_2自身　　　　(C)淀粉　　　　(D)二甲酚橙

143. 下列关于电位滴定法的说法,错误的是(　　)。

(A)一般说来,电位滴定法的误差比电位测定法小

(B)电位滴定是利用电极电位的突跃来指示终点的到达

(C)电位滴定法比电位测定法费时更少

(D)电位滴定法不需要终点电位的准确数值

144. 光电直读光谱仪用凹面光栅作为色散元件,因为其(　　)简单,光能量损失少。

(A)检测系统　　　　(B)光学系统　　　　(C)放大系统　　　　(D)激发系统

145. 用 98%的金属锌作为基准物质,标定 EDTA 溶液的浓度所引起的误差为(　　)。

(A)偏差　　　　(B)系统偏差　　　　(C)相对偏差　　　　(D)绝对误差

146. 已知下列难溶硫酸盐的溶解度分别是:$CuSO_4$ 4.9×10^{-3},$SrSO_4$ 5.3×10^{-4},$PbSO_4$ 1.3×10^{-4},$BaSO_4$ 1.1×10^{-5},重量法测定硫时,采用的沉淀剂是(　　)。

(A)$CuSO_4$　　　　(B)$SrSO_4$　　　　(C)$PbSO_4$　　　　(D)$BaSO_4$

147. 含有醋酸及醋酸钠各 0.1 mol/L 的溶液中,pH 值为(p$K_{酸}$＝4.73)(　　)。

(A)5.73　　　　(B)4.73　　　　(C)3.73　　　　(D)2.73

148. 用 EDTA 滴定 Al^{3+} 离子,存在下列问题:Al^{3+} 离子对二甲酚橙等指示剂有封闭作用,Al^{3+} 与 EDTA 络合物缓慢,酸度不高时 Al^{3+} 发生水解。根据上述情况,应选用(　　)滴定 Al^{3+}。

(A)直接滴定法　　(B)返滴定法　　　　(C)置换滴定法　　　　(D)沉淀滴定法

149. 气相色谱分析中,对气—液色谱固定相的固定液要求,下列说法不正确的是(　　)。

(A)挥发性小　　　　(B)热稳定好　　　　(C)沸点要高　　　　(D)化学稳定性好

150. 气相色谱分析中,对检测器的要求是响应快、灵敏度高、稳定性好、线性范围宽,并以此作为衡量检测器质量的指标,下列指标不属于该检测器性能指标的是(　　)。

(A)灵敏度 S　　　(B)检测限 D　　　(C)最大检测量 ϕ_0　　　(D)响应时间

151. 分析用水的质量要求中,不用进行检验的指标是(　　)。

(A)阳离子　　　　(B)密度　　　　(C)电导率　　　　(D)pH 值

152. 三级分析用水可氧化物质的检验,所用氧化剂应为(　　)。

(A)重铬酸钾　　　　(B)氯化铁　　　　(C)高锰酸钾　　　　(D)碘单质

153. 当计量结果服从正态分布时,算术平均值小于总体平均值的概率是(　　)。

(A)68.3%　　　　(B)50%　　　　(C)31.7%　　　　(D)99.7%

154. 库仑滴定不适用于常量、高含量试样的分析,下列原因中不正确的是(　　)。

(A)必须采用较大的电解电流　　　　(B)滴定时间太长

(C)导致电流效率的降低　　　　(D)终点难指示

155. 一个测量列中,测量值与它们的算术平均值之差叫作(　　)。

(A)残差　　　　(B)分差　　　　(C)标准差　　　　(D)极差

156. 红外碳硫仪使用中,按上/下开关打开炉子,活塞从顶部下降到底部,或从底部上升

到顶部都需一定的时间,这个时间约为(　　　),否则就需调节。

(A)1 s　　　　　　(B)2 s　　　　　　(C)3 s　　　　　　(D)4 s

157. 双光束与单光束原子吸收分光光度计比较,前者突出的优点是(　　　)。

(A)灵敏度高　　　　　　　　　　　(B)可以消除背景的影响

(C)便于采用最大的狭缝宽度　　　　(D)可以抵消因光源的变化而产生的误差

158. 氧化还原滴定曲线中滴定突跃的大小与(　　　)有关。

(A)还原剂电对标准电极电位　　　　(B)氧化剂与还原剂两电对的条件电位之差

(C)还原剂电对条件电位　　　　　　(D)氧化剂电对条件电位

159. 物体表面受光照射时,光线朝一定方向反射的性能即为(　　　)。

(A)色泽　　　　　　(B)光泽　　　　　　(C)耐候性　　　　　　(D)耐热性

160. 铬酸洗液经使用后氧化能力降低至不能使用,可将其加热除去水分后再加(　　　),待反应完全后滤去沉淀物即可使用。

(A)硫酸亚铁　　　　(B)高锰酸钾粉末　　(C)碘　　　　　　　(D)盐酸

161. 重铬酸钾滴定法测铁,加入 H_3PO_4 的作用主要是(　　　)。

(A)防止沉淀　　　　　　　　　　　(B)提高酸度

(C)降低 Fe^{3+}/Fe^{2+} 电位,使突跃范围增大　(D)防止 Fe^{2+} 被氧化

162. 当原子吸收光谱仪安装好后,装上元素灯接通电源,为了使喷雾效率最好,下列说法不正确的是(　　　)。

(A)调整元素灯位置　　　　　　　　(B)调整喷雾器毛细管

(C)调整废液管　　　　　　　　　　(D)调整狭缝宽度

163. 下列关于 pH 计使用维护的注意事项,说法不正确的是(　　　)。

(A)电极接点之间应有良好的导电性能

(B)安装玻璃电极时,电极下端球泡可比甘汞电极下端稍高

(C)甘汞电极使用时,应拔出橡皮套和塞

(D)球泡若有裂纹或老化则应更换新电极

164. 红外碳硫仪中,无水过氯酸镁(吸水剂)应(　　　)检查一次,并根据需要更换。

(A)90 天　　　　　(B)半年　　　　　　(C)一年　　　　　　(D)120 天

165. 红外碳硫仪中,自动清扫机构网状过滤器的清洗周期为(　　　)。

(A)每天　　　　　　(B)10 天　　　　　　(C)20 天　　　　　　(D)一个月

166. 关于原子吸收分析方法,下列说法不正确的是(　　　)。

(A)空心阴极灯需要预热 30 min

(B)一般选用元素的共振线作为分析线

(C)通带宽度的选择以能将吸收线与邻近干扰线分开为原则

(D)进样量的选择一般以过小为宜

167. 下列关于原子发射光谱法的说法,不正确的是(　　　)。

(A)原子发射光谱法是一种成分分析法

(B)原子发射光谱是基于原子外层的电子跃迁所产生的线状光谱

(C)原子发射光谱分析法是被测元素在火焰中转化为原子蒸气进行分析

(D)原子发射光谱具有快速、灵敏和选择性好等优点

168. 关于原子发射光谱分析法处于激发态的原子的说法,不正确的是(　　)。

(A)它是不稳定的

(B)它在极短的时间内将跃迁至基态

(C)它在极短的时间内将跃迁至高一级的能级

(D)跃迁时将释放出多余的能量

169. 原子吸收光谱中光源的作用是(　　)。

(A)提供试样蒸发和激发所需能量　　　(B)产生紫外光

(C)发射待测元素的特征谱线　　　(D)产生足够强度散射光

170. 现代原子吸收分光光度计,其分光系统的组成主要是(　　)。

(A)棱镜＋凹面镜＋狭缝　　　(B)棱镜＋透镜＋狭缝

(C)光栅＋凹面镜＋狭缝　　　(D)光栅＋透镜＋狭缝

171. 红外碳硫仪中,催化转化炉中镀铂硅胶的作用是(　　)。

(A)将载气流中 CO 转化成 CO_2　　　(B)吸收载气流中 CO_2

(C)将载气流中 SO_2 转化成 SO_3　　　(D)吸收载气流中 SO_3

172. 双波长分光光度计和单波长分光光度计的主要区别是(　　)。

(A)光源的个数　　　(B)单色器的个数

(C)吸收池的个数　　　(D)单色器和吸收池的个数

173. 在原子吸收法中,原子化器的分子吸收属于(　　)。

(A)光谱线重叠的干扰　　　(B)化学干扰

(C)背景干扰　　　(D)物理干扰

174. 原子吸收分析对光源进行调制,主要是为了消除(　　)。

(A)光源透射光的干扰　　　(B)原子化器火焰的干扰

(C)背景干扰　　　(D)物理干扰

175. 空心阴极灯中对发射线半宽度影响最大的因素是(　　)。

(A)阴极材料　　　(B)阳极材料　　　(C)内充气体　　　(D)灯电流

176. 下列几种常用的激发光源中,分析的线性范围最大的是(　　)。

(A)直流电弧　　　(B)交流电弧

(C)电火花　　　(D)高频电感耦合等离子体

177. 以光栅作单色器的色散元件,光栅面上单位距离内的刻痕线越少,则(　　)。

(A)光谱色散率变大,分辨率增高　　　(B)光谱色散率变大,分辨率降低

(C)光谱色散率变小,分辨率增高　　　(D)光谱色散率变小,分辨率亦降低

178. 发射光谱摄谱仪的检测器是(　　)。

(A)暗箱　　　(B)感光板　　　(C)硒光电池　　　(D)光电倍增管

179. 单点定位法测定溶液 pH 值时,用标准 pH 缓冲溶液校正 pH 玻璃电极的主要目的是(　　)。

(A)为了校正电极的不对称电位和液接电位

(B)为了校正电极的不对称电位

(C)为了校正液接电位

(D)为了校正温度的影响

180. 产生 pH 玻璃电极不对称电位的主要原因是( )。
(A)玻璃膜内外表面的结构与特性差异　　(B)玻璃膜内外溶液中 H^+ 浓度不同
(C)玻璃膜内外参比电极不同　　(D)玻璃膜内外溶液中 H^+ 活度不同

181. 在原子吸收测量中,遇到了光源发射线强度很高、测量噪声很小,但吸收值很低、难以读数的情况下,采取了( )措施对改善该种情况是不适当的。
(A)改变灯电流　　(B)调节燃烧器高度
(C)扩展读数标尺　　(D)增加狭缝宽度

182. 储存易燃易爆、强氧化性物质时,最高温度不能高于( )。
(A)20 ℃　　(B)10 ℃　　(C)30 ℃　　(D)0 ℃

183. 在实验室中发生化学灼伤时,下列方法正确的是( )。
(A)被强碱灼伤时用强酸洗涤
(B)被强酸灼伤时用强碱洗涤
(C)先清除皮肤上的化学药品再用大量干净的水冲洗
(D)清除药品立即贴上"创口贴"

184. 原始记录中不应出现的内容是( )。
(A)唯一性编号　　(B)检验者　　(C)复核者　　(D)审批者

185. 下列易燃易爆物存放不正确的是( )。
(A)分析实验室不应储存大量易燃的有机溶剂
(B)金属钠保存在水里
(C)存放药品时,应将氧化剂与有机化合物和还原剂分开保存
(D)爆炸性危险品残渣不能倒入废物缸

186. 下列有关废渣的处理,错误的是( )。
(A)毒性小、稳定、难溶的废渣可深埋地下　　(B)汞盐沉淀残渣可用焙烧法回收汞
(C)有机物废渣可倒掉　　(D)AgCl 废渣可送国家回收银部门

187. 原子吸收分光光度法中,贫燃性火焰温度较低、氧化性较强、火焰原子化区域窄,适用于( )的测定。
(A)碱金属元素　　(B)碱土金属元素　　(C)稀土元素　　(D)非金属元素

188. 空气—乙炔火焰点火时,接通燃气电磁阀,调节燃气流量应为( )。
(A)1.0 L/min　　(B)1.5 L/min　　(C)2.0 L/min　　(D)0.5 L/min

189. 关于原子吸收分光光度计的单色器位置,正确的说法是( )。
(A)光源辐射在原子吸收之前,先进入单色器
(B)光源辐射在原子吸收之后,再进入单色器
(C)光源辐射在检测之后,再进入检测器
(D)可任意放置

190. 某学生做试验时不小心被 NaOH 灼伤,正确的处理方法是( )。
(A)先用水冲洗,再用 2%乙酸冲洗　　(B)先用乙酸洗,再用大量水冲洗
(C)先用大量水冲洗,再用 3%硼酸洗　　(D)先用硼酸洗,再用大量水冲洗

191. 下列陈述正确的是( )。
(A)实验室认可和质量认证一样,看是否符合标准要求

(B)实验室认可是对能力的认可,质量认证是看符合性

(C)通过质量认证的企业就等于它的实验室得到了国家实验室认可委的认可

(D)认可是书面保证,认证是正式承认

192. 在进行发射光谱定性分析时,要说明有某元素存在,(　　)。

(A)它的所有谱线均要出现　　　　　　(B)只要找到 2～3 条谱线

(C)只要找到 2～3 条灵敏线　　　　　　(D)只要找到 1 条灵敏线

193. 记录的作用是(　　)。

(A)为产品符合要求和过程有效提供证据　　(B)为审核提供依据

(C)有需要时实现可追溯性　　　　　　(D)A+C

三、多项选择题

1. 系统误差可以采用适当的试验方法,如(　　)。

(A)替代法　　　　(B)补偿法　　　　(C)对称法　　　　(D)统计法

2. 测量仪器的最大允许误差可以用(　　)。

(A)绝对误差　　　(B)相对误差　　　(C)引用误差　　　(D)偏差

3. 下列(　　)是服从正态分布的随机误差所具有的基本统计规律性。

(A)有界性　　　　(B)对称性　　　　(C)抵偿性　　　　(D)单峰性

4. 下列(　　)情况下,可以为相关系数近似为零。

(A)两分量近似相互独立

(B)含量增大或减小时,另一分量可正可负

(C)相同体系产生的分量

(D)两分量虽相互有影响,但确认其影响甚微

5. 下列关于强弱电解质及在水溶液中的存在说法,错误的是(　　)。

(A)NaCl 溶液中只有阴阳离子存在,没有分子存在

(B)物质全部以离子形式存在时,该物质导电能力强,是强电解质

(C)乙酸溶液中存在的微粒有 CH_3COOH、CH_3COO^-、H^+、OH^-、H_2O

(D)强电解质溶液的导电能力一定强于弱电解质溶液

6. 下列属于电解质的是(　　)。

(A)氢氧化钠溶液　　(B)氯化钠　　　　(C)蔗糖　　　　(D)酒精

7. 下列基准物质中,可用于标定 EDTA 的是(　　)。

(A)无水碳酸钠　　(B)氧化锌　　　　(C)碳酸钙　　　　(D)重铬酸钾

8. 醋酸溶液中加入(　　)会使醋酸的电离平衡向左移动。

(A)醋酸钠　　　　(B)醋酸钾　　　　(C)碳酸钾　　　　(D)硫酸钾

9. 下列说法不正确的是(　　)。

(A)将硫酸钡放入水中不能导电,所以硫酸钡是非电解质

(B)只有在溶解状态下能够导电的的物质叫电解质

(C)固态共价化合物不导电,熔融态的共价化合物可以导电

(D)强电解质溶液的导电能力一定比弱电解质溶液的导电能力强

10. 对电解质的叙述不正确的是(　　)。

(A)溶于水能导电的物质

(B)熔融态能导电的物质

(C)在水中能生成离子的物质

(D)在溶液中或熔融状态下能离解为离子的化合物

11. 利用某鉴定反应鉴定某离子时,刚能辨认,现象不够明显,应进行(　　)后才能下结论。

(A)对照试验　　　(B)空白试验　　　(C)加掩蔽试验　　　(D)改变反应条件

12. 下列对溶液中的离子反应的说法,错误的是(　　)。

(A)不可能是氧化还原反应　　　(B)只能是复分解反应

(C)有可能是置换反应　　　(D)不可能有分子参加

13. 加入氢氧化钠溶液后,溶液中离子数目显著减少的是(　　)。

(A)碳酸根离子　　　(B)镁离子　　　(C)硫酸根离子　　　(D)碳酸氢根离子

14. 下列有关 $AgCl$ 沉淀的溶解平衡说法,不正确的是(　　)。

(A)$AgCl$ 沉淀生成和沉淀溶解不断进行,但速率相等

(B)$AgCl$ 难溶于水,溶液中没有 Ag^+ 和 Cl^-

(C)升高温度,$AgCl$ 沉淀的溶解度不变

(D)向 $AgCl$ 沉淀中加入 $NaCl$ 固体,$AgCl$ 沉淀的溶解度不变

15. 下列情况下,导致试剂质量增加的是(　　)。

(A)盛浓硫酸的瓶口敞开　　　(B)盛浓盐酸的瓶口敞开

(C)盛固体苛性钠的瓶口敞开　　　(D)盛胆矾的瓶口敞开

16. 下列有关氧化还原反应的叙述,正确的是(　　)。

(A)金属单质在反应中只作还原剂

(B)非金属单质在反应中只作氧化剂

(C)金属失电子越多,其还原性越强有力

(D)Cu^{2+} 比 Fe^{2+} 氧化性强,Fe 比 Cu 还原性强

17. 适合滴定分析的化学反应应该具备的条件包括(　　)。

(A)反应必须按方程式定量地完成,通常要求在 99.9% 以上,这是定量计算的基础

(B)反应能够迅速地完成(有时可加热或用催化剂以加速反应)

(C)共存物质不干扰主要反应,或用适当的方法消除其干扰

(D)有比较简便的方法确定计量点(指示滴定终点)

18. 滴定分析方法按滴定反应类型的不同,可分为(　　)。

(A)氧化还原滴定　　　(B)酸碱中和滴定　　　(C)络合滴定　　　(D)沉淀滴定

19. 滴定分析法对化学反应的要求有(　　)。

(A)反应要完全　　　(B)反应速度要快

(C)有简单可靠的方法能确定滴定终点　　　(D)反应要符合反应方程式

20. 原子光谱所研究的波段一般有(　　)。

(A)紫外光　　　(B)可见光　　　(C)近红外光谱　　　(D)远红外光谱

21. 原子吸收光谱一般可分为几个部分,包括(　　)。

(A)光源　　　(B)原子化器　　　(C)分光系统　　　(D)检测系统

22. 下面关于波长 λ 的说法,正确的是(　　)。
(A)λ 为 0.8～3 μm 是近红外光谱　　　　(B)λ 为 400～800 nm 是可见光谱
(C)λ<190 nm 属真空远紫外光谱　　　　(D)λ 为 190～400 nm 是紫外光谱

23. 单光束仪器的优点是(　　)。
(A)光能量大　　　(B)倍噪比高　　　(C)预热时间短　　　(D)不需机械斩波器

24. 锐线光源对共振发射强度低的 As、Se 等金属元素测定较为有效,可大大提高(　　)。
(A)倍噪比　　　　　　　　　　　(B)线性
(C)仪器基线稳定性　　　　　　　(D)强度

25. 色谱分析的分离机理按两相所处状态的不同可分为(　　)。
(A)吸附色谱　　　(B)气固色谱　　　(C)分配色谱　　　(D)离子交换色谱

26. 度量色谱峰的区域宽度有三种方法,包括(　　)。
(A)标准偏差　　　(B)半峰宽　　　(C)峰底宽度　　　(D)绝对偏差

27. 玻璃电极在使用前,需在去离子水中浸泡 24 h 以上,目的是(　　)。
(A)消除不对称电位　　　　　　(B)消除液接电位
(C)使不对称电位处于稳定值　　(D)活化电极

28. 下列属于进样系统的是(　　)。
(A)进样器　　　(B)汽化室　　　(C)定量管　　　(D)微量注射器

29. 原子吸收光谱仪器的测定方法有(　　)。
(A)标准曲线法　　　(B)标准加入法　　　(C)精密内插法　　　(D)检测系统法

30. 为了达到克服气、液相干扰的目的,一般应采取的措施有(　　)。
(A)加入掩蔽剂　　　(B)扩大稀释倍数　　　(C)预原子化　　　(D)减小酸度

31. 原子吸收分光光度法有很多特点,主要有(　　)。
(A)选择性高,干扰少　　　　　(B)所有光线均可测量
(C)操作简便　　　　　　　　　(D)测定范围广

32. 为了消除化学干扰,常用的方法有(　　)。
(A)加入释放剂　　　(B)加入保护剂　　　(C)加入调控剂　　　(D)加入缓冲剂

33. 原子吸收分光光度法中的干扰一般包括(　　)。
(A)化学干扰　　　(B)物理干扰　　　(C)电离干扰　　　(D)设备干扰

34. 色谱根据流动相不同包括(　　)。
(A)气相色谱　　　(B)气固色谱　　　(C)液相色谱　　　(D)气液色谱

35. 提高配位滴定的选择性可采用的方法是(　　)。
(A)增大滴定剂的浓度　　　　　(B)控制溶液温度
(C)控制溶液的酸度　　　　　　(D)利用掩蔽剂消除干扰

36. 在下列溶液中,可作为缓冲溶液的是(　　)。
(A)弱酸及其盐溶液　　　　　　(B)弱碱及其盐溶液
(C)高浓度的强酸或强碱溶液　　(D)中性化合物溶液

37. 下列叙述正确的是(　　)。
(A)原子吸收分析中,由于分析线附近有待测元素的邻近线,因而产生光谱干扰
(B)原子吸收分光光度计的分光系统放在原子化系统的前面

(C)为了测量吸收线的峰值吸收系数,必须使吸收线的半宽度比发射线的半宽度小得多

(D)多普勒变宽是影响吸收线轮廓变宽的重要因素

38. 下列试验中,由于错误操作导致所测出的数据不一定偏低的是(　　　　)。

(A)用量筒量取一定体积液体时,俯视读出的读数

(B)用标准盐酸滴定氢氧化钠溶液测碱液浓度时,酸式滴定管洗净后,没有用标准盐酸润洗,直接装标准盐酸滴定碱液,所测出的碱液的浓度值

(C)测定硫酸铜晶体结晶水含量时,加热温度太高使一部分硫酸铜发生分解,所测出的结晶水的含量

(D)做中和热测定时,在大小烧杯之间没有垫碎泡沫塑料(或纸条)所测出的中和热数值

39. 下列关于酸、碱、盐的各种说法,不正确的是(　　　　)。

(A)化合物电离时,生成的阳离子有氢离子的是酸

(B)化合物电离时,生成的阴离子有氢氧根离子的是碱

(C)化合物电离时,只生成金属阳离子和酸根阴离子的是盐

(D)NH_4Cl 的电离方程式是:$NH_4Cl=NH_4+Cl^-$,所以 NH_4Cl 是盐

40. ICP 光谱仪使用高纯氩气作为工作气体的优点是(　　　　)。

(A)具有良好的分析性能　　　　　　　(B)分析灵敏度高

(C)没有光谱背景干扰　　　　　　　　(D)易于形成稳定的 ICP

41. 能够形成稳定的 ICP 炬焰的条件是(　　　　)。

(A)高频高强度的电磁场　　　　　　　(B)工作气体

(C)维持气体稳定放电的石英炬管　　　(D)电子—离子源

42. 计算机技术在分析仪器中的作用主要有(　　　　)。

(A)计算机提高了分析仪器数据处理能力

(B)计算机提高了分析仪器自动化程度

(C)计算机大大发展了分析仪器数字图像处理功能

(D)计算机使分析仪器趋于智能化

43. 火花发生器的缺点主要包括(　　　　)。

(A)背景较大　　　(B)灵敏度低　　　(C)预热时间长　　　(D)激发的试样区小

44. 下列有关留样的作用,叙述正确的是(　　　　)。

(A)复核备考用

(B)比对仪器、试剂、试验方法是否有随机误差

(C)查处检验用

(D)考核分析人员检验数据时,作对照品用

45. 气固色谱中,样品中各组分的分离是基于(　　　　)。

(A)组分的性质不同　　　　　　　　　(B)组分的溶解度不同

(C)组分在吸附剂上的吸附能力不同　　(D)组分的挥发性不同

46. 吸光光度分析的方法主要有(　　　　)。

(A)比色法　　　(B)光电比色法　　　(C)分光光度法　　　(D)荧光光度法

47. 常用光电比色计的光源是(　　　　)。

(A)钨丝灯　　　(B)低压氢灯　　　(C)碘钨灯　　　(D)氙灯

48. 光栅分光系统的光学特性包括(　　)。

(A)自由色散区　　　(B)色散率　　　　　(C)分辨率　　　　　(D)光强分布

49. 对一台日常使用的气相色谱仪,在实际操作中为提高热导池检测器的灵敏度,主要采取的措施是(　　)。

(A)改变热导池的热丝电阻　　　　　(B)改变载气的类型

(C)改变桥路电流　　　　　　　　　(D)改变热导池的结构

50. 实际操作中,气相色谱仪柱室需加热并保持一定的温度,如此操作的目的是(　　)。

(A)防止固定液流失　　　　　　　　(B)使样品中各组分保持气态

(C)降低色谱柱前压力　　　　　　　(D)使固定液呈液态

51. 电位分析法通常可分为(　　)。

(A)直接电位法　　　(B)间接电位法　　　(C)电位滴定法　　　(D)电导滴定法

52. 气相色谱定量分析方法中对进样要求不是很严格的方法是(　　)。

(A)归一化法　　　　(B)外标法　　　　　(C)内标法　　　　　(D)内标标准曲线法

53. 检测光谱仪的实际分辨率时,常采用的方法有(　　)。

(A)谱线组法　　　　(B)半宽度法　　　　(C)单谱线法　　　　(D)宽度法

54. 新制备或使用一段时间后的填充色谱柱需进行"老化",即在一定温度和载气流量下空载一段时间。此种操作的目的是(　　)。

(A)使固定液分布均匀　　　　　　　(B)使载体分布均匀

(C)除去多余溶剂或柱内残留物　　　(D)净化载气

55. 开口毛细管色谱柱与填充色谱柱的区别是(　　)。

(A)色谱柱制作材料不同　　　　　　(B)分离能力不同

(C)色谱柱容量不同　　　　　　　　(D)分离原理不同

56. ICP测量时,造成标准曲线弯曲的原因有很多,一般有(　　)。

(A)样品组成　　　　(B)元素性质　　　　(C)分析参数　　　　(D)样品浓度

57. 光谱仪常用分光装置有(　　)。

(A)立体光栅光谱仪　　　　　　　　(B)平面光栅光谱仪

(C)凹面光栅光谱仪　　　　　　　　(D)中阶梯光栅光谱仪

58. 影响气相色谱检测器的灵敏度(S)数值的因素有(　　)。

(A)检测组分的性质　　　　　　　　(B)色谱柱的分离效能

(C)检测器的种类及性能　　　　　　(D)色谱柱的种类

59. 对于仪器分析来说,其分析性能一般指(　　)。

(A)检出限　　　　　(B)灵敏度　　　　　(C)准确度　　　　　(D)观测高度

60. 与气相色谱检测器的检测线性范围有关的因素是(　　)。

(A)载气的种类及流速　　　　　　　(B)测量组分的性质

(C)测量组分的量　　　　　　　　　(D)测量器的种类及性能

61. ICP发射光谱中,影响分析性能的主要因素包括(　　)。

(A)仪器特性　　　　(B)高频功率　　　　(C)工作气体质量　　(D)观测高度

62. 常用于气相色谱检测器检测限的方式是(　　)。

(A)噪声与灵敏度的比值　　　　　　(B)最小检测量或最小检测浓度

(C)噪声与灵敏度的比值的两倍　　　　(D)最小进样量或最小进样浓度

63．ICP 光谱分析试验中，对于不同类型样品有各种不同的优化目标，包括(　　)。

(A)分析线强度值较大　　　　　　　(B)背景等效浓度较低

(C)基体效应较小　　　　　　　　　(D)干扰等效浓度较低

64．气相色谱检测器的检测信号与检测物质量的数学关系有(　　)。

(A)与进入检测器物质质量成正比　　(B)与进入检测器物质质量成反比

(C)与进入检测器物质浓度成正比　　(D)与进入检测器物质浓度成反比

65．物理干扰主要是由(　　)引起谱线强度的变化。

(A)分析样品溶液黏度　　　　　　　(B)表面张力

(C)密度差异　　　　　　　　　　　(D)样品溶液浓度

66．影响气相色谱数据处理机所记录的色谱峰宽度的因素有(　　)。

(A)色谱柱效能　　　　　　　　　　(B)记录时的走纸速度

(C)色谱柱容量　　　　　　　　　　(D)色谱柱的选择性

67．下列说法正确的是(　　)。

(A)EDTA 与无色金属离子生成无色螯合物

(B)EDTA 与有色金属离子生成有色螯合物

(C)EDTA 与无色金属离子生成有色螯合物

(D)EDTA 与有色金属离子生成颜色更深的螯合物

68．ICP 光谱仪中，炬管一般是由直径为 20 mm 的三重同心石英管构成，石英外管和中间管之间通 $10\sim20$ L/min 的氩气，其作用是(　　)。

(A)作为工作气体形成等离子体　　　(B)用以辅助等离子体的形成

(C)冷却石英炬管　　　　　　　　　(D)为了建立氩气气氛

69．在相同含量的同系物的混合物完全分离的气相色谱图中，色谱峰的变化规律是(　　)。

(A)所有组分有相同的色谱峰　　　　(B)随保留时间增加，色谱峰变宽

(C)随保留时间增加，色谱峰高降低　(D)无一定规律

70．ICP 在水样分析前应该注意(　　)。

(A)采样　　　　(B)过滤　　　　(C)酸化及储存　　　　(D)沾污问题

71．对检验报告的要求，下列说法正确的是(　　)。

(A)各检测数据均应采用法定计量单位

(B)检验报告中各项目应填写完整、签名齐全

(C)检验报告不准用铅笔填写，不允许更改

(D)检验报告中字迹清晰、数据准确

72．审定检验报告记录内容应注意(　　)。

(A)是否写明送样人

(B)记录内容是否与原始记录吻合

(C)试验分析报告是否写明测试分析实验室的全称

(D)试验分析报告是否写明委托单位或委托人

73．配制 $Na_2S_2O_3$ 标准溶液时，应用新煮沸的冷却蒸馏水并加入少量的 Na_2CO_3，其目的

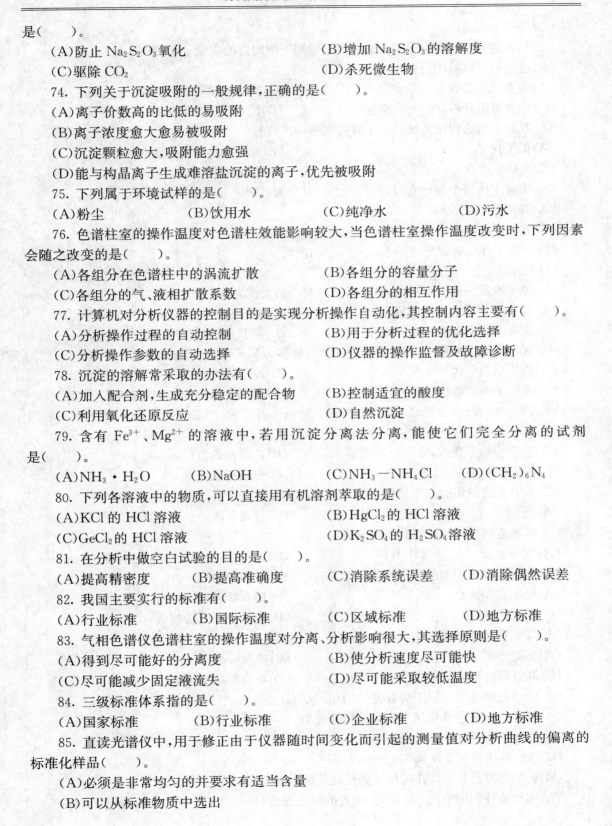

是(　　)。

(A)防止 $Na_2S_2O_3$ 氧化　　　　　　　　(B)增加 $Na_2S_2O_3$ 的溶解度

(C)驱除 CO_2　　　　　　　　　　　　(D)杀死微生物

74. 下列关于沉淀吸附的一般规律,正确的是(　　)。

(A)离子价数高的比低的易吸附

(B)离子浓度愈大愈易被吸附

(C)沉淀颗粒愈大,吸附能力愈强

(D)能与构晶离子生成难溶盐沉淀的离子,优先被吸附

75. 下列属于环境试样的是(　　)。

(A)粉尘　　　　　(B)饮用水　　　　　(C)纯净水　　　　　(D)污水

76. 色谱柱室的操作温度对色谱柱效能影响较大,当色谱柱室操作温度改变时,下列因素会随之改变的是(　　)。

(A)各组分在色谱柱中的涡流扩散　　　　(B)各组分的容量分子

(C)各组分的气、液相扩散系数　　　　　(D)各组分的相互作用

77. 计算机对分析仪器的控制目的是实现分析操作自动化,其控制内容主要有(　　)。

(A)分析操作过程的自动控制　　　　　　(B)用于分析过程的优化选择

(C)分析操作参数的自动选择　　　　　　(D)仪器的操作监督及故障诊断

78. 沉淀的溶解常采取的办法有(　　)。

(A)加入配合剂,生成充分稳定的配合物　　(B)控制适宜的酸度

(C)利用氧化还原反应　　　　　　　　　(D)自然沉淀

79. 含有 Fe^{3+}、Mg^{2+} 的溶液中,若用沉淀分离法分离,能使它们完全分离的试剂是(　　)。

(A)$NH_3 \cdot H_2O$　　　　(B)NaOH　　　　(C)NH_3-NH_4Cl　　　　(D)$(CH_2)_6N_4$

80. 下列各溶液中的物质,可以直接用有机溶剂萃取的是(　　)。

(A)KCl 的 HCl 溶液　　　　　　　　　(B)$HgCl_2$ 的 HCl 溶液

(C)$GeCl_2$ 的 HCl 溶液　　　　　　　　(D)K_2SO_4 的 H_2SO_4 溶液

81. 在分析中做空白试验的目的是(　　)。

(A)提高精密度　　(B)提高准确度　　(C)消除系统误差　　(D)消除偶然误差

82. 我国主要实行的标准有(　　)。

(A)行业标准　　　(B)国际标准　　　(C)区域标准　　　(D)地方标准

83. 气相色谱仪色谱柱室的操作温度对分离、分析影响很大,其选择原则是(　　)。

(A)得到尽可能好的分离度　　　　　　　(B)使分析速度尽可能快

(C)尽可能减少固定液流失　　　　　　　(D)尽可能采取较低温度

84. 三级标准体系指的是(　　)。

(A)国家标准　　　　(B)行业标准　　　　(C)企业标准　　　　(D)地方标准

85. 直读光谱仪中,用于修正由于仪器随时间变化而引起的测量值对分析曲线的偏离的标准化样品(　　)。

(A)必须是非常均匀的并要求有适当含量

(B)可以从标准物质中选出

(C)平时冶炼选出

(D)其含量分别取每个元素分析曲线上限和下限附近的含量

86. 进行对照试验的目的是(　　)。

(A)检查试剂是否带入杂质　　　　　　(B)减少或消除系统误差

(C)检查所用分析方法的准确性　　　　(D)检查仪器是否正常

87. ICP 光谱法相比传统的原子发射光谱的优点有(　　)。

(A)低干扰　　　　　　　　　　　　　　(B)对时间的高度稳定

(C)准确度优良　　　　　　　　　　　　(D)精密度优良

88. 等离子体是个复合光源,在外观上可以分为三个区域,包括(　　)。

(A)等离子负载线圈

(B)等离子体核心

(C)等离子体延伸到感应圈上 1～3 cm 的区域

(D)尾焰

89. 原子吸收分光光度法中,与原子化器有关的干扰为(　　)。

(A)使各组分都有较好的峰形　　　　　(B)缩短分析时间

(C)使各组分都有较好的分离度　　　　(D)延长色谱柱使用寿命

90. ICP 光谱法测量中,通入炬管的工作气体多为氩气,它充当的角色是(　　)。

(A)提供电离气体　　　　　　　　　　　(B)冷却保护炬管

(C)输送样品气溶胶　　　　　　　　　　(D)能与样品形成稳定化合物

91. 进行气相色谱分析时,进样量对分离、分析均有影响,当进样量过大时,产生的不利因素是(　　)。

(A)色谱峰峰形变差,导致分离变差　　　(B)色谱柱超负荷

(C)污染检测器　　　　　　　　　　　　(D)分析速度下降

92. ICP 光谱仪器的基本结构有(　　)。

(A)光源　　　　　(B)样品引入系统　　　(C)分光系统　　　　(D)检测系统

93. ICP 进样系统按试样状态可分为(　　)。

(A)气固混合　　　(B)气体　　　　　　　(C)固体　　　　　　(D)溶液

94. 原子吸收法中消除化学干扰的方法有(　　)。

(A)使用高温火焰　　　　　　　　　　　(B)加入释放剂

(C)加入保护剂　　　　　　　　　　　　(D)化学分离干扰物质

95. 等离子体按其温度一般分为(　　)。

(A)低温等离子体　　　　　　　　　　　(B)中温等离子体

(C)高温等离子体　　　　　　　　　　　(D)亚高温等离子体

96. 分子吸收光谱与原子吸收光谱的相同点有(　　)。

(A)都是在电磁射线作用下产生的吸收光谱

(B)都是核外层电子的跃迁

(C)它们的谱带半宽度都在 10 nm 左右

(D)它们的波长范围均在近紫外到近红外区

97. 用酸度计测定溶液 pH 值时,仪器的校正方法有(　　)。

(A)一点标校正法　　　　(B)温度校正法　　　　(C)二点标校正法　　　　(D)电位校正法

98. 工业污水监测项目中,对油漆的监测项目正确的是(　　　)。

(A)COD　　　　(B)挥发酚　　　　(C)六价铬　　　　(D)氯化物

99. 固体废弃物的监测方法一般有(　　　)。

(A)急性毒性的监测　　　　　　　　　　(B)易燃性试验

(C)腐蚀性试验　　　　　　　　　　　　(D)反应性试验

100. 离子选择性电极直接电位法的定量方法有(　　　)。

(A)标准曲线法　　　　　　　　　　　　(B)一次标准加入法

(C)多次标准加入法　　　　　　　　　　(D)归一化法

101. 缺少待测物标准品时,可以使用文献保留值进行对比定性分析,操作时应注意(　　　)。

(A)一定要是本仪器测定的数据　　　　(B)一定要严格保持操作条件一致

(C)一定要进行准确进样分析　　　　　(D)保留值单位一定要一致

102. 使用待测物标准溶液与样品分别进样对比定性分析时,应注意(　　　)。

(A)保持两次进样操作的条件一致

(B)两次进样分析时间要相同

(C)尽量使标准溶液具有和测试样品相同的基体

(D)标准溶液的浓度要与测试样品溶液中待测组分浓度接近

103. 等离子体中存在的粒子有(　　　)。

(A)电子　　　　(B)离子　　　　(C)中性原子　　　　(D)分子

104. 产生连续光谱背景的因素有(　　　)。

(A)半体辐射　　　　(B)轫致辐射　　　　(C)复合辐射　　　　(D)单体辐射

105. 影响气相色谱定性分析准确度的因素有(　　　)。

(A)色谱图的记录参数(走纸速度、信号衰减等)

(B)数据处理机或色谱工作站的分析参数(宽容度等)

(C)样品中各组分的分离度

(D)检测器的灵敏度

106. ICP 的光源由(　　　)组成。

(A)高频电源　　　　(B)ICP 炬管　　　　(C)冷却系统　　　　(D)等离子炬管

107. 电位滴定确定终点的方法有(　　　)。

(A)E-V 曲线法　　　　　　　　　　(B)$\Delta E/\Delta V$-V 曲线法

(C)标准曲线法　　　　　　　　　　　　(D)二级微商法

108. 下列情况将对分析结果产生负误差的有(　　　)。

(A)标定 HCl 溶液浓度时,使用的基准物 Na_2CO_3 中含有少量 Na_2HCO_3

(B)用递减法称量试样时,第一次读数时使用了磨损的砝码

(C)加热使基准物溶解后,溶液未经冷却即转移至容量瓶中并稀释至刻度,摇匀,马上进行标定

(D)用移液管移取试样溶液时事先未用待移取溶液润洗移液管

109. 下述情况下,对测定(或标定)结果产生正误差的有(　　　)。

(A)以 HCl 标准溶液滴定某碱样,所用滴定管因未洗净,滴定时管内壁挂有液滴

(B)以 $K_2Cr_2O_7$ 为基准物,用碘量法标定 $Na_2S_2O_3$ 溶液的浓度时,滴定速度过快,并过早读出滴定管读数

(C)用于标定标准浓度的基准物,在称量时吸潮了(标定时用直接法滴定)

(D)以 EDTA 标准溶液滴定钙镁含量时,滴定速度过快

110. 使用"外标法"进行气相色谱定量分析时应注意(　　　)。

(A)仅适应于单一组分分析　　　　　　　(B)尽量使标准与样品浓度一致

(C)不需考虑检测线性范围　　　　　　　(D)进样量尽量保持一致

111. 实验室取样时,一般用到的设备主要有(　　　)。

(A)球磨机　　　　(B)砂轮机　　　　(C)研细设备　　　　(D)筛分设备

112. 气相色谱定量分析方法"归一化法"的优点是(　　　)。

(A)不需要待测组分的标准品　　　　　　(B)结果受操作条件影响小

(C)结果不受进样量影响　　　　　　　　(D)结果与检测灵敏度无关

113. 下列操作错误的是(　　　)。

(A)配制 NaOH 标准溶液时,用量筒量取水

(B)把 $AgNO_3$ 标准溶液储于橡胶塞的棕色瓶中

(C)把 $Na_2S_2O_3$ 标准溶液储于棕色细口瓶中

(D)用 EDTA 标准溶液滴定 Ca^{2+} 时,滴定速度要快些

114. 影响气相色谱"外标法"定量分析准确度的因素有(　　　)。

(A)仪器的稳定性　　　　　　　　　　　(B)样品的分离度

(C)进样操作的重现性　　　　　　　　　(D)检测组分的含量

115. 选择标准物质时,一般应考虑(　　　)。

(A)水平　　　　(B)元素含量　　　　(C)基体　　　　(D)稳定性

116. 下列情形不适宜使用"外标法"定量分析的是(　　　)。

(A)样品中有的组分不能检出　　　　　　(B)样品不能完全分离

(C)样品待测组分多　　　　　　　　　　(D)样品基体较复杂

117. 测定中出现下列情况,属于偶然误差的是(　　　)。

(A)滴定时所加试剂中含有微量的被测物质

(B)某分析人员几次读取同一滴定管的读数不能取得一致

(C)滴定时发现有少量溶液溅出

(D)某人用同样的方法测定,但结果总不能一致

118. 按照沉淀颗粒的大小和外表形状,可以粗略地将沉淀分为(　　　)。

(A)晶体沉淀　　　　(B)共沉淀　　　　(C)非晶体沉淀　　　　(D)后沉淀

119. 气相色谱定量分析方法"内标法"的缺点是(　　　)。

(A)内标物容易与样品组分发生不可逆化学反应

(B)合适的内标物不易得到

(C)内标物与样品中各组分很难完全分离

(D)每次分析均需准确计量样品和内标物的量

120. 影响谱线变宽的主要因素有(　　　)。

(A)仪器的稳定性　　　　　　　　　　　　(B)样品的分离度

(C)进样操作的重现性　　　　　　　　　　(D)检测组分的含量

121. 按照标准物质的基本组成与被测样品接近的程度,可把标准物质分为(　　　)。

(A)基本标准物质　　　　　　　　　　　　(B)模拟标准物质

(C)试验标准物质　　　　　　　　　　　　(D)代用标准物质

122. 石墨炉原子化法与火焰原子化法相比,其缺点是(　　　)。

(A)重现性差　　　　　　　　　　　　　　(B)原子化效率低

(C)共存物质的干扰大　　　　　　　　　　(D)某些元素能形成耐高温的稳定化合物

123. 标准物质在测量中的作用主要有(　　　)。

(A)统一量值　　　　(B)评价测试方法　　　　(C)校准仪器　　　　(D)考核作用

124. 下述可用作原子吸收光谱测定的光源有(　　　)。

(A)空心阴极灯　　　(B)氢灯　　　　　　　(C)钨灯　　　　　　(D)无极放电灯

125. 原子吸收分光光度计与紫外—可见分光光度计的主要区别是(　　　)。

(A)光源不同　　　　(B)单色器不同　　　　(C)检测器不同　　　(D)吸收池不同

126. 采用峰值吸收测量代替积分吸收测量,必须满足(　　　)。

(A)发射线半宽度小于吸收线半宽度　　　　(B)发射线中心频率与吸收线中心频率重合

(C)发射线半宽度大于吸收线半宽度　　　　(D)发射线中心频率小于吸收线中心频率

127. 光电法光谱分析的特点有(　　　)。

(A)分析速度快　　　　　　　　　　　　　(B)样品用量少

(C)设备廉价、费用低　　　　　　　　　　(D)适用浓度范围广

128. 光电直读光谱仪的组成包括(　　　)。

(A)光源部分　　　　(B)分光部分　　　　(C)聚光部分　　　　(D)测光部分

129. 光源发生器一般包括(　　　)。

(A)火花发生器　　　　　　　　　　　　　(B)高压电容放电发生器

(C)分光发生器　　　　　　　　　　　　　(D)电弧发生器

130. 火花发生器的优点一般有(　　　)。

(A)重现性好　　　　(B)电极温度低　　　　(C)预热时间短　　　(D)激发的试样区大

131. $Na_2S_2O_3$溶液不稳定的原因是(　　　)。

(A)诱导因素　　　　　　　　　　　　　　(B)还原性杂质的作用

(C)氧化性杂质的作用　　　　　　　　　　(D)空气的氧化作用

132. 低压电容放电发生器的特点有(　　　)。

(A)放电次数少　　　(B)曝光时间短　　　　(C)再现性好　　　　(D)灵敏度高

133. 库仑滴定是一个精密度和准确度都很高的方法,一般可达0.2%。这是由于可以精确测量(　　　)。

(A)电流　　　　　　(B)电压　　　　　　　(C)电阻　　　　　　(D)时间

134. 用来表征吸收线的轮廓的参数有(　　　)。

(A)波长　　　　　　(B)谱线半宽度　　　　(C)中心频率　　　　(D)吸收系数

135. 分光器一般由(　　　)组成。

(A)反射镜　　　　　(B)入射狭缝　　　　　(C)分光元件　　　　(D)出射狭缝

136. 石墨炉原子化法与火焰原子化法比较,其优点是(　　)。
　(A)绝对灵敏度高　　　　　　　　　(B)可直接测定固体样品
　(C)重现性好　　　　　　　　　　　(D)分析速度快

137. 下列元素可用氢化物原子化法进行测定的是(　　)。
　(A)Al　　　　　(B)As　　　　　(C)Pb　　　　　(D)Mg

138. 测光装置一般由(　　)组成。
　(A)积分单元　　　(B)光电倍增管　　　(C)记录器　　　(D)指示器

139. 选择光电法直流光谱仪时,应注意(　　)。
　(A)光源发生器的选择　　　　　　　(B)分光计的选择
　(C)分析线的选择　　　　　　　　　(D)光道数量的选择

140. 采用测量峰值吸收系数的方法来代替测量积分吸收系数的方法,必须满足的条件是(　　)。
　(A)发射线轮廓小于吸收线轮廓
　(B)发射线轮廓大于吸收线轮廓
　(C)发射线中心频率与吸收线中心频率重合
　(D)发射线中心频率小于吸收线中心频率

141. 一般来说,预燃时间取决于(　　)。
　(A)电极的材料　　　　　　　　　　(B)电极的形状
　(C)放电间隙的气雾　　　　　　　　(D)激发光源的类型

142. 导致工作曲线出现漂移的原因有(　　)。
　(A)光电倍增管的老化　　　　　　　(B)光学系统的沾污
　(C)仪器的修理　　　　　　　　　　(D)零配件的更换

143. 日常的光电法光谱分析中,步骤一般包括(　　)。
　(A)狭缝扫描　　　(B)日常分析　　　(C)日常维护　　　(D)日常标准化

144. 当光电法光谱分析的连续重复精度不好时,应注意(　　)。
　(A)光谱电源的波动　　　　　　　　(B)分析条件的变化
　(C)分析样品是否污染　　　　　　　(D)仪器的运行状态

145. 消除物理干扰常用的方法是(　　)。
　(A)加入释放剂和保护剂　　　　　　(B)采用标准加入法
　(C)使用高温火焰　　　　　　　　　(D)配制与被测试样组成相似的标准样品

146. 对于原子吸收分光光度仪,以下测定条件的选择,正确的是(　　)。
　(A)保证稳定和合适光强输出的情况下,尽量选用较低的灯电流
　(B)使用较宽的狭缝宽度
　(C)尽量提高原子化温度
　(D)调整燃烧器的高度,使测量光束从基态原子浓度最大的火焰区通过

147. 检测三级水时,检测项目一般包括(　　)。
　(A)pH 值　　　　(B)电导率　　　(C)可氧化物质　　　(D)蒸发残渣

148. 碘量法误差的主要来源是(　　)。
　(A)指示剂变色不明显　　　　　　　(B)I⁻容易被空气中的氧气氧化

(C)滴定时酸度要求太苛刻　　　　　　　(D)I_2 的挥发性

149. 用 $K_2S_2O_7$ 作熔剂,宜选择的坩埚是(　　)。

(A)镍　　　　　　(B)瓷　　　　　　(C)铂　　　　　　(D)银

150. 重铬酸钾法测定铁时,用 $HgCl_2$ 除去过量 $SnCl_2$ 的反应条件是(　　)。

(A)室温下进行　　　　　　　　　　　(B)在热溶液中进行

(C)$HgCl_2$ 浓度要大,加入速度要快　　　(D)$HgCl_2$ 浓度要稀,加入速度要慢

151. 下列情况下,使结果产生正误差的是(　　)。

(A)用 NaOH 标准溶液滴定 HCl 溶液,以酚酞作指示剂

(B)用 HCl 标准溶液滴定 NaOH 溶液,以甲基橙作指示剂

(C)用碘量法测 Cu 时,近终点时未加入 KSCN 溶液

(D)用 EDTA 滴定 Bi^{3+} 时,因溶液酸度不够而有沉淀产生

152. 有关酸碱指示剂变色范围的叙述,正确的是(　　)。

(A)恰好位于 pH 值等于 7 左右

(B)随各种指示剂 K_{Hin} 的不同而不同

(C)变色范围内显示出逐渐变化的过渡颜色

(D)不同指示剂变色范围的幅度是相同的

153. 用高锰酸钾法测定 Ca^{2+} 含量时,下列操作正确的是(　　)。

(A)制备 CaC_2O_4 沉淀时,应用酸效应来控制 $C_2O_4^{2-}$ 的浓度

(B)控制滴加 $KMnO_4$ 溶液的速度

(C)将待测溶液加热至近沸状态下滴定

(D)使溶液保持强酸性,$[H^+]$ 控制在 3 mol/L 左右

154. 测定金属钴中的微量锰是在酸性条件下将锰氧化为 MnO_4^-,以标准曲线法进行光度测定,下列叙述错误的是(　　)。

(A)$KMnO_4$ 标准系列浓度范围内应服从比耳定律

(B)测定参比溶液可以用纯水

(C)参比溶液中应加入氧化剂

(D)参比溶液中应加入粉红色的 $CoCl_2$

155. 在一组平行测定中,有个别数据的精密度不甚高时,正确的处理方法是(　　)。

(A)舍去可疑数

(B)根据偶然误差分布规律决定取舍

(C)测定次数为 5,用 Q 检验法决定可疑数的取舍

(D)用 Q 检验法时,如 $Q \leqslant Q_{0.90}$,则此可疑数应舍去

156. 下列有关置信度的说法,正确的有(　　)。

(A)置信度就是人们对所作判断的可靠把握程度

(B)从统计意义上推断,通常把置信度定为 100%

(C)在日常中,人们的判断若有 90% 或 95% 的把握性,就认为这种判断基本上是正确的

(D)落在置信度之外的概率,称为显著性水平

157. 置信区间的宽度与(　　)有关。

(A)标准偏差　　　(B)样本容量　　　(C)平均值　　　(D)真值

158. 下列关于 Q 检验法的说法,正确的有( )。

(A)Q 检验法符合数理统计原理
(B)适用于平行测定次数为 3~10 次的检验
(C)计算简便
(D)准确但计算量较大

159. 电子天平的显示不稳定,可能产生的原因是( )。

(A)振动和风的影响
(B)称盘与天平外壳之间有杂物
(C)被称物吸湿或有挥发性
(D)天平未经调校

160. 利用不同的配位滴定方式可以( )。

(A)提高准确度
(B)提高配位滴定的选择性
(C)扩大配位滴定的应用范围
(D)计算更方便

161. $KMnO_4$ 溶液不稳定的原因有( )。

(A)还原性杂质的作用
(B)H_2CO_3 的作用
(C)自身分解作用
(D)空气的氧化作用

162. 原子吸收光谱法中,由于分子吸收和化学干扰,应尽量避免使用( )来处理样品。

(A)H_2SO_4　　　　(B)HNO_3　　　　(C)H_3PO_4　　　　(D)$HClO_4$

163. 在原子吸收光谱分析中,为了防止回火,各种火焰点燃和熄灭时,燃气与助燃气的开关必须遵守的原则是( )。

(A)先开助燃气,后关助燃气
(B)先开燃气,后关燃气
(C)后开助燃气,先关助燃气
(D)后开燃气,先关燃气

164. 与缓冲溶液缓冲量大小有关的因素是( )。

(A)缓冲溶液的 pH 范围
(B)缓冲溶液的总浓度
(C)缓冲溶液组分的浓度比
(D)外加的酸量

165. 下列物质不能用直接法配制标准溶液的是( )。

(A)$K_2Cr_2O_7$
(B)$KMnO_4$
(C)$Ce(SO_4)_2 \cdot (NH_4)_2SO_4 \cdot 2H_2O$
(D)$Na_2S_2O_3 \cdot 5H_2O$

166. 下列关于格鲁布斯检验法的说法,正确的有( )。

(A)符合数理统计原理
(B)要将样本的平均值和实验标准偏差引入算式
(C)计算简便
(D)准确但计算量较大

167. 配制 I_2 标准溶液时,加入 KI 的目的是( )。

(A)增大 I_2 的溶解度,以降低 I_2 的挥发性
(B)提高淀粉指示剂的灵敏度
(C)避免日光照射
(D)避免 I_2 与空气的接触

168. 溶液的酸度对光度测定有显著影响,其影响待测组分的( )。

(A)吸收光谱
(B)显色剂形态
(C)待测组分的化合状态
(D)吸光系数

169. 关于指示电极的叙述,正确的是( )。

(A)金属电极可以作成片状、棒状
(B)银电极可以用细砂纸打磨
(C)金属表面应该清洁光亮
(D)铂电极可用 20% 的硝酸煮数分钟

170. pH 值测定中,定位调节器标定不到标准溶液 pH 值的可能原因包括( )。

(A)仪器内绝缘电阻失效
(B)不对称电位相差太大

(C)标准溶液 pH 值不正确　　　　　　　　(D)溶液不均匀

171. 测定电导率时,常见的电导率仪故障包括(　　　)。

(A)量程选择错误　　(B)主机没有响应　　(C)设备不校准　　(D)操作误差

172. 选择天平的原则是(　　　)。

(A)不能使天平超载　　　　　　　　(B)不应使用精度不够的天平

(C)不应滥用高精度天平　　　　　　(D)天平精度越高越好

173. 电导率仪开机时主机没有响应的原因有(　　　)。

(A)电源没有接通　　(B)设备电路故障　　(C)电导池脏　　(D)校准程序错误

174. 下列有关实验室安全知识的说法,正确的有(　　　)。

(A)稀释硫酸必须在烧杯等耐热容器中进行,且只能将水在不断搅拌下缓缓注入硫酸

(B)有毒、有腐蚀性液体操作必须在通风橱内进行

(C)使用浓高氯酸时不能戴橡皮手套

(D)易燃溶剂加热应采用水浴或沙浴加热,并避免明火

175. 仪器、电器着火时不能使用的灭火剂为(　　　)。

(A)泡沫　　　　　　(B)干粉　　　　　　(C)砂土　　　　　　(D)清水

176. 取用液体试剂时应注意保持试剂清洁,因此要做到(　　　)。

(A)打开瓶塞后,瓶塞不许任意放置,防止沾污,取完试剂后立即盖好

(B)应采用"倒出"的方法,不能用吸管直接吸取,防止带入污物或水

(C)公用试剂用完后应立即放回原处,以免影响他人使用

(D)标签要朝向手心,以防液体流出腐蚀标签

177. 有关电器设备防护知识正确的是(　　　)。

(A)电线上洒有腐蚀性药品应及时处理　　(B)电器设备电线不宜通过潮湿的地方

(C)能升华的物质都可以放入烘箱内烘干　　(D)电器仪器应按说明书规定进行操作

178. 若火灾现场空间狭窄且通风不良,宜选用(　　　)灭火器灭火。

(A)四氯化碳　　　　(B)泡沫　　　　　　(C)干粉　　　　　　(D)1211

179. 以下滴定操作不正确的是(　　　)。

(A)滴定速度应控制在开始时一般为每秒 3~4 滴

(B)初读数时,手执滴定管刻度处,浅色溶液应读弯月面下缘实线最低处

(C)滴定前期,左手离开旋塞使溶液自行流下

(D)滴定完毕,管尖处有气泡

180. 测量设备包括(　　　)。

(A)标准物质　　　　(B)测量标准　　　　(C)调查表　　　　　(D)加工设备

181. 检验记录要求(　　　)。

(A)原始记录不能随意划改　　　　　　(B)原始记录可重新抄写

(C)如数据记载错误,需重做实验　　　　(D)原始记录不准用铅笔或圆珠笔书写

182. 下列易燃易爆物存放正确的是(　　　)。

(A)分析实验室不应储存大量易燃的有机溶剂

(B)金属钠保存在水里

(C)存放药品时,应将氧化剂与有机化合物和还原剂分开保存

(D)爆炸性危险品残渣不能倒入废物缸

183. 红外碳硫漏气检查,压力变化出现负数表示( )。

(A)气体漏进系统　　(B)气体漏出系统　　(C)压力增加　　(D)压力减小

184. 红外碳硫漏气检查,应检测( )压力是否出现泄漏。

(A)净化炉　　(B)燃烧系统　　(C)测量系统　　(D)氧气装置

185. 红外碳硫分析中,无燃烧管压力,可能存在的原因是( )。

(A)O形密封圈破损　　　　(B)吹氧管堵塞

(C)动力气压力不足　　　　(D)燃烧管外部有裂缝

186. 丁二酮肟重量法测定钢铁及合金中镍量时,按照标准,在氨性溶液中,铁、锰、铬、铝等元素会和镍发生共沉淀,可加入( )进行掩蔽。

(A)硫氰酸钠　　(B)酒石酸钾钠　　(C)焦磷酸钠　　(D)柠檬酸

187. 原子吸收分光光度计的检测系统主要由( )等组成。

(A)检测器　　(B)放大器　　(C)对数变换器　　(D)气化器

188. 在滴定分析法测定中出现下列情况,属于系统误差的是( )。

(A)试样未经充分混匀　　　　(B)滴定管的读数读错

(C)所用试剂不纯　　　　(D)砝码未经校正

189. 掩蔽法可以分为( )。

(A)络合掩蔽法　　　　(B)沉淀掩蔽法

(C)氧化还原掩蔽法　　　　(D)共沉淀掩蔽法

190. 滴定中掩蔽剂应符合( )。

(A)与干扰元素形成无色的或浅色的稳定的水溶物

(B)不影响终点判断的沉淀

(C)使干扰元素氧化还原

(D)使干扰元素不与滴定剂作用

191. 在使用饱和甘汞电极时,正确的操作是( )。

(A)电极下端要保持有少量KCl晶体存在

(B)使用前应检查玻璃弯管处是否有气泡,并及时排除

(C)使用前要检查电极下端陶瓷芯毛细管是否畅通

(D)当待测溶液中含有 Ag^+、S^{2+}、Cl^- 及高氯酸等物质时,应加置KCl盐桥

192. 下列不违背检验工作规定的是( )。

(A)在分析过程中经常发生异常现象属正常情况

(B)分析检验结论不合格时,应第二次取样复检

(C)分析的样品必须按规定保留一份

(D)所用仪器、药品和溶液应符合标准规定

193. 在维护和保养仪器设备时,应坚持"三防四定"的原则,即要做到( )。

(A)定人保管　　(B)定点存放　　(C)定人使用　　(D)定期检修

四、判 断 题

1. 我国《计量法》规定,计量检定必须按照国家计量检定系统进行。( )

2. 法定计量单位是指由国家法律承认、具有法定地位的计量单位。（　　　）

3. 概率论是研究系统误差的基础。（　　　）

4. 测量结果的修约区间应小于不确定度的修约区间。（　　　）

5. 在不确定度评定中，A 类评定、B 类评定的可靠性统一用自由度来表示。（　　　）

6. 由于随机误差尚未被认识和控制，故不能消除，只能根据其本身存在的某种统计规律用增加测量次数的方法加以限制和减小。（　　　）

7. 随机误差是测量结果与在复现性条件下对同一被测量进行无限多次测量所得结果的平均值之差。（　　　）

8. 技术规范、规程中规定的测量器具的允许误差极限值，其术语称为测量器具最大允许误差。（　　　）

9. 在同一组测定数据中，采用 $4\bar{d}$ 法和 Q 检验法检验的结果应该是一致的。（　　　）

10. 氯化钠溶于水时能导电，但在高温熔化状态时不能导电。（　　　）

11. 电解质溶液导电性能越强，其电离度越大。（　　　）

12. 原子吸收分光光度计实验室必须远离电场和磁场，以防干扰。（　　　）

13. 缓冲溶液是利用同离子效应而制备的。（　　　）

14. 盐类的水解实际上是中和反应的逆反应。（　　　）

15. 络离子是由一种阳离子和几个中性分子或一种阴离子结合而形成的，在水中能稳定存在。（　　　）

16. 为了加速洗净沉淀，对溶解度较小的沉淀，常用冷的洗涤液，对溶解度较大的沉淀，则采用热的洗涤液。（　　　）

17. 物质得到电子的过程叫作氧化，表现为元素化合价升高。（　　　）

18. K_2SiF_6 法测定硅酸盐中硅的含量，滴定时应选择酚酞作指示剂。（　　　）

19. 在电解槽中，负极发生还原反应，正极发生氧化反应；而在原电池中，正极发生还原反应，负极发生氧化反应。（　　　）

20. 用 EDTA 滴定法测 Ca、Mg 元素时，选用的指示剂为二甲酚橙。（　　　）

21. 重量分析中对形成胶体的溶液进行沉淀时，可放置一段时间，以促使胶体微粒的胶凝，然后再过滤。（　　　）

22. 王水溶解能力强，主要在于它具有更强的氧化能力和络合能力。（　　　）

23. 溶液酸度越高，$KMnO_4$ 氧化能力越强，与 $Na_2C_2O_4$ 反应越完全，所以用 $Na_2C_2O_4$ 标定 $KMnO_4$ 时，溶液酸度越高越好。（　　　）

24. 萃取是在两种互不相溶的溶液中进行的，其中一相是水，另一相是有机溶剂，这就是萃取过程的实质。（　　　）

25. 某种烃的分子式为 C_nH_{2n}，它一定是乙烯的同系物。（　　　）

26. $K_2Cr_2O_7$ 是比 $KMnO_4$ 更强的一种氧化剂，它可以在 HCl 介质中进行滴定。（　　　）

27. EDTA 与金属离子配合时，不论金属离子的化学价是多少，均是以 1∶1 的关系配合。（　　　）

28. 所有的化学反应都可以用平衡移动原理来判断化学反应的移动方向。（　　　）

29. 在酸碱滴定过程中，滴定突跃范围越小，对选择指示剂就越有利。（　　　）

30. 标准电极电位的数值越负，该电极的还原态失去电子的能力就越强，是强的还原

剂。（　　）

31. 空心阴极灯发光强度与工作电流有关,增大电流可以增加发光强度,因此灯电流越大越好。（　　）

32. 为了消除某些基体干扰,常采用标准加入法。（　　）

33. 原子发射光谱分析和原子吸收光谱分析的原理基本相同。（　　）

34. 标准电极电位就是氧化态和还原态的浓度相等时相对于标准氢电极的电位。（　　）

35. 原子、离子所发射的光谱线是线光谱。（　　）

36. 在弱电解质的电离过程中,分子电离成离子的速率逐渐的减小,同时离子结合成分子的速率逐渐的增大,当二者速率接近相等时,就达到了电离平衡状态。（　　）

37. 离子选择性电极能对某一特定物质产生响应。（　　）

38. 在玻璃板上制备漆膜进行光泽测定时,清漆需涂在预先涂有黑色无光漆的底板上,才能完成测定。（　　）

39. 色谱分析法是一种化学分析法。（　　）

40. 电极是将溶液浓度转换成电信号的一种传感器。（　　）

41. 法拉第定律在任何温度和压力下都能适用。（　　）

42. 不管是原电池还是电解池,发生氧化反应的电极都称为阴极,发生还原反应的电极都称为阳极。（　　）

43. 强酸弱碱滴定时,所生成的盐水解后,溶液呈中性。（　　）

44. 分配定律表述了物质在互不相溶的两相中达到溶解平衡时,该物质在两相中浓度的比值是一个常数。（　　）

45. 原始记录应体现真实性、原始性、科学性,出现差错允许更改,而检验报告出现差错不能更改,应重新填写。（　　）

46. 根据酸碱质子理论,只要能给出质子的物质就是酸,只要能接受质子的物质就是碱。（　　）

47. 分解试样的方法很多,选择分解试样的方法时应考虑测定对象、测定方法和干扰元素等几方面的问题。（　　）

48. 紫外吸收光谱与可见吸收光谱一样,是由 K 层和 L 层电子的跃迁而产生的。（　　）

49. 铜合金牌号表示方法中,黄铜、青铜、白铜分别用汉语拼音字母 H、Q、B 表示。（　　）

50. 锰和氧、硫有较强化合能力,故为良好的脱氧剂和脱硫剂,能降低钢的热脆性,提高热加工性能。（　　）

51. 碘酸钾基准物质的水溶液特别不稳定,因此当配制成标准溶液后,使用前必须用硫代硫酸钠标准溶液进行标定。（　　）

52. 硫代硫酸钠可以作为基准物质直接配制标准溶液。（　　）

53. 由于 $Pb(NO_3)_2$ 的分子量较大,所以标定 $Pb(NO_3)_2$ 的标准溶液时,应以与它分子量大小相近的物质的标准溶液进行标定。（　　）

54. 原子吸收光谱分析中灯电流的选择原则是:在保证放电稳定和有适当光强输出情况下,尽量选用低的工作电流。（　　）

55. 硫酸亚铁铵溶液比同浓度的硫酸亚铁溶液稳定。（　　）

56. 电位滴定法是用标准滴定溶液滴定待测离子过程中,用指示电极电位的变化代替指

示剂颜色变化指示滴定终点的一种测试方法。（　　）

57. 原子化器的作用是将试样中待测元素转变为原子蒸汽。（　　）

58. 等离子体在总体上是一种呈中性的气体，由离子、电子、中性原子和分子所组成，其正、负电荷的密度几乎相等。（　　）

59. 红外碳硫分析仪中，试样在炉内熔融汽化后的 CO_2、SO_2 气体对红外线的吸收作用不符合吸收定律。（　　）

60. 示差分光光度法测的吸光度值与试液浓度减去参比溶液浓度所得的差值成正比。（　　）

61. 原子吸收光谱的检测系统是光源发出的光经过火焰吸收、单色器分光后到光电倍增管上，转成光信号到记录部分上去。（　　）

62. 电解 $CuSO_4$ 溶液时，通过称量电解前和电解后铂网电极的质量，即可精确地得到金属铜的质量，从而计算出试液中铜的含量，这即是电解的基本原理。（　　）

63. 电位滴定法是基于滴定过程中电极电位的突跃来指示滴定终点的一种重量分析方法。（　　）

64. 气相色谱分析的分离原理是基于一种物质在两相间具有不同的分配系数。（　　）

65. 背景吸收在原子吸收分析中使吸光度增加而产生正误差，导致分析结果偏高。（　　）

66. 标准曲线法仅适用于样品组成简单或共存元素没有干扰的试样。（　　）

67. 长期放置不用的空心阴极灯性能不会改变。（　　）

68. 不引起吸光度减小的最小狭缝宽度，就是理应选取的最合适的狭缝宽度。（　　）

69. 即使在测量低浓度有色溶液时，也不能用示差光度法。（　　）

70. 利用单波长分光光度计也可以进行双波长测定。（　　）

71. 干扰消除的方法分为两类：一类是不分离的情况下消除干扰，另一类是分离杂质消除干扰。应尽可能采用第二类方法。（　　）

72. 背景吸收使吸光度值减小，产生负误差。（　　）

73. 对于介质损耗及电容电桥仪器，电桥可以放置在任何环境中使用与保管。（　　）

74. 光电光泽度计中，透镜的作用是使平行光束射向受试表面。（　　）

75. 审核后的检测报告交技术负责人签署意见，由质量负责人批准。（　　）

76. 在定量分析中，经常重复地对试样进行测定，然后对多次测出的数据进行平均计算，报出结果为平均值。（　　）

77. 光谱分析就是利用光谱分析仪检查光谱图中某波长特征谱线的有无来判断试样中某元素是否存在。（　　）

78. 光电直读光谱仪的光通数目越多，能够分析的元素就越多。（　　）

79. 光电光谱分析金属或合金时，如样品在控制气氛中激发，不会因产生的放电形式不同而影响分析结果。（　　）

80. 光电直读光谱仪分析中，氩气的纯度对试样的激发基本没有影响。（　　）

81. ICP 直读光谱仪的分光系统与一般的光电直读光谱仪的分光系统基本一致。（　　）

82. 光电直读光谱仪的应用范围比等离子体直读光谱仪的应用范围广。（　　）

83. 一般来说，使用 ICP 光源也可以采用经典摄谱的方法来完成发射光谱。（　　）

84. 光谱定性分析中,元素的灵敏线也即是元素的特征谱线。（　　）

85. 光谱定量分析中,内标法可以消除操作条件的变化对测定结果带来的影响。（　　）

86. 在光谱分析中,试样不需进行预处理就可以直接进行分析。（　　）

87. 超声波雾化器与气动雾化器相比,具有更高的雾化效率,精密度与准确度更高。（　　）

88. 原子发射光谱中,元素的灵敏线是固定不变的。（　　）

89. 气相色谱分离系统中,将混合组分分离主要靠固定液。（　　）

90. 气相色谱分析中,检测器的作用是将各组分在载气中的浓度转变为电信号。（　　）

91. 偶极矩变化的大小不能反映红外吸收谱带的强弱。（　　）

92. 色散型红外光谱仪与紫外可见分光光度计在样品引入位置上是一致的,都放在单色器之后。（　　）

93. 测量溶液的电导,实际上就是测量溶液的电阻。（　　）

94. 饱和甘汞电极在使用时不受温度的影响。（　　）

95. 离子选择性电极是对离子浓度进行响应,而非活度。（　　）

96. 电位滴定分析与普通容量分析在分析原理上是一致的,只是确定终点的方法不同。（　　）

97. 我国饮用水卫生标准规定铅的含量不得超过 0.05 mg/L,污水最高允许排放浓度为 1.0 mg/L。（　　）

98. 我国饮用水卫生标准规定汞的含量不得超过 0.002 mg/L,污水最高允许排放浓度为 0.05 mg/L。（　　）

99. 水体监测中,Ag、Al、Cu、Fe、Hg、K、Na 等金属元素的测定需采用的方法是分光光度法。（　　）

100. 水体监测中,挥发酚、甲醛、三氯乙醛、苯的测定需采用的方法是分光光度法。（　　）

101. 电解质溶液离解后形成的离子浓度与导电率有关,但离子价数与导电率无关。（　　）

102. 由于镍在钢中并不形成稳定的化合物,所以大多数含镍钢和合金钢都溶于酸中。（　　）

103. 亚硝基 R 盐光度法测定钢铁及合金中钴时,钴与该试剂形成可溶性红色络合物不受酸度的限制。（　　）

104. 二甲基苯胺蓝 Ⅱ 在不同 pH 值的溶液中呈现不同颜色,所以二甲基苯胺蓝 Ⅱ 光度法测定镁时,对 pH 值要求特别高。（　　）

105. 原子吸收法测量是被测元素的基态自由原子对光辐射的共振吸收。（　　）

106. 沉淀都是绝对不溶的物质。（　　）

107. 改变干扰组分在溶液中存在的状态以达到消除干扰的目的,称为氧化还原掩蔽法。（　　）

108. 解蔽过程是掩蔽过程的逆反应。（　　）

109. 习惯上把物质从水相中转入到有机相的操作称为萃取,物质由有机相返回水相的操作称为反萃取。（　　）

110. 评价 pH 计性能的好坏,首先要看其测定的稳定性。( )

111. 标准曲线法测定样品含量时,基本上不存在基体影响。( )

112. 误差有正、负值之分,而偏差没有。( )

113. 若一组测定数据,其测定结果之间有明显的系统误差,则它们之间不一定存在显著性差异。( )

114. 测定次数一致时,置信度越高,置信区间越大。( )

115. 系统误差和偶然误差都属于不可测误差。( )

116. 增加平行测定次数以减少偶然误差是提高分析结果准确度的唯一手段。( )

117. 测定 pH 值时,测量重现性不好,可以通过摇匀溶液来观察问题能否解决。( )

118. 电位滴定分析中,过程分析的目的是精细操作、防范故障、确保测定精密度。( )

119. 玻璃电极的球泡应保持清洁,如有沾污可以用蒸馏水清洗。( )

120. 为了保持光电倍增管的良好的工作特性,使用时要设法遮挡非信号光,并尽可能不要使用过高的增益。( )

121. 光电光谱仪与摄谱仪的分光元件一样,都是凹面光栅。( )

122. 实验室中处理 $K_2Cr_2O_7$ 废液时,应先将 Cr^{6+} 还原到 Cr^{3+},再用碱液或石灰中和使其生成低毒的 $Cr(OH)_3$ 沉淀。( )

123. 进行对照试验是消除测量过程中系统误差的唯一办法。( )

124. 分光光度计中棱镜是由玻璃或石英制成的,石英棱镜适用于可见分光光度计,玻璃棱镜适用于紫外分光光度计。( )

125. 光电天平开启后灯泡不亮时,首先检查一下插头、小变压器接头及灯座。( )

126. 光电倍增管输出电流小,不能调满度,则认为是光电倍增管老化了。( )

127. 原子吸收分光光度仪工作时,灯电流工作不正常也可导致灵敏度下降。( )

128. 分析工作者对自己使用的天平应掌握简单的检查方法,具备排除一般故障的知识。( )

129. 原子吸收分光光度仪气源使用时,应先开燃气点火再开助燃气。( )

130. 使用分析天平时,按使用频繁程度定期检定砝码,一般不超过一年。( )

131. 在原子化器中,基态原子浓度远大于激发态原子浓度。( )

132. 电导率是单位体积溶液的电阻,因而溶液越浓,电导率越大。( )

133. 脉冲加热—热导法定氮仪 TN-114 加热最高温度可达 2 000 ℃左右,因此对熔点高的金属不需要加助熔剂。( )

134. 棱镜光谱仪与光栅光谱仪一样,其色散率都随波长的变化而变化。( )

135. 碘量法的误差来源主要有两个方面:一是碘容易挥发;二是 I^- 在酸性溶液中容易被空气氧化。( )

136. 原子化器中待测元素的基态原子从空心阴极灯中吸收的是特征辐射光。( )

137. 检测器的作用是将单色器分出的光信号进行光电转换。( )

138. 单色器的性能由入射光的强度来决定。( )

139. 富燃性火焰是按化学反应方程式计算,燃气小于助燃气的火焰。( )

140. 有色物质对光的吸收具有选择性,它呈现的颜色与被吸收光线的颜色相同。( )

141. 用邻菲罗啉分光光度法测定水中的铁,若水样是以 Fe_2O_3 和 $Fe(OH)_3$ 沉淀形式存

在,须加盐酸煮沸使其溶解。（　　）

142. 雾室的作用是将较大的液滴从细微的液滴中分离出来,从废液口流出,阻止进入火焰。（　　）

143. 光电直读光谱仪在接上高压后,就直接可以用于样品分析。（　　）

144. 在等压气相色谱过程中,载气在柱中的渗透性是不变化的。（　　）

145. 定性分析的任务是鉴定物质所含的组分,而定量分析的任务则是测定各组分的相对含量。（　　）

146. 对于不太脏的滴定管,可直接用自来水冲洗或用去污粉刷洗。（　　）

147. 在氨水中加入铵盐如 NH_4Cl 后,会使氨水的电离度增大。（　　）

148. 配制硫酸亚铁铵溶液时,常常加几滴浓 H_2SO_4,目的是增大其溶解度。（　　）

149. 光度分析法是根据"吸取最大、干扰最小"的原则来选择入射光的波长。（　　）

150. 锐线光源能发射待测元素特征光谱线。（　　）

151. 萤石、氟石的主要化学成分为 CaF_2。（　　）

152. 对化学药品的管理是为了寻找药品方便,不致影响工作。（　　）

153. 当入射光波长、溶液厚度及其他条件一致时,溶液的吸光度与溶液的浓度成正比。（　　）

154. 共振线都是吸收线,但吸收线不一定是共振线。（　　）

155. 原子发射光谱分析简称光谱分析,按观察记录光谱方法的不同可分为看谱法、摄谱法及光电直读法三种,三种方法基本原理相同,仅观察记录的方法不同。（　　）

156. 空心阴极灯在使用前应经过一段时间的预热,预热时间的长短随灯的类型和元素的不同而不同。（　　）

157. 在沉淀重量法中,对沉淀形式没什么要求。（　　）

158. 铝在钢中主要以金属固溶体存在,少部分以氧化铝(Al_2O_3)和氮化铝(AlN)存在,其中氧化铝叫"酸溶性铝",氮化铝叫"酸不溶性铝"。（　　）

159. 在配制和保存 $KMnO_4$ 标准溶液时,不必消除 MnO_2 的影响。（　　）

160. 空心阴极灯灯电流选用时,应在保证稳定和合适光强输出的情况下,尽量选用最高的工作电流。（　　）

161. 原子吸收光度法中,在光源辐射较弱或共振线吸收较弱时,必须使用较窄的狭缝。（　　）

162. 凡是对测量结果会产生影响的因素,均是测量不确定度的来源。（　　）

163. 标准不确定度分量的评定可以采用 A 类评定方法,也可采用 B 类评定方法,采用何种方法根据实际情况选择。（　　）

164. 高一级标准的误差应尽量选为低一级的 $1/10 \sim 1/3$。（　　）

165. 在偏离测量规定条件下,或由于测量方法的原因,按某确定规律变化的误差,称为偶然误差。（　　）

166. 实验记录及结果报告单应根据本单位规定保留一定时间,以备查考。（　　）

167. 编写仪器操作规程的主要要点包括操作步骤、仪器维护及注意事项。（　　）

168. 过硫酸铵氧化、亚砷酸钠—亚硝酸钠滴定法测定锰含量时,溶液煮沸时间过长,分析结果将偏高。（　　）

169. 介损测定仪使用前应先处理电极,即将电极依次用石油醚、苯和四氯化碳充分洗涤干净即可运用。(　　)

170. X射线的主要特性是穿透能力强,能激发原子的内层电子。(　　)

171. 滴定分析计算的主要依据是,当反应到达等当点时,所消耗反应物的物质的量相等,这一规则叫"等物质的量"规则。(　　)

172. 测定微量元素用的玻璃器皿应用10%的HNO_3溶液浸泡8 h以上,然后用纯水冲净。(　　)

173. 重量分析中使用的"无灰滤纸",指每张滤纸的灰分重量小于0.2 mg。(　　)

174. 金属指示剂的封闭是由于指示剂与金属离子生成的配合物过于稳定造成的。(　　)

175. 金属指示剂的僵化现象是指滴定时终点没有出现。(　　)

176. 天平室要经常敞开通风,以防室内过于潮湿。(　　)

177. 滴定Ca^{2+}、Mg^{2+}总量时要控制pH值为12~13,而滴定Ca^{2+}分量时要控制pH≈10。若pH>12时,测Ca^{2+}则无法确定终点。(　　)

178. 用紫外分光光度法测定试样中有机物含量时,所用的吸收池可用丙酮清洗。(　　)

179. 用分光光度计进行比色测定时,必须选择最大的吸收波长进行比色,这样灵敏度高。(　　)

180. 原子吸收光谱分析中的背景干扰会使吸光度增加,因而导致测定结果偏低。(　　)

181. 电子捕获检测器对含有S、P元素的化合物具有很高的灵敏度。(　　)

182. 仪器分析测定中,常采用校准曲线分析方法。如果要使用早先已绘制的校准曲线,应在测定试样的同时,平行测定零浓度和中等浓度的标准溶液各两份,其均值与原校准曲线的精度不得大于5%~10%,否则应重新制作校准曲线。(　　)

183. 原子吸收光谱是带状光谱,而紫外—可见光谱是线状光谱。(　　)

184. 电化学分析仪的选择性都很好,电导分析法也不例外。(　　)

185. 化学平衡状态是指在一定条件下的可逆反应里,正反应和逆反应的速率相等,反应混合物中各组分的浓度在不断的变化。(　　)

186. 化验室的安全包括防火、防爆、防中毒、防腐蚀、防烫伤、保证压力容器和气瓶的安全、电器的安全以及防止环境污染等。(　　)

187. 分析实验室中产生的"三废",其处理原则是:有回收价值的应回收,不能回收的可直接排放。(　　)

188. 应当根据仪器设备的功率、所需电源电压指标来配置合适的插头、插座、开关和保险丝,并接好地线。(　　)

189. 大型精密仪器可以与其他电热设备共用电线。(　　)

190. 电气火灾一般采用二氧化碳和泡沫灭火器、干粉及黄砂扑灭。(　　)

191. 分光光度计安装狭缝时,注意狭缝双刀片斜面必须向着光线传播方向,否则会增加仪器的杂散光。(　　)

192. 空心阴极灯的缺点是只有一个操作参数,因此发射的光强度不高。(　　)

193. 仪器维护要做到"三防一恒",即防震、防尘、防潮,仪器要保持恒温。(　　)

五、简 答 题

1. 影响电离度的因素主要有哪些？

2. 什么是同离子效应？

3. 为什么增加平行测定次数能减小随机误差？

4. 实验室分析用水的技术要求有哪些？ 实验室用水分为几个等级？

5. 什么叫空白试验？ 什么叫对照试验？

6. 混合指示剂是由什么组成的？ 有什么特点？

7. 为什么测量结果都有误差？

8. 红外吸收法测定某物质的含量必须具备哪两个条件？

9. 用红外法测定金属样品中的硫含量时常出现"拖尾"现象，主要原因是什么？ 如何处理？

10. 在进行比色分析时，为何有时要求显色后放置一段时间再进行，而有些分析却要求在规定的时间内完成比色？

11. 何谓标准电极电位？

12. 何谓样品的回收率？

13. 影响指示剂变色范围的因素有哪些？

14. 何谓络合滴定中的指示剂封闭现象？

15. 什么是气固色谱？

16. 什么是色谱流出曲线？

17. 气相色谱操作条件的选择主要包括哪几个方面？

18. 原子吸收分光光度法对光源的要求有哪几点？

19. 什么叫原子化过程？

20. 什么叫作检出极限？

21. 原子吸收分析的灵敏度指的是什么？

22. 用于络合滴定的络合反应必须具备哪些条件？

23. 简述内标法的方法原理。

24. 什么是电池电动势？

25. 电池电动势产生的原因是什么？

26. 原子吸收光谱分析一般根据什么原则选择吸收线？

27. 碘量法中淀粉的使用应注意哪些问题？

28. 简述火花光电直读光谱分析原理。

29. ICP-AES法常用的溶剂有哪些？

30. 气相色谱法的特点有哪些？

31. 原子吸收分析法中的化学干扰有哪些？

32. 原子吸收分析法中消除化学干扰的方法有哪些？

33. 原子吸收中使用标准加入法时应注意什么？

34. 石墨炉原子化法与火焰原子化法比较，它的优缺点是什么？

35. 对于双波长光度法来说，通常选择波长应满足什么要求？

36. 简述原子吸收光谱法的原理。

37. 简述发射光谱分析的基本原理。

38. 高频发生器的作用是什么?

39. 简述红外光谱法的基本原理。

40. 红外光谱产生的条件是什么?

41. 在使用饱和甘汞电极时应注意什么?

42. 何谓电导分析法?

43. 简述偶然误差的分布规律。

44. 在使用 ICP 光谱仪检测铝合金铅含量时,常出现线性低、精密度及准确度差等现象,试分析由何种原因造成?

45. 用高氯酸氧化测定铬时,结果偏低的原因是什么?

46. 实验室中对于综合废水如何处理?

47. 消除测量过程中的系统误差的方法主要有哪些?

48. 光电天平开启天平后,灯泡不亮的原因是什么?

49. 双盘天平耳折及吊耳脱落的故障是如何排除的?

50. 采用原子吸收法时要注意哪些工作条件的选择?

51. 原子吸收分光光度仪检测系统主要由哪几部分组成?

52. 原子吸收分光光度仪灵敏度下降的原因是什么?

53. 分光光度仪数据显示不稳定的原因是什么?

54. 在重量分析法中,什么是共沉淀及后沉淀现象?

55. 在重量分析中,提高沉淀纯度的措施有哪些?

56. 在光度比色分析时,影响显色反应的因素有哪些?

57. ICP 光源整套装置由哪几部分组成?

58. 对气相色谱法载气有何要求?

59. 金属指示剂必须具备的条件是什么?

60. 滴定分析时,对滴定反应有何要求?

61. 重量分析法中,对称量形式有何要求?

62. 标准溶液浓度大小选择的依据是什么?

63. 用草酸钠标定时应注意哪些问题?

64. 引入不确定度的意义是什么?

65. 红外光谱是由于分子振动能级的跃迁而产生的,当用红外光照射分子时,要使分子产生红外吸收须满足哪两个条件?

66. 简要写出高频电感耦合等离子炬(ICP)光源的优点。

67. 人体触电时应如何处理?

68. 为什么石墨法原子吸收测定中要使用惰性气体?

69. 简述实验室认可与质量认证的区别。

70. 保持 ICP 火焰稳定须注意什么?

六、综　合　题

1. 在络合滴定中,如何克服指示剂的封闭现象?

2. 用滴定法对锰铁中的锰含量进行三次测定,测得以下分析数据:67.47%、67.43%、67.48%,求平均偏差和相对平均偏差。

3. 用 Na_2CO_3 作基准试剂时,对 HCl 溶液的浓度进行标定,共做了六次,其结果为 0.505 0 mol/L、0.504 2 mol/L、0.508 6 mol/L、0.506 3 mol/L、0.505 1 mol/L 和 0.506 4 mol/L,试以 Q 检法判断 0.508 6 mol/L 是否应弃去?(置信度为 90%;$n=6$ 时,$Q_{0.90}=0.56$)

4. 铬酸银在 25 ℃时的溶解度为 1.34×10^{-4} mol/L.计算它的溶度积常数。

5. 试述电化学仪器的维护要领。

6. 用重铬酸钾法测得 $FeSO_4 \cdot 7H_2O$ 中铁的百分含量为 20.03%、20.04%、20.02%、20.05%和 20.06%。试计算分析结果的平均值、标准偏差和相对标准偏差。

7. 用分光光度法测定样品中某一元素的含量,试样量为 0.500 0 g,用 30 mL 稀硫酸(1+9)溶解后,稀释至 200 mL,移取 10.00 mL,加入 5 mL(1%)的有机显色剂,求此时显色溶液中硫酸的浓度(mol/L)是多少?

8. 称取试样 0.250 0 g 测定样品中的铝,经溶样,分离后于 100 mL 容量瓶中以水稀释至刻度。吸取试液 25.00 mL 置于 250 mL 锥形瓶中,加入 EDTA 溶液($C_{EDTA}=0.050\ 0$ mol/L) 20.00 mL,按操作方法进行。用锌标准溶液($C_{Zn}=0.020\ 0$ mol/L)滴定至终点(第一终点),加入 NH_4F 1～2 g,煮沸 1～2 min,用锌标准溶液滴定至终点(第二终点),消耗锌标液 8.25 mL,求试样中的含铝量。(Al 的相对原子质量为 26.982)

9. 称取 0.880 6 g 邻苯二甲酸氢钾(KHP)样品,溶于适量水后,用 0.205 0 mol/LNaOH 标准溶液滴定,用去 NaOH 标准溶液 20.10 mL,求该样品中所含纯 KHP 的质量是多少?[邻苯二甲酸氢钾(KHP)的相对分子质量为 204.22]

10. 用 pH 玻璃电极测定溶液的 pH 值,测得 $pH_标=4.0$ 的缓冲溶液的电池电动势为 -0.14 V,测得试液的电池电动势为 0.02 V,试计算试液的 pH 值。

11. 用丁二酮肟重量法测定镍合金中镍的含量。若称取 0.2 g 含镍 60%的镍合金,需用丁二酮肟($C_4H_8N_2O_2$)溶液(1%)多少毫升?(镍的相对原子质量为 58.70)

12. 称取锰钢试样 0.200 0 g,酸溶后,$HClO_4$ 氧化,用 $C_{(NH_4)_2Fe(SO_4)_2}=0.020\ 00$ mol/L 标准溶液滴定,用去 14.25 mL,求该锰钢中锰的质量分数。平行分析六次,消耗硫酸亚铁铵分别为 14.20 mL、14.25 mL、14.30 mL、14.20 mL、14.25 mL、14.25 mL,试计算分析结果的标准偏差。(锰的相对原子质量为 55.00)

13. 标样机字 88-12 中给出的碳标准值为 0.399%,标准偏差 S 为 0.008,现用燃烧—非水滴定法测定该标样共 6 次,测得碳的平均值为 0.389%,标准偏差 S 为 0.012,请评定现用的测试方法的精密度与标样定标准值时所用方法的精密度($\alpha=0.05$)是否有显著性差异?($F_{0.05,5}=2.37$)

14. 测定某样品中铬的含量(以 ppm 表示),总共测 7 次,其结果分别为:2.14、2.12、2.17、2.13、2.12、2.15、2.11,试计算在置信度 95%时,测定的平均值的置信区间。($t_{0.05,6}=2.45$)

15. 某溶液中含 0.10 mol/L Cd^{2+} 和 0.10 mol/L Zn^{2+}。为使 Cd^{2+} 形成 CdS 沉淀而与 Zn^{2+} 分离,S^{2-} 离子的浓度应控制在什么范围?($K_{sp}(CdS)=3.6\times10^{-29}$,$K_{sp}(ZnS)=1.2\times$

10^{-23})

16. 称取含铬试样 0.500 0 g,溶解后,用过硫酸铵银盐氧化滴定法测定铬,以 0.025 0 mol/L亚铁标准溶液滴定,消耗亚铁标液 16.85 mL,方法中加两滴指示剂(每滴指示剂消耗亚铁 0.04 mL),计算试样中铬的百分含量。(铬的相对原子质量为 51.996)

17. 称取黄铜试样 0.500 0 g,按操作方法处理后,稀释至 250 mL,吸取 25 mL,按分析方法滴定用去 0.020 0 mol/L HEDTA 溶液 14.20 mL,计算黄铜中锌的含量。(锌的相对原子质量为 65.38)

18. 称取烧碱试样 5.000 0 g,用水溶解后,稀释至 100 mL,分取 25.00 mL 试液,以甲基橙作指示剂,用去浓度为 1.020 0 mol/L 的盐酸标准溶液 21.32 mL,滴定至橙红色;另取 25.00 mL 试液,加入 3 mL 氯化钡溶液(5%),以酚酞作指示剂,用去浓度为 1.020 0 mol/L 的盐酸标准溶液 21.02 mL,滴定至无色为终点,试计算烧碱试样中氢氧化钠和碳酸钠的质量百分数。

19. 称取 Na_2CO_3 样品 0.490 9 g,溶于水后,用 0.505 0 mol/L HCl 标准溶液滴定,终点时消耗 HCl 标准溶液 18.32 mL,求试样中 Na_2CO_3 的百分含量。(碳酸钠的相对分子质量为 105.99)

20. 原子吸收分析中会遇到哪些干扰因素?简要说明各用什么措施可抑制上述干扰。

21. 试论述发射光谱分析法中选择内标元素和内标线时应遵循的基本原则。

22. 有 0.200 0 g 黄铜样品,用碘量法测定含铜量,若析出的 I_2 消耗了 0.100 0 mol/L $Na_2S_2O_3$ 标准溶液 20.00 mL,求铜含量。(铜的相对原子质量为 63.55)

23. 用原子吸收法测定未知液中铁含量。取 10 mL 未知液试样放入 25 mL 容量瓶中,稀释到刻度,测得吸光度为 0.354;在另一个 25 mL 容量瓶中,加入 9.0 mL 未知液,另加 1.0 mL 50 μg/mL 铁标准溶液,测得吸光度为 0.638,求未知液中铁的含量。

24. 现在有 4 800 mL、0.098 2 mol/L 的 H_2SO_4 溶液,欲使其浓度增加为 0.100 0 mol/L,应加入 0.500 0 mol/L H_2SO_4 溶液多少毫升?

25. 测定铝盐中 Al^{3+} 时,称取试样 0.250 0 g,溶解后加入 0.050 0 mol/L EDTA 标准溶液 25.00 mL,在 pH=3.5 条件下加热煮沸,使 Al^{3+} 与 EDTA 反应完全后,调节溶液的 pH 值为 5.0~6.0,加入二甲酚橙,用 0.020 0 mol/L $Zn(Ac)_2$ 标准溶液 21.50 mL 滴定至红色,求铝的百分含量。(铝的相对原子质量为 26.98)

26. 称取含磷试样 0.100 0 g,处理成试液并把磷沉淀为 $MgNH_4PO_4$,将沉淀过滤洗涤后,再溶解并调节溶液的 pH=10.0,以铬黑 T 作指示剂,然后用 0.010 0 mol/L 的 EDTA 标准溶液滴定溶液中的 Mg^{2+},用去 20.00 mL,求试样中 P 的含量。(磷的相对原子质量为 30.97)

27. 有一 $K_2Cr_2O_7$ 标准溶液,已知其浓度为 0.020 0 mol/L,求其 $T_{K_2Cr_2O_7/Fe}$。如果称取试样重 0.280 1 g,溶解后,将溶液中的 Fe^{3+} 还原为 Fe^{2+},然后用上述 $K_2Cr_2O_7$ 标准溶液滴定,用去 25.60 mL,求试样中的含铁量,以 Fe% 表示。(铁的相对原子质量为 55.85)

28. 称取食盐 0.200 0 g,溶于水,以 K_2CrO_4 作指示剂,用 0.150 0 mol/L $AgNO_3$ 标准溶液滴定,用去 22.50 mL,计算 NaCl 的百分含量。(氯化钠的相对分子质量为 58.44)

29. 在 25 ℃时,$BaSO_4$ 沉淀在纯水中的溶解度为 1.05×10^{-5} mol/L。如果加入过量的 H_2SO_4 并使溶液中 SO_4^{2-} 的总浓度为 0.01 mol/L,问 $BaSO_4$ 的溶解损失为多少?(设总体积为 200 mL,$K_{sp}=1.1\times10^{-10}$)(硫酸钡的相对分子质量为 233.4)

30. 称取岩石样品 0.200 0 g,经过处理得到硅胶沉淀,再灼烧成 SiO_2,称得 SiO_2 的质量为 0.136 4 g,计算试样中 SiO_2 的百分含量。

31. 已知含 Cd^{2+} 浓度为 140 $\mu g \cdot L^{-1}$ 的溶液,用双硫腙法测定镉,液层厚度为 2 cm,在 $\lambda =$ 520 nm 处测得的吸光度为 0.22,计算摩尔吸光系数。(镉的相对原子质量为 112.41)

32. 某有色物质 X,摩尔质量为 150 g/mol,在 $\lambda = 405$ nm 有一个吸收峰,浓度为 3.03 mg/L 的溶液,在 2.00 cm 比色皿中,吸光度为 0.842;当用 1.00 cm 比色皿,吸光度为 0.768 时,求该 100 mL 溶液中 X 的含量为多少?

33. 欲配制 0.020 00 mol/L $K_2Cr_2O_7$ 标准溶液 1 000 mL,问应称取 $K_2Cr_2O_7$ 多少克?(重铬酸钾的相对分子质量为 294.2)

34. 欲配制 pH＝5.00 的缓冲溶液 500 mL,已用去 6.0 mol/L HAc 34.0 mL,问需要 $NaAc \cdot 3H_2O$ 多少克?($K_a = 1.8 \times 10^{-5}$, $M_{NaAc} = 136.1$ g/mol)

35. 试论述不确定度与误差的区别。

材料成分检验工(高级工)答案

一、填空题

1. 计量单位制　　2. 计量工作　　3. 破坏其准确度　　4. 最高计量
5. 准确度　　6. 统计分析　　7. 统计分析　　8. 合格
9. 持续恒定　　10. 偶然误差　　11. 带电离子
12. 离子间相互牵制作用　　13. 极性键　　14. 电离常数
15. 同离子效应　　16. 全面分析　　17. 离子间的反应　　18. 盐酸
19. 锰　　20. 离子浓度的乘积　　21. 有电子得失　　22. 分子数
23. 化学能　　24. 稳定常数　　25. 氨羧　　26. 可溶性络合物
27. 酒石酸　　28. 溶解达到平衡　　29. 反萃取　　30. 滴定的终点误差
31. 僵化现象　　32. 同离子效应　　33. 覆盖　　34. 掩蔽作用
35. 解蔽　　36. 原子蒸气　　37. 有色络合物　　38. 连续光谱
39. 标准曲线法　　40. 电解池　　41. 指示电极　　42. 抵抗性能
43. 浓度极大值　　44. 流动相　　45. 用手去触摸　　46. 激发
47. 数据处理能力　　48. 检测信号　　49. 分配系数　　50. 平均组成
51. 0Cr18Ni9　　52. 68 黄铜　　53. 硫、磷　　54. 机械强度
55. 组分间沸点　　56. 水溶性酸碱　　57. 留有气泡

58. $s(x) = \sqrt{\dfrac{1}{n-1}\sum\limits_{i=1}^{n}(x_i - \bar{x})^2}$　　59. 评价测量方法　　60. 三级

61. 化合碳　　62. 21.408 0 g　　63. 0.071 4 g　　64. 3.312 3 g
65. 0.25 mol/L　　66. 0.101 7 mol/L　　67. 20.09 mL　　68. 20.00 mL
69. 3.340 2 g　　70. 原子化器　　71. 石墨炉法　　72. 分析谱线
73. 红外　　74. 实际分解　　75. 电池电动势　　76. 特征发射光谱
77. 二次 X 射线　　78. 气体　　79. 物理干扰　　80. 对灵敏度有影响
81. 共振线　　82. 吸收差　　83. 共振线产生吸收　　84. 空心阴极灯
85. 组成与含量　　86. 凝聚放电　　87. 稳定性　　88. 进样系统
89. 电感耦合等离子体　　90. 特征谱线　　91. 制备成溶液　　92. 起泡器
93. 相对强度　　94. 两相　　95. 色谱柱　　96. 色谱柱
97. 高频熔样炉　　98. 电信号　　99. 电化学　　100. 选择性
101. 电极电位　　102. 电导　　103. 分析操作　　104. 方法
105. 检测全过程　　106. 电极电位　　107. 氨性溶液　　108. 有机溶剂
109. 介质损耗　　110. 主桥和辅桥　　111. 接收器机体　　112. 内插法
113. 算术平均值　　114. 分散程度　　115. 显著性　　116. 置信度

117. 超电势   118. 三标准试样法   119. 系统误差   120. 理论基础

121. 纯金属   122. 蒸馏水   123. 暗电流   124. 发射

125. 废气   126. 烟道气   127. 基本微粒   128. 两路

129. 电离气体   130. 内标法   131. 电极   132. 偏离

133. 20～30   134. 最大吸收   135. 最大负荷   136. 灯电流

137. 温度   138. 对照   139. 增加测定次数   140. 测量电路

141. 存在形式   142. 热丝阻值   143. 光栅   144. 基态原子

145. 吸收线   146. 放大器   147. 液槽的厚度   148. 单色光

149. 气溶胶   150. 电流   151. 载送样品   152. 化学组成

153. 5～10   154. 性质要稳定   155. 氩气   156. 技术力量

157. 激发态   158. 石英   159. 杂质含量   160. 预热时间

161. 改动人   162. 原填写人   163. 系统   164. 扣除背景

165. 气相传质   166. 验证   167. 使用熟练   168. 截止滤光片组

169. 光学系统   170. 聚光透镜   171. 环境温度   172. 清洁度

173. 更换   174. 结块   175. 清洗   176. 一定的能量

177. 通风橱   178. 绝缘良好   179. 骨骼组织   180. 干燥

181. 指定地点   182. 防振圈   183. 定期检查   184. 进行改动

185. 量值失准   186. 校准和检测   187. 返滴定法   188. 不均匀

189. 最小波长   190. 使沉淀溶解   191. 3.5～4.5   192. 铂的损失

193. 提高准确度

二、单项选择题

1. D	2. D	3. D	4. B	5. A	6. B	7. D	8. D	9. C
10. B	11. D	12. C	13. D	14. B	15. B	16. A	17. D	18. A
19. B	20. B	21. A	22. B	23. B	24. D	25. A	26. C	27. B
28. D	29. B	30. B	31. C	32. D	33. B	34. D	35. A	36. D
37. C	38. B	39. B	40. B	41. B	42. D	43. B	44. A	45. A
46. B	47. B	48. A	49. A	50. C	51. A	52. D	53. C	54. B
55. A	56. C	57. C	58. D	59. A	60. B	61. B	62. C	63. A
64. A	65. A	66. B	67. C	68. B	69. A	70. C	71. D	72. B
73. B	74. C	75. D	76. B	77. B	78. B	79. B	80. D	81. C
82. D	83. C	84. B	85. C	86. D	87. A	88. C	89. B	90. C
91. A	92. C	93. B	94. D	95. A	96. B	97. C	98. B	99. A
100. B	101. C	102. D	103. B	104. B	105. A	106. D	107. A	108. D
109. B	110. D	111. A	112. A	113. A	114. D	115. C	116. C	117. D
118. A	119. C	120. C	121. D	122. D	123. B	124. C	125. D	126. B
127. D	128. C	129. D	130. D	131. B	132. A	133. D	134. B	135. D
136. B	137. C	138. B	139. D	140. A	141. B	142. C	143. C	144. B
145. B	146. D	147. B	148. B	149. C	150. C	151. B	152. C	153. B

154. D　155. A　156. B　157. D　158. B　159. B　160. B　161. C　162. D
163. A　164. A　165. A　166. D　167. C　168. C　169. C　170. C　171. A
172. B　173. C　174. B　175. D　176. D　177. D　178. C　179. A　180. A
181. A　182. C　183. C　184. D　185. B　186. C　187. A　188. B　189. B
190. C　191. B　192. C　193. D

三、多项选择题

1. ABC　2. ABC　3. ABCD　4. ABD　5. ABD　6. AB　7. BC
8. AB　9. ABCD　10. ABC　11. AB　12. ACD　13. BD　14. BCD
15. AC　16. AD　17. ABCD　18. ABCD　19. ABCD　20. ABC　21. ABCD
22. ACD　23. AB　24. ABC　25. ACD　26. ABC　27. CD　28. AB
29. ABC　30. ABC　31. ACD　32. ABD　33. ABC　34. AC　35. CD
36. ABC　37. AD　38. ABC　39. ABC　40. ABD　41. ABCD　42. ABCD
43. ACD　44. ACD　45. AC　46. ABC　47. AC　48. ABCD　49. AC
50. BD　51. AC　52. AC　53. AB　54. AC　55. BC　56. ABCD
57. AB　58. AC　59. ABC　60. BD　61. ABCD　62. BD　63. ABCD
64. AC　65. ABC　66. AB　67. AD　68. AC　69. BC　70. ABCD
71. ABCD　72. BCD　73. CD　74. ABD　75. AD　76. AB　77. ABD
78. AB　79. CD　80. BC　81. BC　82. ABD　83. AD　84. ABC
85. ABD　86. BCD　87. ABCD　88. BCD　89. AC　90. ABCD　91. AB
92. ABCD　93. BCD　94. ABCD　95. AC　96. ABD　97. AC　98. ABC
99. ABCD　100. ABC　101. BD　102. AC　103. ABCD　104. ABC　105. BC
106. AB　107. ABD　108. CD　109. BD　110. BD　111. ABCD　112. BC
113. BD　114. AC　115. ACD　116. CD　117. BD　118. AC　119. BD
120. AD　121. ABCD　122. AC　123. ABCD　124. AD　125. AD　126. AB
127. ACD　128. ABCD　129. AD　130. AB　131. BD　132. BC　133. AD
134. BC　135. ABC　136. AB　137. BC　138. ABCD　139. ABC　140. AC
141. BCD　142. ABCD　143. ABD　144. ABCD　145. BD　146. AD　147. ABCD
148. BD　149. BC　150. AC　151. AD　152. BC　153. AB　154. BD
155. CD　156. ACD　157. AB　158. ABC　159. ABC　160. BC　161. AC
162. AC　163. AD　164. BC　165. BD　166. ABD　167. AB　168. ABC
169. ABC　170. BC　171. BC　172. ABC　173. AB　174. BCD　175. ACD
176. ACD　177. ABD　178. BCD　179. BCD　180. ABC　181. AD　182. ACD
183. AC　184. BC　185. AD　186. BCD　187. ABC　188. CD　189. ABC
190. ABCD　191. ABC　192. BCD　193. ABD

四、判断题

1. √　2. √　3. ×　4. ×　5. √　6. √　7. ×　8. √　9. ×
10. ×　11. ×　12. √　13. √　14. √　15. ×　16. ×　17. ×　18. √

19.√	20.×	21.×	22.√	23.×	24.√	25.×	26.×	27.×
28.×	29.×	30.√	31.×	32.√	33.√	34.√	35.√	36.×
37.×	38.×	39.√	40.√	41.√	42.√	43.√	44.√	45.√
46.√	47.√	48.×	49.√	50.√	51.×	52.√	53.×	54.√
55.√	56.√	57.√	58.√	59.√	60.√	61.√	62.√	63.√
64.×	65.√	66.√	67.√	68.√	69.×	70.√	71.√	72.√
73.×	74.√	75.√	76.√	77.√	78.√	79.√	80.√	81.√
82.√	83.√	84.√	85.√	86.√	87.√	88.√	89.√	90.√
91.×	92.×	93.√	94.√	95.×	96.√	97.√	98.√	99.√
100.√	101.×	102.√	103.√	104.√	105.√	106.√	107.×	108.√
109.√	110.×	111.√	112.√	113.√	114.√	115.√	116.√	117.√
118.√	119.√	120.√	121.√	122.√	123.√	124.√	125.√	126.√
127.√	128.√	129.√	130.√	131.√	132.√	133.√	134.√	135.√
136.√	137.√	138.√	139.√	140.√	141.√	142.√	143.√	144.×
145.√	146.×	147.√	148.√	149.√	150.√	151.√	152.×	153.√
154.√	155.√	156.√	157.√	158.√	159.√	160.√	161.√	162.√
163.√	164.√	165.√	166.√	167.√	168.√	169.×	170.√	171.√
172.√	173.√	174.√	175.√	176.×	177.√	178.√	179.√	180.√
181.×	182.√	183.√	184.√	185.√	186.√	187.√	188.√	189.×
190.×	191.√	192.×	193.√					

五、简 答 题

1. 答:电解质的电离度,除与构成它的离子结构有关外(1分),对同一种电解质来说,它还因溶液的浓度不同而不同(2分),溶液越稀,离子互相碰撞而结合成分子的机会越少,电解质的电离度越大(2分)。

2. 答:在难溶化合物的饱和溶液中,加入具有相同离子的强电解质,使难溶化合物的溶解度降低,叫同离子效应(5分)。

3. 答:随机误差服从正态分布的统计规律(2分),大小相等方向相反的误差出现的几率相等(2分),测定次数多时正负误差可以抵消,其平均值越接近真值(1分)。

4. 答:实验室分析用水质量要求的技术指标有 pH 值范围、电导率、可氧化物质、吸光度、蒸发残渣、可溶性硅等(3分)。实验室分析用水分为三个等级:一级水、二级水和三级水(2分)。

5. 答:在不加入试样的情况下,按选用的测定方法以同样试剂,在同样条件下进行分析,叫空白试验(3分)。用已知含量的标准试样或人为配置的试样,按选用的测定方法,以同样试剂,在同样条件下进行分析,叫对照试验(2分)。

6. 答:混合指示剂是由一种酸碱指示剂和一种惰性染料或两种酸碱指示剂,按一定的比例配制而成的混合物(3分)。其特点是变色范围窄,终点变化敏锐(2分)。

7. 答:由于测量设备、测量方法、测量环境、人的观察力和被测对象等(4分)都不能做到完美无缺,而使测量结果受到歪曲,表现为测量结果与待求量真值间存在一定差值,这个差值就是测量误差(1分)。

8. 答:(1)被测物质能够吸收红外线(2分);(2)该物质吸收红外线必须是选择性地吸收某一特定波长的红外线(3分)。

9. 答:金属铁与氧产生三氧化二铁尘垢,堵塞管边,影响硫池吸收,造成"拖尾"现象(3分)。处理方法:定期清理过滤网、燃烧管、管道(2分)。

10. 答:因为一些物质的显色反应较慢,需要一定时间才能完成,溶液的颜色才能达到稳定,故不能立即比色(2分);而有些化合物的颜色放置一段时间后,由于空气的氧化、试剂的分解或挥发、光的照射等原因,会使溶液的颜色发生变化,故应在规定时间内完成比色(3分)。

11. 答:用标准氢电极与其他各种标准状态下的金属电池组成原电池(3分),这个原电池电动势的数值就是该金属的标准电极电位(2分)。

12. 答:先根据分析方法测出试样中某一成分的含量(2分),再在相同试样中加入一定量的标准物质,再测其含量(2分),此含量减去试样原含量除以加入的标准物质量即为该方法的回收率(1分)。

13. 答:(1)温度(1分);(2)溶剂(1分);(3)盐类(1分);(4)指示剂的用量(2分)。

14. 答:当络合滴定到达等当点后(1分),过量的EDTA不能夺取金属—指示剂有色络合物中的金属离子(1分),即不能破坏有色络合物,致使指示剂在等当点附近没有颜色变化,这种现象称为指示剂的封闭现象(3分)。

15. 答:气固色谱是利用组分分子在流动相与固定相(吸附剂)之间反复进行吸附—脱附—再吸附—再脱附的分配过程,最后达到组分间的彼此分离(5分)。

16. 答:色谱流出曲线也叫色谱图(1分),它是在气相色谱分析过程中,由记录仪画出的以检测器输出电信号为纵坐标,以组分流出色谱柱的时间或载气流出体积为横坐标的曲线图(4分)。

17. 答:(1)载气及流速的选择(1分);(2)柱长及柱内径的选择(1分);(3)柱温的选择(1分);(4)气化室温度的选择(1分);(5)进样量与进样时间的选择(1分)。

18. 答:(1)能发射待测元素的共振线(2分);(2)能发射锐线光(1分);(3)发射的光必须具有足够的强度,稳定且背景小(2分)。

19. 答:被测元素由试样中转入气相,并解离为基态原子的过程,称为原子化过程(5分)。

20. 答:检出极限是指各种光谱仪的综合性技术指标(3分),它既反映仪器的质量和稳定性(1分),也反映仪器对某元素在一定条件下的检出能力(1分)。

21. 答:原子吸收分析的灵敏度是指被测物质的浓度或含量改变一个单位时所引起的测量信号的变化程度(5分)。

22. 答:(1)反应必须完全(2分);(2)反应必须按一定的化学式定量进行(2分);(3)反应必须迅速(1分)。

23. 答:选择一条分析线和一条内标线组成分析线对(2分),以分析线和内标线的相对光谱强度对被测元素的含量绘制校准曲线进行光谱定量分析(3分)。

24. 答:用导线将原电池的两个电极连起来,检流计的指针就发生偏转(2分),这表示两极间有电流通过,电流是从电位高处向电位低处流动,也表明两极间有电位差,这个电位差叫作原电池的电动势(3分)。

25. 答:电池电动势产生的原因是两个电极得到(或失去)电子能力(或倾向)大小不同而

引起的(5分)。

26. 答:通常可选用共振线作分析线,因为这样一般都能得到最高的灵敏度(2分);测定高含量时,为避免试样浓度过度稀释和减少污染等问题,可选用灵敏度较低的非共振吸收线为分析线(3分)。

27. 答:(1)淀粉必须是可溶性淀粉(1分);(2)I_2与淀粉的蓝色在热溶液中会消失,故不能在热溶液中进行(1分);(3)溶液的酸度必须为中性或弱酸性,否则显色不灵敏(1分);(4)淀粉必须在近终点时加入(1分);(5)淀粉指示液用量要适当(1分)。

28. 答:块状试样在高压火花放电下被激发,跳回基态时发出特征谱线,经光栅色散后,通过出射狭缝,照射到光电倍增管,产生电信号,此信号经计算机处理(4分),根据元素含量和信号强弱的对应关系,直读被测元素的含量,并记录打印(1分)。

29. 答:常用的溶剂有盐酸、硝酸、高氯酸、硫酸、氢氟酸以及适宜的混合酸(5分)。

30. 答:(1)分离效能高(2分);(2)灵敏度高(1分);(3)分析速度快(1分);(4)应用范围广(1分)。

31. 答:化学干扰主要有:(1)与共存元素生成更稳定的化合物(2分);(2)与共存元素生成了难溶的氧化物、氮化物或碳化物(3分)。

32. 答:(1)改变火焰温度(1分);(2)在样品和标样溶液中加入释放剂、保护剂和缓冲剂(2分);(3)预先分离干扰物质(2分)。

33. 答:(1)所配制的标准系列的浓度应在吸光度与浓度成直线关系的范围内(2分);(2)标准系列的基体组成与待测试液应当尽可能一致(1分);(3)整个测定过程中,操作条件应当保持不变(1分);(4)每次测定都应同时绘制工作曲线(1分)。

34. 答:优点是原子化效率高,绝对灵敏度高,取样量少,固体、液体均可直接进样(3分);缺点是基体效应,化学干扰较多,测量的重现性比火焰法差(2分)。

35. 答:(1)共存组分在这两个波长处应具有相同的吸收,以使其浓度变化不影响测量值,通常选择一吸收点作为参比波长(3分);(2)待测组分在这两个波长处的吸收差值应足够大(2分)。

36. 答:由一种特制的光源发射出待测元素的特征谱线(2分),当它通过样品蒸汽时,被蒸汽中待测元素的基态原子所吸收(1分),由辐射光波强度减弱的程度可以求出样品中待测元素的含量(2分)。

37. 答:利用激发光源使试样蒸发气化,离解或分解为原子状态,原子进一步电离成离子状态,原子及离子在光源中激发发光(3分);利用光谱仪将光源发射的光分解为按波长排列的光谱;利用光电器件检测光谱(2分)。

38. 答:ICP系统中的高频发生器的功能是向感应螺管提供高频电流(5分)。

39. 答:当分子受到频率连续变化的红外光照射时(1分),分子吸收某些频率的辐射,引起振动和转动能级的跃迁(1分),使相应于这些吸收区域的透射光强度减弱,将分子吸收红外辐射的情况记录下来,便得到了红外光谱图(3分)。

40. 答:红外光谱产生的必要条件有两个:(1)光辐射的能量应恰好满足振动能级跃迁所需要的能量(3分);(2)在振动过程中分子必须有偶极矩的变化(大小或方向)(2分)。

41. 答:(1)KCl溶液必须是饱和的(1分);(2)在甘汞电极的下部一定要有固体KCl存在,否则要补加KCl(2分);(3)内部电极必须浸泡在KCl饱和溶液中,且无气泡(1分);(4)使用时将橡皮帽去掉,不用时戴上(1分)。

42. 答:电导分析法是以测量物质的电导为基础,来确定物质含量的分析方法(5分)。

43. 答:(1)大小相等的正、负误差出现的几率相等(2分);(2)小误差出现的机会多,大误差出现的机会少,特别大的正、负误差出现的几率非常小,故偶然误差出现的几率与其大小有关(3分)。

44. 答:(1)选取标准样品的基体与样品不符(2分);(2)样品溶解不完全(1分);(3)背景干扰(1分);(4)ICP检测强度小,准确度差(1分)。

45. 答:测定结果偏低的原因有三个方面:一是六价铬呈氯化铬酰(CrO_2Cl_2)挥发而损失(2分);二是六价铬被高氯酸冒烟时可能产生的过氧化氢还原(2分);三是氧化不完全(1分)。

46. 答:实验室的混合废液可用铁粉法处理,此法操作简便,没有相互干扰,效果良好(1分)。调节废水的pH为3~4,加入铁粉,搅拌半小时,用碱把pH调至9左右,继续搅拌10 min,加入高分子混凝剂,进行混凝后沉淀,清液可处理,沉淀物以废渣处理(4分)。

47. 答:(1)进行对照试验(1分);(2)进行空白试验(1分);(3)进行仪器及方法校正(2分);(4)改进分析方法(1分)。

48. 答:(1)插销或灯泡接触不良(2分);(2)灯泡坏(1分);(3)由升降枢控制的微动开关触点长锈,接触不良或未接触上(2分)。

49. 答:(1)少许拧松固定顶尖的螺母,左右移动顶尖(向外折时向里移)至不折为止,再小心紧固(2分);(2)用拔棍升高或降低顶尖的螺丝(2分);(3)调节托盘至适当位置(1分)。

50. 答:(1)灯电流的大小(1分);(2)火焰与燃气、助燃气的流量(1分);(3)燃烧器的高度(1分);(4)雾化器的调节(1分);(5)光谱通带的选择(1分)。

51. 答:检测系统主要由检测器、放大器、对数变换器和读数显示装置组成(5分)。

52. 答:对于个别元素灵敏度下降属于元素灯,远紫外区元素灯问题(2分);大多数元素灵敏度下降是由于燃烧器不在正确光路位置上,喷雾器效果差,灯电源工作不正常(3分)。

53. 答:(1)预热时间不够(2分);(2)供电电源不稳(1分);(3)干燥剂失效(1分);(4)环境振动过大(1分)。

54. 答:在重量分析中,进行沉淀时,某些可溶性杂质同时沉淀下来的现象,称为共沉淀现象(3分);当沉淀析出后,在放置的过程中,溶液中的杂质离子慢慢沉淀到原沉淀上的现象称为后沉淀现象(2分)。

55. 答:(1)选择适当的分析程序(1分);(2)降低易被吸附的杂质离子的浓度(1分);(3)选择适当的洗涤剂进行洗涤(1分);(4)进行再沉淀(1分);(5)选择适当的纯度条件(1分)。

56. 答:影响显色反应的因素有:酸度、显色剂用量、温度、时间、试剂加入的顺序和方式、溶剂、共存离子的影响(5分)。

57. 答:ICP光源整套装置由高频发生器、炬管和供气系统、样品引入系统组成(5分)。

58. 答:要求载气不与固定液和被测物起化学反应(2分),当分析超纯物质时,要求载气的纯度也要高,否则将影响灵敏度和稳定性(3分)。

59. 答:(1)在滴定的pH范围内,游离指示剂本身的颜色与其金属离子配合物的颜色应有显著的区别(2分);(2)指示剂与金属离子的显色反应必须灵敏、迅速,且具有良好的可逆性(1分);(3)"M—指示剂"配合物的稳定性要适当(1分);(4)指示剂应具有一定的选择性

（1分）。

60. 答:(1)反应要定量地完成(2分);(2)反应速度要快,滴定反应要求在瞬间完成(2分);(3)要有简便可靠的方法确定滴定的终点(1分)。

61. 答:(1)应具有固定的已知的组成,才能根据化学比例计算被测组分的含量(3分);(2)要有足够的化学稳定性(1分);(3)应具有尽可能大的摩尔质量(1分)。

62. 答:标准溶液浓度的大小应当根据下面四个原则来考虑:(1)滴定终点的敏锐程度(2分);(2)测量标准溶液体积的相对误差(1分);(3)分析试样的成分和性质(1分);(4)对分析结果准确度的要求(1分)。

63. 答:(1)开始滴定时因反应速度慢,滴定速度要慢,待反应开始后,反应速度变快,滴定速度方可加快(2分);(2)近终点时加热至 65 ℃,使高锰酸钾与草酸钠反应完全(1分);(3)用高锰酸钾作自身指示剂,溶液出现淡粉色 30 s 不褪为终点(1分);(4)控制合适的酸度(1分)。

64. 答:通过测量不确定度的评定来定量的评价测量结果的质量,以确定测量结果的可信程度(2分)。不确定度越小,测量结果的质量越高,水平越高,使用价值也越高;不确定度越大,测量结果的质量越低,水平越低,其使用价值也越低(3分)。

65. 答:(1)辐射光子具有的能量与发生振动跃迁所需的跃迁能量相等(3分);(2)辐射与物质之间有耦合作用(2分)。

66. 答:(1)温度高,可达 10 000 K,灵敏度高,可达 10^{-9}(1分);(2)稳定性好,准确度高,重现性好(1分);(3)线性范围宽,可达 4～5 个数量级(1分);(4)可对一个试样同时进行多元素的含量测定(1分);(5)自吸效应小,基体效应小(1分)。

67. 答:人体触电时应立即切断电源(1分),或用非导体将电线从触电者身上移开(1分),如有休克现象,应将触电者移到有新鲜空气处,立即进行人工呼吸,并请医生到现场抢救(3分)。

68. 答:(1)在石墨炉中使用氩气、氮气等惰性气体,是用来保护石墨管不因高温灼烧而氧化(3分);(2)另一方面是作为载气把气化的样品物质带走(2分)。

69. 答:(1)认可是由权威机构进行的,认证是由第三方进行的(2分);(2)认可与认证的对象不同(1分);(3)认可是证明具备能力,而认证是证明符合性(1分);(4)认可是正式承认,而认证是书面保证(1分)。

70. 答:(1)雾化器选用适当,标准样品与试验雾化效率应保持一致(2分);(2)蠕动泵转速需均衡(1分);(3)炬管需保持通畅和清洁,感应线圈冷却水及时补充或定时更换(1分);(4)氩气稳定,流量适当(1分)。

六、综 合 题

1. 答:指示剂的封闭,如果是由于溶液中某些其他离子与指示剂形成非常稳定的络合物而不能被 EDTA 夺取因而指示剂被封闭,就必须加入适当的掩蔽剂或用预先分离的方法来消除干扰(5分);若封闭现象是由于被滴定离子本身与指示剂形成有色络合物的变化不可逆,则可采用先加入过量的 EDTA,然后进行反滴定来消除干扰(5分)。

2. 解:$\overline{X}=(67.47\%+67.43\%+67.48\%)/3=67.46\%$(2分)

$X_i-\overline{X}$ 分别为:

$67.47\%-67.46\%=+0.01\%$

$67.43\% - 67.46\% = -0.03\%$

$67.48\% - 67.46\% = +0.02\%$

$\sum_{i=1}^{n} |X_i - \overline{X}| = 0.01\% + 0.03\% + 0.02\% = 0.06\%$(5 分)

平均偏差 $= 0.06\%/3 = 0.02\%$(1 分)

相对平均偏差 $= 0.02\%/67.46\% \times 100\% = 0.03\%$(1 分)

答:平均偏差为 0.02%,相对平均偏差为 0.03%(1 分)。

3. 解:6 次测定结果递增的顺序为:0.504 2、0.505 0、0.505 1、0.506 3、0.506 4 和 0.508 6。

根据 $Q_{计} = \dfrac{X_n - X_{n-1}}{X_n - X_1}$(5 分)得:

$Q_{计} = \dfrac{0.508\ 6 - 0.506\ 4}{0.508\ 6 - 0.504\ 2} = 0.50$(2 分)

当 $n = 6$ 时,$Q_{0.90} = 0.56$(1 分),可见 $Q_{计} < Q_{0.90}$,故 0.508 6 应保留(1 分)。

答:0.508 6 mol/L 应保留(1 分)。

4. 解:溶解的 Ag_2CrO_4 完全电离,但 1 mol Ag_2CrO_4 含有 2 mol Ag^+ 和 1 mol CrO_4^{2-}。

$Ag_2CrO_4 \rightleftharpoons 2Ag^+ + CrO_4^{2-}$(1 分)

因此,在 Ag_2CrO_4 的饱和溶液中:

$[Ag^+] = 2 \times 1.34 \times 10^{-4}$ mol/L(2 分)

$[CrO_4^{2-}] = 1.34 \times 10^{-4}$ mol/L(2 分)

$K_{sp} = [Ag^+]^2[CrO_4^{2-}] = (2 \times 1.34 \times 10^{-4})^2 \times (1.34 \times 10^{-4})$

$\quad\quad = 9.6 \times 10^{-12}$(4 分)

答:25 ℃时 Ag_2CrO_4 的 K_{sp} 为 9.6×10^{-12}(1 分)。

5. 答:(1)电子仪器应经常保持清洁(1 分);(2)仪器应注意防潮(1 分);(3)仪器在经常不用的情况下,要有专人负责保管(2 分);(4)对于具有机械活动部分的仪器,要经常用无水乙醇或丙酮擦洗积垢(2 分);(5)有些装有标准电池的仪器,如 pH 计、极谱仪等,应当注意标准电池只允许小电流通过和短时间接通,否则就会损坏或不准确(3 分);(6)铅蓄电池要经常充电(1 分)。

6. 解:$\overline{X} = \dfrac{X_i}{n} = \dfrac{20.03\% + 20.04\% + 20.02\% + 20.05\% + 20.06\%}{5} = 20.04\%$(2 分)

$d_1^2 = (X_1 - \overline{X})^2 = (20.03 - 20.04)^2 = 0.000\ 1$

$d_2^2 = (X_2 - \overline{X})^2 = (20.04 - 20.04)^2 = 0$

$d_3^2 = (X_3 - \overline{X})^2 = (20.02 - 20.04)^2 = 0.000\ 4$

$d_4^2 = (X_4 - \overline{X})^2 = (20.05 - 20.04)^2 = 0.000\ 1$

$d_5^2 = (X_5 - \overline{X})^2 = (20.06 - 20.04)^2 = 0.000\ 4$

$\sum d_i^2 = 0.001$

标准偏差 $S(\%) = \sqrt{\dfrac{\sum d_i^2}{n-1}} = \sqrt{\dfrac{0.001}{4}} = 0.016\%$(5 分)

相对标准偏差(%) $= \dfrac{S}{\overline{X}} \times 100\% = \dfrac{0.016}{20.04} \times 100\% = 0.08\%$(2 分)

答:分析结果的平均值为 20.04%,标准偏差为 0.016%,相对标准偏差为 0.08%(1 分)。

7. 解:显色液中浓硫酸的毫升数为:$V_{H_2SO_4} = \left(\dfrac{1}{1+9} \times 30\right) \times \dfrac{10}{200} = 0.15(mL)$(3分)

显色液体积为:$V_{显} = 5 + 10 = 15(mL)$(2分)

已知浓硫酸浓度为 18 mol/L,所以显色液中硫酸的浓度:

$$C_{H_2SO_4} = \dfrac{V_{H_2SO_4} \times 18}{15} = \dfrac{0.15 \times 18}{15} = 0.18(mol/L)(4分)$$

答:此时显色液中硫酸的浓度为 0.18 mol/L(1分)。

8. 解:已知:$C_{Zn} = 0.020\ 0$ mol/L,$M_{Al} = 26.982$,$V_{Zn} = 8.25$ mL,$G = 0.250\ 0$ g(2分)

$$Al\% = \dfrac{C_{Zn} \cdot V_{Zn} \times 26.982}{G \times \dfrac{25}{100} \times 1\ 000} \times 100\% = \dfrac{0.020\ 0 \times 8.25 \times 26.982}{0.250\ 0 \times \dfrac{25}{100} \times 1\ 000} \times 100\% = 7.12\%(7分)$$

答:试样中的含铝量为 7.12%(1分)。

9. 解:设 m_{KHP} 为样品中所含纯净的 KHP 的质量,已知:$V_{NaOH} = 20.10$ mL,$C_{NaOH} = 0.205\ 0$ mol/L(1分)

由 $V_{NaOH} \times C_{NaOH} \times \dfrac{1}{1\ 000} = \dfrac{m_{KHP}}{M_{KHP}}$(4分)得:

$$m_{KHP} = V_{NaOH} \times C_{NaOH} \times \dfrac{1}{1\ 000} \times M_{KHP}$$

$$= 0.205\ 0 \times 20.10 \times \dfrac{1}{1\ 000} \times 204.22$$

$$= 0.841\ 4(g)(5分)$$

答:在 0.880 6 g 样品中含纯 KHP 0.841 4 g(1分)。

10. 解:$pH_x = pH_{标} + \dfrac{E_x - E_{标}}{0.059} = 4.0 + \dfrac{0.02 - (-0.14)}{0.059} = 6.7$(9分)

答:该试液的 pH 值为 6.7(1分)。

11. 解:设所需丁二酮肟的重量为 X g 则:

$$Ni^{2+} + 2C_4H_8N_2O_2 = Ni(C_4H_8N_2O_2)_2 + 2H^+ \quad (2分)$$

58.70   2×116.12

0.2×60%   X g

$$X = \dfrac{2 \times 116.12 \times 0.2 \times 60\%}{58.70} = 0.474\ 8(g)(3分)$$

由于丁二酮肟溶液的浓度为 1%,则:$100 : 1 = V : 0.47$(1分)

$V = 47$ mL(3分)

答:需用丁二酮肟溶液(1%)47 mL(1分)。

12. 解:$Mn\% = \dfrac{C_{(NH_4)_2Fe(SO_4)_2} \times V \times 0.055\ 00}{m} \times 100\%$(1分)

$$= \dfrac{0.020\ 00 \times 14.25 \times 0.055\ 00}{0.200\ 0} \times 100\%$$

$$= 7.84\%(2分)$$

六次结果分别为:7.81%、7.84%、7.86%、7.81%、7.84%、7.84%,

则:$\bar{x} = \dfrac{7.81\% + 7.84\% + 7.86\% + 7.81\% + 7.84\% + 7.84\%}{6} = 7.83\%$(2分)

$$准偏差 = \sqrt{\frac{1}{n-1}\sum_{i=1}(x_i-\bar{x})^2}$$

$$= \sqrt{\frac{(0.02^2+0.01^2+0.03^2+0.02^2+0.01^2+0.01^2)}{5}} = 0.020\,\%\,(4\,分)$$

答:该锰钢中 Mn 的质量分数为 7.84%,分析结果的标准偏差为 0.020%(1分)。

13. 解:已知 :$S_1 = 0.012, S_2 = 0.008$(1分)

由 $F = \dfrac{S_1^2}{S_2^2}$(3分)得:

$$F = \frac{0.012^2}{0.008^2} = 2.25\,(2\,分)$$

$F_{0.05,5} = 2.37$,由于 $F < F_{0.05,5}$(1分),所以两个方法的精密度无显著性差异(2分)。

答:两个方法的精密度无显著性差异(1分)。

14. 解:$\bar{x} = \dfrac{x_1+x_2+x_3+x_4+x_5+x_6+x_7}{7}$(2分)

$$= \frac{2.14+2.12+2.17+2.13+2.12+2.15+2.11}{7}$$

$$= 2.13\ \text{ppm}\,(1\,分)$$

$$S = \sqrt{\frac{\sum(x_i-\bar{x})^2}{n-1}} = \sqrt{\frac{\sum(x_i-2.13)^2}{7-1}}\,(2\,分)$$

$$= 0.021\ \text{ppm}\,(1\,分)$$

$$f = 7-1 = 6\,(1\,分)$$

已知 $t_{0.05,6} = 2.45$(1分),所以 95% 置信度时,7 次平均值的置信区间为:

$$\mu = 2.13 \pm \frac{2.45 \times 0.021}{\sqrt{7}}$$

$$= (2.13 \pm 0.020)\ \text{ppm}\,(2\,分)$$

答:95% 置信度时,测定的平均值置信区间为 (2.13 ± 0.020) ppm(1分)。

15. 解:沉淀 Cd^{2+} 时所需 S^{2-} 离子的最低浓度为:

$$[S^{2-}] = \frac{K_{sp}}{[Cd^{2+}]} = \frac{3.6 \times 10^{-29}}{0.10}\,(3\,分)$$

$$= 3.6 \times 10^{-28}\ \text{mol/L}\,(1\,分)$$

为不使 ZnS 沉淀,S^{2-} 离子的最高浓度为:

$$[S^{2-}] = \frac{K_{sp}}{[Zn^{2+}]} = \frac{1.2 \times 10^{-23}}{0.10}\,(3\,分)$$

$$= 1.2 \times 10^{-22}\ \text{mol/L}\,(1\,分)$$

答:$[S^{2-}]$ 在 $3.6 \times 10^{-28} \sim 1.2 \times 10^{-22}$ mol/L 之间可以使 CdS 沉淀,而 Zn^{2+} 留在溶液中。

当 $[S^{2-}] = 1.2 \times 10^{-22}$ mol/L 时,溶液中残留的 $[Cd^{2+}] = \dfrac{3.6 \times 10^{-29}}{1.2 \times 10^{-22}} = 3 \times 10^{-7}$ mol/L,说明 Cd^{2+} 已沉淀完全(2分)。

16. 解:已知:$C = 0.025\,0$ mol/L,$V = 16.85$ mL,$B = 0.04 \times 2 = 0.08$ mL,$G = 0.500\,0$ g,Cr 的相对原子质量为 51.996(1分)

$$\text{Cr}\% = \frac{C(V+B) \times \frac{51.996}{3}}{G \times 1\,000} \times 100\%$$

$$= \frac{0.025\,0 \times (16.85 + 0.08) \times \frac{51.996}{3}}{0.500\,0 \times 1\,000} \times 100\%$$

$$= 1.47\%(8\,分)$$

答:试样中铬的含量为 1.47%(1 分)。

17. 解:已知:$G = 0.500\,0\text{ g}$,$C_{\text{HEDTA}} = 0.020\text{ mol/L}$,$V_{\text{HEDTA}} = 14.20\text{ mL}$,Zn 的原子量为 65.38(1 分)

$$\text{Zn}\% = \frac{V_{\text{HEDTA}} \cdot C_{\text{HEDTA}} \cdot \frac{M_{\text{zn}}}{1\,000}}{G \times \frac{25}{250}} \times 100\%(5\,分)$$

$$= \frac{14.20 \times 0.020\,0 \times \frac{65.38}{1\,000}}{0.500\,0 \times \frac{25}{250}} \times 100\%$$

$$= 37.14\%(3\,分)$$

答:黄铜中锌的含量为 37.14%(1 分)。

18. 解:滴定过程中,中和氢氧化钠所消耗的盐酸标准溶液的体积 $V_1 = 21.02\text{ mL}$,中和碳酸钠所消耗盐酸标准溶液的体积 $V_2 = V - V_1 = 21.32 - 21.02 = 0.30\text{ mL}$(1 分)。

$$\text{NaOH}\% = \frac{CV_1 \times \frac{40}{1\,000}}{5.000\,0 \times \frac{25}{100}} \times 100\%(2\,分)$$

$$= \frac{1.020 \times 21.02 \times \frac{40}{1\,000}}{5.000 \times \frac{25}{100}} \times 100\%$$

$$= 68.61\%(2\,分)$$

$$\text{Na}_2\text{CO}_3\% = \frac{CV_2 \times \frac{106}{2\,000}}{5.000\,0 \times \frac{25}{100}} \times 100\%(2\,分)$$

$$= \frac{1.020 \times 0.30 \times \frac{106}{2\,000}}{5.000\,0 \times 25/100} \times 100\%$$

$$= 1.30\%(2\,分)$$

答:烧碱试样中氢氧化钠的质量百分数为 68.61%,碳酸钠的质量百分数为 1.30%(1 分)。

19. 解:用 HCl 滴定 Na_2CO_3 的反应为:$2\text{HCl} + \text{Na}_2\text{CO}_3 = 2\text{NaCl} + \text{H}_2\text{O} + \text{CO}_2\uparrow$(2 分)

已知:$G = 0.490\,9\text{ g}$,$C_{\text{HCl}} = 0.505\,0\text{ mol/L}$,$V = 18.32\text{ mL}$,$M_{\text{Na}_2\text{CO}_3} = 105.99$(1 分)

$$Na_2CO_3\% = \frac{C_{HCl}V \times \frac{1}{1\,000} \times \frac{a}{t} \times M_{Na_2CO_3}}{G} \times 100\% (3分)$$

$$= \frac{0.505\,0 \times 18.32 \times \frac{1}{1\,000} \times \frac{1}{2} \times 105.99}{0.490\,9} \times 100\%$$

$$= 99.88\% (3分)$$

答:样品中 Na_2CO_3 的百分含量为 99.88%(1分)。

20. 答:原子吸收分析中会遇到如下几种主要干扰:(1)光谱干扰,指光源谱线不纯及火焰中吸收谱线的干扰。前者主要是由于空心阴极灯阴极材料不纯或相邻谱线太靠近引起的,解决的办法是纯化材料或选择其他谱线;而后者主要是试样中的杂质元素的吸收引起的,可采用化学分离方法予以消除(4分)。(2)物理干扰,主要是由于试样的物理性质及测试中的其他因素引起的,如提升量、温度、雾化率等,解决的办法是选择最佳试验条件(3分)。(3)化学干扰,包括低电离电位元素的电离干扰、火焰中难熔化合物形成等,解决的办法是可选用合适的缓冲剂、释放剂以及稀释剂等(3分)。

21. 答:(1)同一系列的标准试样和分析试样中应含有相同量的内标元素,内标元素(应不含分析元素)如果是外加的,则在分析试样中该元素原有的含量必须极微或不存在(3分);(2)分析元素和内标元素的挥发率必须相近,以避免分馏现象,否则发光蒸气云中原子浓度之比随激发过程而变(2分);(3)分析线与内标线的激发电位和电离电位应尽量相近,这样谱线的强度比可不受激发条件改变的影响(2分);(4)分析线与内标线的波长应比较接近,强度也不应相差太大,这样可减少照相测量上引起的误差(2分);(5)分析线与内标线应没有自吸现象,并且不受其他元素的干扰(1分)。

22. 解:$4I^- + 2Cu^{2+} \rightarrow Cu_2I_2\downarrow + I_2$ (2分)

$2S_2O_3^{2-} + I_2 \rightarrow S_4O_6^{2-} + 2I^-$ (3分)

$$Cu(\%) = \frac{0.100\,0 \times 20.00 \times 63.55}{0.200\,0 \times 1\,000} \times 100\% (3分)$$

$$= 63.55\% (1分)$$

答:铜含量为 63.55%(1分)。

23. 解:设未知液中铁的含量为 c_x

$$0.354 = K \times \frac{10 \times c_x}{25} (2分)$$

$$0.638 = K \times \left(\frac{9 \times c_x + 1.0 \times 50}{25}\right) (2分)$$

则 $\frac{0.354}{0.638} = \frac{10 \times c_x \div 25}{(9 \times c_x + 1.0 \times 50) \div 25}$ (2分)

$0.354(9c_x + 1.0 \times 50) = 0.638 \times 10c_x$ (2分)

$c_x = 5.5\ \mu g/mL$ (1分)

答:未知液中铁的含量为 5.5 $\mu g/mL$(1分)。

24. 解:设应加入 V mL、0.500 0 mol/L 的 H_2SO_4 溶液

根据溶液增浓前后物质的量相等的原理(3分),

则:$0.098\,2 \times 4\,800 + 0.500\,0V = (4\,800 + V) \times 0.100\,0$ (4分)

$$V=\frac{(0.100\ 0-0.098\ 2)\times4\ 800}{0.500\ 0-0.100\ 0}=21.60\ \text{mL}（2\ \text{分}）$$

答：应加入 0.500 0 mol/L H_2SO_4 溶液 21.60 mL（1 分）。

25. 解：$Al\%=\dfrac{(0.050\ 0\times25.00-0.020\ 0\times21.50)\times26.98}{0.250\ 0\times1\ 000}\times100\%$（6 分）

$\qquad\qquad =8.85\%$（3 分）

答：铝的百分含量为 8.85%（1 分）。

26. 解：因 $MgNH_4PO_4\rightarrow Mg^{2+}\rightarrow PO_4^{3-}\rightarrow P$（2 分）

故 Mg^{2+} 的物质的量＝P 的物质的量

$$P\%=\frac{C\cdot V\times\dfrac{1}{1\ 000}\times M_P}{m}\times100\%（4\ \text{分}）$$

$$=\frac{0.010\ 0\times20.00\times\dfrac{1}{1\ 000}\times30.97}{0.100\ 0}\times100\%$$

$$=6.19\%（3\ \text{分}）$$

答：试样中磷的百分含量为 6.19%（1 分）。

27. 解：$Cr_2O_7^{2-}+6Fe^{2+}+14H^+=2Cr^{3+}+6Fe^{3+}+7H_2O$（1 分）

$$\frac{1}{1\ 000}\times C_{K_2Cr_2O_7}\times1\times6=\frac{T_{K_2Cr_2O_7/Fe}}{M_{Fe}}（2\ \text{分}）$$

$$T_{K_2Cr_2O_7/Fe}=\frac{C_{K_2Cr_2O_7}\times1\times6\times M_{Fe}}{1\ 000}（2\ \text{分}）$$

$$=\frac{0.020\ 0\times1\times6\times55.85}{1\ 000}$$

$$=0.006\ 702\ \text{g/mL}（1\ \text{分}）$$

$$Fe\%=\frac{T_{K_2Cr_2O_7/Fe}\times V_{K_2Cr_2O_7}}{m}\times100\%（2\ \text{分}）$$

$$=\frac{0.006\ 702\times25.60}{0.280\ 1}\times100\%$$

$$=61.25\%（1\ \text{分}）$$

答：试样中的含铁量为 61.25%（1 分）。

28. 解：$NaCl\%=\dfrac{0.150\ 0\times\dfrac{22.50}{1\ 000}\times58.44}{0.200\ 0}\times100\%$（6 分）

$\qquad\qquad =98.62\%$（3 分）

答：NaCl 的百分含量为 98.62%（1 分）。

29. 解：设 $BaSO_4$ 的溶解度为 S，此时 $[SO_4^{2-}]=0.01$ mol/L（1 分）

$$S=[Ba^{2+}]=\frac{K_{sp}}{[SO_4^{2-}]}=\frac{1.1\times10^{-10}}{0.01}=1.1\times10^{-8}\ \text{mol/L}（5\ \text{分}）$$

沉淀在 200 mL 溶液中的损失量为：$1.1\times10^{-8}\times233.4\times\dfrac{200}{1\ 000}=5\times10^{-4}$ mg（3 分）

答：$BaSO_4$ 的溶解损失为 5×10^{-4} mg（1 分）。

30. 解: $SiO_2\% = \dfrac{SiO_2 \text{ 沉淀的重量(g)}}{\text{试样的质量(g)}} \times 100\%$ (5 分)

$$= \dfrac{0.136\,4}{0.200\,0} \times 100\% = 68.20\% \text{(4 分)}$$

答: 试样中 SiO_2 的百分含量为 68.20% (1 分)。

31. 解: $c_{Cd^{2+}} = \dfrac{140 \times 10^{-6}}{112.41} = 1.25 \times 10^{-6}$ mol/L (3 分)

由 $A = \varepsilon bc$ (2 分) 得:

$$\varepsilon = \dfrac{A}{bc_{Cd^{2+}}} = \dfrac{0.22}{2 \times 1.25 \times 10^{-6}} = 8.8 \times 10^4 \text{ L/(mol·cm)} \text{(4 分)}$$

答: 摩尔吸光系数为 8.8×10^4 L/(mol·cm) (1 分)。

32. 解: $c = \left(\dfrac{3.03 \times 10^{-3}}{150}\right) = 2.02 \times 10^{-5}$ mol/L (2 分)

$$\varepsilon = \dfrac{A}{bc} = \left(\dfrac{0.842}{2.02 \times 10^{-5} \times 2.00}\right) = 2.08 \times 10^4 \text{ L/(mol·cm)} \text{(3 分)}$$

$$c_x = \dfrac{0.768}{2.08 \times 10^4 \times 1.00} = 3.69 \times 10^{-5} \text{ mol/L} \text{(2 分)}$$

$m_x = 3.69 \times 10^{-5} \times 150 \times 0.12 = 5.54 \times 10^{-4}$ g (2 分)

答: 该 100 mL 溶液中 X 的含量为 5.54×10^{-4} g (1 分)。

33. 解: 已知: $C = 0.020\,00$ mol/L, $V = 1\,000$ mL, $M_{K_2Cr_2O_7} = 294.2$ g/mol (1 分)

$$m = C_T \times \dfrac{V_T}{1\,000} \times M_{K_2Cr_2O_7} \text{(5 分)}$$

$$= (0.020\,00 \times 1\,000 \times 1/1\,000) \times 294.2 \text{(2 分)}$$

$$= 5.884 \text{(g)} \text{(1 分)}$$

答: 应称取 $K_2Cr_2O_7$ 5.884 g (1 分)。

34. 解: 溶液中 HAc 的浓度为: $C = \dfrac{6.0 \times 34}{500} = 0.41$ mol/L (1 分)

$$K_a = \dfrac{[H^+][Ac^-]}{[HAc]}$$

$$[H^+] = \dfrac{[HAc]}{[Ac^-]} \cdot K_a \text{(1 分)}$$

$$[Ac^-] = \dfrac{0.41 \times 1.8 \times 10^{-5}}{1.0 \times 10^{-5}} = 0.74 \text{ mol/L} \text{(2 分)}$$

在 500 mL 溶液中需要 $NaAc \cdot 3H_2O$ 的质量为:

$$m = \dfrac{136.1 \times 0.74}{2} = 50 \text{(g)} \text{(2 分)}$$

答: 需要 $NaAc \cdot 3H_2O$ 50 g (1 分)。

35. 答: (1)误差是测定值与真值之差;不确定度描述未定误差特征的量值,是对分散性的估计(3 分)。(2)误差是理想化的概念,是不能确切知道的;不确定度是可以估计的,可以用数值来加以表示(3 分)。(3)若知道误差的近似值,可以反号修正测定量值,使测定量值更接近于真值;不确定度不是指确切的误差值,不能用来修定确定量值(4 分)。

材料成分检验工(初级工)技能操作考核框架

一、框架说明

1. 依据《国家职业标准》[注]，以及中国北车确定的"岗位个性服从于职业共性"的原则，提出材料成分检验工(初级工)技能操作考核框架(以下简称：技能考核框架)。

2. 本职业等级技能操作考核评分采用百分制。即：满分为 100 分，60 分为及格，低于 60 分为不及格。

3. 实施"技能考核框架"时，考核制件(活动)命题可以选用本企业的加工件(活动项目)，也可以结合实际另外组织命题。

4. 实施"技能考核框架"时，考核的时间和场地条件等应依据《国家职业标准》，并结合企业实际确定。

5. 实施"技能考核框架"时，其"职业功能"的分类按以下要求确定：

(1)"采样与制样"、"检测与测定"、"测后工作"属于本职业等级技能操作的核心职业活动，其"项目代码"为"E"。

(2)"样品交接"、"检验准备"和"养护设备"、"安全试验"属于本职业等级技能操作的辅助性活动，其"项目代码"分别为"D"、"F"。

6. 实施"技能考核框架"时，其"鉴定项目"和"选考数量"按以下要求确定：

(1)按照《中国北车职业标准》有关技能操作鉴定比重的要求，本职业等级技能操作考核制件的"鉴定项目"应按"D"+"E"+"F"组合，其考核配分比例相应为："D"占 15 分(其中：样品交接 5 分、检验准备 10 分)，"E"占 75 分(其中：采样与制样 12 分，检测与测定 52 分，测后工作 11 分)，"F"占 10 分(其中：养护设备 5 分，安全试验 5 分)。

(2)依据中国北车确定的"核心职业活动选取 2/3，并向上取整"的规定，在"E"类鉴定项目——"采样与制样"、"检测与测定"、"测后工作"的全部 7 项中，选取 5 项。

(3)依据中国北车确定的"其余'鉴定项目'的数量可以任选"的规定，在"D"类鉴定项目——"样品交接"、"检验准备"的全部 5 项中，选取 3 项。"F"类鉴定项目——"养护设备"、"安全试验"中，至少分别选取 1 项。

(4)依据中国北车确定的"确定'选考数量'时，所涉及'鉴定要素'的数量占比，应不低于对应'鉴定项目'范围内'鉴定要素'总数的 60%，并向上取整"的规定，考核制件(活动)的鉴定要素"选考数量"应按以下要求确定：

①在"D"类"鉴定项目"中，在已选定的 3 个或全部鉴定项目中，至少选取已选鉴定项目所对应的全部鉴定要素的 60% 项，并向上保留整数。

②在"E"类"鉴定项目"中，在已选的 5 个鉴定项目所包含的全部鉴定要素中，至少选取总数的 60% 项，并向上保留整数。

③在"F"类"鉴定项目"中，对应"安全试验"的 4 个鉴定要素，至少选取 3 项；对应"养护设

备"，在已选定的一个或全部鉴定项目中，至少选取已选定鉴定项目所对应的全部鉴定要素的60％项，并向上保留整数。

举例分析：

按照上述"第6条"要求，若命题时按最少数量选取，即：在"D"类鉴定项目中选取了"查验样品并填写检验登记表"、"准备实验室用水、溶液"、"准备仪器设备"3项，在"E"类鉴定项目中选取了"明确采样方案并实施"、"化学及仪器分析"、"记录原始数据"、"进行数据处理"、"填写试验报告"5项，在"F"类鉴定项目中选取了"保养维护仪器设备"、"安全试验及事故的处理"2项，则：

此考核分析样品所涉及的"鉴定项目"总数为10项，具体包括："查验样品并填写检验登记表"，"准备实验室用水、溶液"，"准备仪器设备"，"明确采样方案并实施"，"化学及仪器分析"，"记录原始数据"，"进行数据处理"，"填写试验报告"，"保养维护仪器设备"，"安全试验及事故的处理"；

此考核分析样品所涉及的鉴定要素"选考数量"相应为18项，具体包括："查验样品并填写检验登记表"，"准备实验室用水、试剂溶液"，"准备仪器设备"3个鉴定项目中8个鉴定要素中的6项；"明确采样方案并实施"，"化学及仪器分析"，"记录原始数据"，"进行数据处理"，"填写试验报告"5个鉴定项目中10个鉴定要素中的8项；"保养维护仪器设备"，"安全试验及事故的处理"2个鉴定项目中5个鉴定要素中的4项。

7. 本职业等级技能操作需要两人及以上共同作业的，可由鉴定组织机构根据"必要、辅助"的原则，结合实际情况确定协助人员的数量。在整个操作过程中，协助人员只能起必要、简单的辅助作用。否则，每违反一次，至少扣减应考者的技能考核总成绩10分，直至取消其考试资格。

8. 实施"技能考核框架"时，应同时对应考者在质量、安全、工艺纪律、文明生产等方面行为进行考核。对于在技能操作考核过程中出现的违章作业现象，每违反一项（次）至少扣减技能考核总成绩10分，直至取消其考试资格。

注：按照中国北车规定，各《职业技能操作考核框架》的编制依据现行的《国家职业标准》或现行的《行业职业标准》或现行的《中国北车职业标准》的顺序执行。

二、材料成分检验工（初级工）技能操作鉴定要素细目表

职业功能	鉴定项目				鉴定要素		
	项目代码	名　称	鉴定比重（％）	选考方式	要素代码	名　称	重要程度
样品交接		查验样品并填写检验登记表			001	查验样品状况、密封方式、标识	Y
					002	填写样品登记表所包括的各项内容（样品状况、送检单位、检验要求）	X
检验准备	D	明确检验方案	15	任选	001	正确理解简单的化学分析及物理性能操作规范	X
					002	能读懂常用检验仪器设备说明书	Y
					003	熟悉相关的检验标准及要求	X
					004	正确选择样品检验所需的标准及规范	X

职业功能	鉴定项目				鉴定要素		
	项目代码	名　称	鉴定比重（％）	选考方式	要素代码	名　称	重要程度
检验准备	D	准备玻璃仪器等用品			001	正确识别选用玻璃器皿和其他用品	X
					002	正确选择洗涤液,按规定程序进行常用玻璃器皿的洗涤和干燥	X
		准备实验室用水、溶液			001	能正确选用化学分析实验用水	X
					002	能正确识别和选用检验所需常用试剂	X
					003	能正确配制及稀释所需试剂	X
		准备仪器设备			001	能正确使用天平	X
					002	能正确使用分光光度计、pH计、黏度测定仪	X
					003	能正确使用电热板、干燥箱、高温炉、温度计、秒表	Y
采样与制样	E	明确采样方案并实施	75	至少选择5项	001	了解采样与制样中的各项规定及方法	Y
					002	能按要求进行采样,并填好标签和记录	X
		样品的制备及保存			001	能正确进行固体试样、液体试样的制备	Y
					002	能在规定的样品储存条件下储存样品	Y
检测与测定		化学及仪器分析			001	根据不同检验项目选择合适的标准物质	X
					002	按照各样品检测需求选择合适天平进行称量	X
					003	根据样品特性选择合适的溶解（熔融）法	X
					004	根据各样品特点进行重量、容量分析、比色等仪器分析的检测	X
		记录原始数据			001	正确记录原始数据、填写试验记录表格	X
测后工作		清洗分析器皿			001	按照标准或作业指导书对使用的分析器皿进行正确清洗	Y
		进行数据处理			001	根据检验结果有效数字位数要求进行正确运算和修约	X
					002	正确使用合适的量具及分析天平,能分析试验中出现误差的原因	X
		填写试验报告			001	正确填写试验报告	X
养护设备		保养维护仪器设备			001	能正确保养、维护天平、分光光度计、pH计、涂料黏度计、电热板、高温炉、秒表等,做好使用维护保养记录	Y
		发现仪器设备故障			001	能及时发现所用仪器、设备出现的一般故障,并做好记录	X
安全试验	F	安全试验及事故的处理	10	任选	001	严格执行《化学实验室安全技术标准》、《实验室电器设备安全规程》	Y
					002	能正确使用通风柜,正确使用防护用品	Z
					003	化学分析室内有害废液、废物的处理	X
					004	灭火、急救、化学伤害等事故的应急处理	Y

注:重要程度中X表示核心要素,Y表示一般要素,Z表示辅助要素。下同。

材料成分检验工(初级工)
技能操作考核样题与分析

职 业 名 称:＿＿＿＿＿＿＿＿＿＿＿＿

考 核 等 级:＿＿＿＿＿＿＿＿＿＿＿＿

存 档 编 号:＿＿＿＿＿＿＿＿＿＿＿＿

考 核 站 名 称:＿＿＿＿＿＿＿＿＿＿＿＿

鉴 定 责 任 人:＿＿＿＿＿＿＿＿＿＿＿＿

命 题 责 任 人:＿＿＿＿＿＿＿＿＿＿＿＿

主 管 负 责 人:＿＿＿＿＿＿＿＿＿＿＿＿

中国北车股份有限公司劳动工资部制

职业技能鉴定技能操作考核制件图示或内容

低合金钢中酸溶硅含量的测定

　　低合金钢屑状试样约 10 g,硅含量 0.2%～0.3%,测试结果以质量分数(%)形式在正式检测报告中报出,检测结果保留三位有效数字。

　　一、技术要求

　　1. 按照 GB/T 223.5—2008 标准执行;

　　2. 试剂均用分析纯及以上,水为三级以上;

　　3. 对每个测试项目测试两次,测定结果的精密度满足 GB/T 223.5—2008 标准要求;

　　4. 分析天平精度:分度值/0.1 mg。

　　二、说明

　　在整个试验过程中,对于涉及到仪器操作及分析的,应按照仪器的操作作业指导书进行操作;严格按照化学检测安全操作规程进行;遵照企业工艺纪律;按照文明生产的规定,做到工作场地整洁。

职业名称	材料成分检验工
考核等级	初级工
试题名称	分光光度法测定低合金钢中酸溶硅
材质等信息:低合金钢	

职业技能鉴定技能操作考核准备单

职业名称	材料成分检验工
考核等级	初级工
试题名称	分光光度法测定低合金钢中酸溶硅

一、材料准备

1. 材料规格

材质:低合金钢,尺寸为 $1\sim2$ mm 的碎屑。

2. 试剂

试剂一:纯铁,硅含量小于 0.004% 并已知其准确含量。

试剂二:硫酸(1+3)。

试剂三:硫酸(1+9)。

试剂四:硫酸—硝酸混合酸。于 500 mL 水中边搅拌边小心加入 35 mL 硫酸(ρ 为 1.84 g/mL)和 45 mL 硝酸(ρ 约 1.42 g/mL),冷却,用水稀释至 1 000 mL,混匀。(贮备液)

试剂五:盐酸—硝酸混合酸。于 500 mL 水中加入 180 mL(ρ 为 1.19 g/mL)和 65 mL 硝酸(ρ 约 1.42 g/mL),冷却后,用水稀释至 1 000 mL,混匀。(贮备液)

试剂六:高锰酸钾溶液(22.5 g/L)。(贮备液)

试剂七:过氧化氢(1+4)。(现配)

试剂八:钼酸钠溶液。将 2.5 g 二水合钼酸钠溶于 50 mL 水中,以中密度滤纸过滤,使用前加入 15 mL 硫酸(试剂三),用水稀释至 100 mL。(贮备液)

试剂九:草酸溶液(50 g/L)。(贮备液)

试剂十:抗坏血酸溶液(20 g/L)。(现配)

试剂十一:硅标准储备溶液(0.500 mg/mL)。(贮备液)

试剂十二:硅标准溶液(4.0 μg/mL、10.0 μg/mL)。(贮备液)

二、设备、工、量、卡具准备清单

序号	名　称	规　格	数　量	备　注
1	分光光度计	可见	1 台	
2	分析天平	分度值/0.1 mg	1 台	
3	天平	分度值/0.5 g	1 台	
4	聚四氟乙烯烧杯	250 mL	数个	
5	容量瓶	50 mL、100 mL、250 mL、1 000 mL	数个	
6	刻度移液管	5 mL、10 mL	各 1 支	
7	移液管	10 mL、20 mL、100 mL	各 1 支	
8	量筒	5 mL、10 mL、50 mL	各 1 支	

三、考场准备

1. 相应的公用设备、工具与器具

(1)电热板;

（2）工作台。

2. 相应的场地及安全防范措施

（1）防护用品（洗眼器，烧伤、烫伤、灼伤药膏，流水等）；

（2）通风柜。

3. 其他准备

四、考核内容及要求

1. 考核内容

按考核制件图示及要求制作。

2. 考核时限

本试题考核时限为 180 min。

3. 考核评分表

鉴定项目名称	国家职业标准规定比重（%）	鉴定要素名称	要素分解	配分	评分标准
样品交接	15	查验样品并填写检验登记表	查验样品状况、密封方式、标识	3	不正确一个扣 1 分
			填写样品登记表所包括的各项内容（样品状况、送检单位、检验要求）		
检验准备		准备实验室用水、溶液	能正确识别和选用检验所需常用试剂	3	不正确一个扣 0.5 分
			能正确配制及稀释所需试剂	4	不正确一个扣 0.5 分
		准备仪器设备	能正确使用天平	2	不正确一个扣 1 分
			能正确预热分光光度计	3	不正确一个扣 1 分
采样与制样		明确采样方案并实施	确定采样工具，准备好标签和采样记录表格	5	不正确一项扣 2 分
			能按要求进行采样，并填好标签和记录	7	不符合一项扣 2 分
检测与测定	75	化学及仪器分析	按照样品检测需求选择合适天平进行称量	10	不正确一个扣 2 分
			根据样品采用混合酸进行溶解	15	不正确一个扣 3 分
			定容后分取溶液进行显色，测定吸光度绘制标准曲线	20	对移液管使用不熟练扣 3 分，曲线线性不好扣 5 分，平行样差值大于标准要求扣 10 分
		记录原始数据	分析检测后正确记录原始数据	7	记录不符合要求视情况扣 2～5 分
测后工作		进行数据处理	根据检验结果有效数字位数要求进行正确运算和修约	6	修约错误扣 3 分
		填写试验报告	正确填写试验报告	5	试验报告有误扣 2 分，不完整扣 2 分

续上表

鉴定项目名称	国家职业标准规定比重（%）	鉴定要素名称	要素分解	配分	评分标准
养护设备		保养维护仪器设备	能正确填写天平、分光光度计的使用及维护记录	3	不维护扣 2 分，不填写记录扣 2 分
安全试验	10	安全试验及事故的处理	严格执行《化学实验室安全技术标准》、《实验室电器设备安全规程》	2	每违反一项扣 2 分
			能正确使用通风柜，正确使用防护用品	2	使用不正确扣 2 分
			化学分析室内有害废液、废物的处理	3	不按安全操作规程进行废液处理扣 2 分
质量、安全、工艺纪律、文明生产等综合考核项目	不限	考核时限	每超时 5 min 扣 10 分	不限	
		工艺纪律	依据企业有关工艺纪律管理规定执行，每违反一次扣 10 分	不限	
		劳动保护	依据企业有关劳动保护管理规定执行，每违反一次扣 10 分	不限	
		文明生产	依据企业有关文明生产管理规定执行，每违反一次扣 10 分	不限	
		安全生产	依据企业有关安全生产管理规定执行，每违反一次扣 10 分	不限	

职业技能鉴定技能考核制件(内容)分析

职业名称	材料成分检验工
考核等级	初级工
试题名称	分光光度法测定低合金钢中酸溶硅
职业标准依据	国家职业标准

试题中鉴定项目及鉴定要素的分析与确定

分析事项 ＼ 鉴定项目分类	基本技能"D"	专业技能"E"	相关技能"F"	合计	数量与占比说明
鉴定项目总数	5	7	3	15	按照本等级核心鉴定项目进行选取考核,占该等级鉴定项目的60%以上
选取的鉴定项目数量	3	5	2	10	
选取的鉴定项目数量占比(%)	60	72	67	67	
对应选取鉴定项目所包含的鉴定要素总数	8	10	5	23	按照本等级鉴定项目中核心鉴定要素进行选取考核,占该等级选取鉴定项目中鉴定要素的60%以上
选取的鉴定要素数量	6	8	4	18	
选取的鉴定要素数量占比(%)	75	80	80	78	

所选取鉴定项目及相应鉴定要素分解与说明

鉴定项目类别	鉴定项目名称	国家职业标准规定比重(%)	《框架》中鉴定要素名称	本命题中具体鉴定要素分解	配分	评分标准	考核难点说明
"D"	样品交接	15	查验样品并填写检验登记表	查验样品状况、密封方式、标识	3	不正确一个扣1分	样品状况查验,标识及登记
				填写样品登记表所包括的各项内容(样品状况、送检单位、检验要求)			
	检验准备		准备实验室用水、溶液	能正确识别和选用检验所需常用试剂	3	不正确一个扣0.5分	检查分析用水、试剂的配制及稀释
				能正确配制及稀释所需试剂	4	不正确一个扣0.5分	
			准备仪器设备	能正确使用天平	2	不正确一个扣1分	天平零点检查及光度计的预热
				能正确预热分光光度计	3	不正确一个扣1分	
"E"	采样与制样	75	明确采样方案并实施	确定采样工具,准备好标签和采样记录表格	5	不正确一项扣2分	选用采样工具,填写试样唯一性编号
				能按要求进行采样,并填好标签和记录	7	不符合一项扣2分	
	检测与测定		化学及仪器分析	按照样品检测需求选择合适天平进行称量	10	不正确一个扣2分	天平的正确使用、试样处理、标准曲线绘制及记录结果
				根据样品采用混合酸进行溶解	15	不正确一个扣3分	

续上表

鉴定项目类别	鉴定项目名称	国家职业标准规定比重(%)	《框架》中鉴定要素名称	本命题中具体鉴定要素分解	配分	评分标准	考核难点说明
"E"	检测与测定		化学及仪器分析	定容后分取溶液进行显色,测定吸光度绘制标准曲线	20	对移液管使用不熟练扣3分,曲线线性不好扣5分,平行样差值大于标准要求扣10分	天平的正确使用、试样处理、标准曲线绘制及记录结果
			记录原始数据	分析检测后正确记录原始数据	7	记录不符合要求视情况扣2~5分	
	测后工作		进行数据处理	根据检验结果有效数字位数要求进行正确运算和修约	6	修约错误扣3分	数据记录及发出试验报告
			填写试验报告	正确填写试验报告	5	试验报告有误扣2分,不完整扣2分	
"F"	养护设备	10	保养维护仪器设备	天平、分光光度计的维护及填写使用记录	4	不维护扣2分,不填写记录扣2分	仪器使用、维护保养记录及安全操作规程
	安全试验		安全试验及事故的处理	严格执行《化学实验室安全技术标准》、《实验室电器设备安全规程》	2	每违反一项扣2分	
				能正确使用通风柜,正确使用防护用品	3	使用不正确扣2分	
				化学分析室内有害废液、废物的处理	3	不按安全操作规程进行废液处理扣2分	
质量、安全、工艺纪律、文明生产等综合考核项目			考核时限		不限	每超时5 min扣10分	
			工艺纪律		不限	依据企业有关工艺纪律管理规定执行,每违反一次扣10分	
			劳动保护		不限	依据企业有关劳动保护管理规定执行,每违反一次扣10分	
			文明生产		不限	依据企业有关文明生产管理规定执行,每违反一次扣10分	
			安全生产		不限	依据企业有关安全生产管理规定执行,每违反一次扣10分	

材料成分检验工(中级工)技能操作考核框架

一、框架说明

1. 依据《国家职业标准》^注，以及中国北车确定的"岗位个性服从于职业共性"的原则，提出材料成分检验工(中级工)技能操作考核框架(以下简称:技能考核框架)。

2. 本职业等级技能操作考核评分采用百分制。即:满分为 100 分，60 分为及格，低于 60 分为不及格。

3. 实施"技能考核框架"时，考核制件(活动)命题可以选用本企业的加工件(活动项目)，也可以结合实际另外组织命题。

4. 实施"技能考核框架"时，考核的时间和场地条件等应依据《国家职业标准》，并结合企业实际确定。

5. 实施"技能考核框架"时，其"职业功能"的分类按以下要求确定:

(1)"采样与制样"、"检测与测定"、"测后工作"属于本职业等级技能操作的核心职业活动，其"项目代码"为"E"。

(2)"样品交接"、"检验准备"和"修验仪器设备"、"安全试验"属于本职业等级技能操作的辅助性活动，其"项目代码"分别为"D"和"F"。

6. 实施"技能考核框架"时，其"鉴定项目"和"选考数量"按以下要求确定:

(1)按照《中国北车职业标准》有关技能操作鉴定比重的要求，本职业等级技能操作考核制件的"鉴定项目"应按"D"+"E"+"F"组合，其考核配分比例相应为:"D"占 20 分(其中:样品交接 5 分，检验准备 15 分)，"E"占 68 分(其中:采样与制样 10 分，检测与测定 45 分，测后工作 13 分)，"F"占 12 分(其中:修验仪器设备 8 分，安全试验 4 分)。

(2)依据中国北车确定的"核心职业活动选取 2/3，并向上取整"的规定，在"E"类鉴定项目——"采样与制样"、"检测与测定"、"测后工作"的全部 9 项中，至少选取 6 项。

(3)依据中国北车确定的"其余'鉴定项目'的数量可以任选"的规定，"D"和"F"类鉴定项目——"样品交接"、"检验准备"、"修验仪器设备"、"安全试验"中，至少分别选取 1 项。

(4)依据中国北车确定的"确定'选考数量'时，所涉及'鉴定要素'的数量占比，应不低于对应'鉴定项目'范围内'鉴定要素'总数的 60%，并向上取整"的规定，考核制件(活动)的鉴定要素"选考数量"应按以下要求确定:

①在"D"类"鉴定项目"中，在已选定的 2 个或全部鉴定项目中，至少选取已选鉴定项目所对应的全部鉴定要素的 60%项，并向上保留整数。

②在"E"类"鉴定项目"中，在已选的 6 个鉴定项目所包含的全部鉴定要素中，至少选取总数的 60%项，并向上保留整数。

③在"F"类"鉴定项目"中，对应"安全试验"的 4 个鉴定要素，至少选取 3 项;对应"修验仪器设备"，在已选定的一个或全部鉴定项目中，至少选取已选定鉴定项目所对应的全部鉴定要

素的 60％项,并向上保留整数。

举例分析:

按照上述"第 6 条"要求,若命题时按最少数量选取,即:在"D"类鉴定项目中选取了"明确检验方案"、"准备实验室用水、溶液"2 项,在"E"类鉴定项目中选取了"制定采样(制样)方案并实施"、"样品的分解"、"化学分析"、"记录原始数据"、"进行数据处理"、"填写试验报告"6 项,在"F"类鉴定项目中选取了"安全试验及事故的处理"1 项,则:

此考核分析样品所涉及的"鉴定项目"总数为 9 项,具体包括:"明确检验方案"、"准备实验室用水、溶液"、"制定采样(制样)方案并实施"、"样品的分解"、"化学分析"、"记录原始数据"、"进行数据处理"、"填写试验报告"、"安全试验及事故的处理";

此考核分析样品所涉及的鉴定要素"选考数量"相应为 18 项,具体包括:"明确检验方案","准备实验室用水、溶液"2 个鉴定项目中 6 个鉴定要素中的 4 项;"制定采样(制样)方案并实施","样品的分解","化学分析""记录原始数据","进行数据处理","填写试验报告"6 个鉴定项目中 15 个鉴定要素中的 11 项;"安全试验及事故的处理"1 个鉴定项目中 4 个鉴定要素中的 3 项。

7. 本职业等级技能操作需要两人及以上共同作业的,可由鉴定组织机构根据"必要、辅助"的原则,结合实际情况确定协助人员的数量。在整个操作过程中,协助人员只能起必要、简单的辅助作用。否则,每违反一次,至少扣减应考者的技能考核总成绩 10 分,直至取消其考试资格。

8. 实施"技能考核框架"时,应同时对应考者在质量、安全、工艺纪律、文明生产等方面行为进行考核。对于在技能操作考核过程中出现的违章作业现象,每违反一项(次)至少扣减技能考核总成绩 10 分,直至取消其考试资格。

注:按照中国北车规定,各《职业技能操作考核框架》的编制依据现行的《国家职业标准》或现行的《行业职业标准》或现行的《中国北车职业标准》的顺序执行。

二、材料成分检验工(中级工)技能操作鉴定要素细目表

职业功能	鉴定项目				鉴定要素		
	项目代码	名　称	鉴定比重(％)	选考方式	要素代码	名　称	重要程度
样品交接		检验项目介绍			001	能提出样品检验的合理化建议	Y
					002	能解答样品交接中提出的一般问题	X
检验准备	D	明确检验方案	20	任选	001	明确较复杂化学分析和物理性能测试方法标准及操作规范	X
					002	明确检测分析原理及要求	X
		准备检验用器皿			001	正确选用各种玻璃器皿及其他器皿	Y
					002	正确使用移液管、滴定管及容量瓶等玻璃量器	Y
		准备实验室用水、溶液			001	正确选用化学分析试验用水	X
					002	正确识别和选用分析所用试剂及标准物质	X
					003	能正确配制及稀释试验中相关试剂	X
					004	标准溶液的正确使用	X

职业功能	鉴定项目				鉴定要素		
	项目代码	名　称	鉴定比重（%）	选考方式	要素代码	名　称	重要程度
检验准备	D	准备仪器设备			001	正确选用分析天平	X
					002	正确连接、开启、预热选用设备	X
					003	能正确对仪器电流、电压、气压、气流等试验参数进行设定	X
					004	能正确的调整使用仪器的最佳分析状态	X
采样与制样		制定采样（制样）方案并实施			001	能正确选用合理的采样方案及采样工具	X
					002	能按要求进行采样，并填好标签和记录	Y
		样品的制备及保存			001	能正确进行固体试样、液体试样的制备	X
					002	能在规定的条件下储存样品	X
检测与测定	E	样品的分解	68	至少选择6项	001	根据不同的检测需要，正确选用合适的天平进行称量试样	X
					002	根据分析项目的不同，选择合适的溶样酸、碱进行分解试样	X
					003	能正确对试样进行过程处理	X
		化学分析			001	正确使用移液管、滴定管及容量瓶	X
					002	正确进行标准溶液的配制及标定	X
					003	准确确定化学计量点的指示剂的选择	X
					004	能准确控制滴定反应速度，熟知滴定速度对滴定结果的影响	X
					005	能准确判定滴定终点	X
					006	能正确计算分析结果	X
		仪器分析			001	能正确进入分析仪器系统软件	X
					002	能正确选择质量控制试样，绘制标准曲线，根据需要调整标准曲线	X
					003	根据样品检测项目或特点选择分光光度计、碳硫仪、直读光谱仪或ICP等离子光谱仪等仪器进行检测	X
测后工作		记录原始数据				真实、清晰记录检测数据	X
		清洗分析器皿			001	按照标准或作业指导书对使用的分析器皿进行正确清洗	Y
		进行数据处理			001	根据检验结果有效数字位数要求正确进行运算和修约，并给出检验结果	X
					002	能正确分析试验中产生误差的原因	X
		填写试验报告			001	正确、真实填写试验报告，做到内容完整、表述准确、字迹（或打印）清晰	X

职业功能	鉴定项目				鉴定要素		
	项目代码	名　称	鉴定比重(%)	选考方式	要素代码	名　称	重要程度
修验仪器设备	F	保养维护仪器设备	12	任选	001	能正确保养、维护天平、分光光度计、直读光谱仪、红外碳硫仪 ICP 等离子发射光谱仪,并做好使用维护记录	X
		发现仪器设备故障			001	能及时发现所用仪器设备出现的一般故障,并做好记录	X
安全试验		安全试验及事故的处理			001	严格执行《化学实验室安全技术标准》	Y
					002	严格执行《实验室电器设备安全规程》	Y
					003	灭火、急救等事故的应急处理	X
					004	化学分析室内有害废液、废弃物的处理与排放	X

材料成分检验工(中级工)
技能操作考核样题与分析

职 业 名 称：＿＿＿＿＿＿＿＿＿＿＿

考 核 等 级：＿＿＿＿＿＿＿＿＿＿＿

存 档 编 号：＿＿＿＿＿＿＿＿＿＿＿

考核站名称：＿＿＿＿＿＿＿＿＿＿＿

鉴定责任人：＿＿＿＿＿＿＿＿＿＿＿

命题责任人：＿＿＿＿＿＿＿＿＿＿＿

主管负责人：＿＿＿＿＿＿＿＿＿＿＿

中国北车股份有限公司劳动工资部制

职业技能鉴定技能操作考核制件图示或内容

可视滴定法测定不锈钢中铬含量

不锈钢屑状试样约 10 g,铬含量 17.00%~20.00%,测试结果以质量分数(%)形式在正式检测报告中报出,检测结果保留小数点后两位有效数字。

一、技术要求

1. 按照 GB/T 223.11—2008 进行操作;

2. 试剂均用分析纯及以上,水为三级以上;

3. 对每个测试项目测试两次,测定结果的精密度满足 GB/T 223.11—2008 标准要求;

4. 分析天平精度:分度值/0.1 mg。

二、说明

在整个试验过程中,对于涉及到仪器操作及分析的,应按照仪器的操作作业指导书进行操作;严格按照化学检测安全操作规程进行;遵照企业工艺纪律;按照文明生产的规定,做到工作场地整洁。

职业名称	材料成分检验工
考核等级	中级工
试题名称	可视滴定法测定不锈钢中的铬
材质等信息:不锈钢	

职业技能鉴定技能操作考核准备单

职业名称	材料成分检验工
考核等级	中级工
试题名称	可视滴定法测定不锈钢中的铬

一、材料准备

1. 材料规格

材质:不锈钢,尺寸为 1~2 mm 的碎屑。

2. 试剂

试剂一:盐酸(1+3)。

试剂二:硝酸(ρ 约 1.42 g/mL)。

试剂三:磷酸(ρ 约 1.69 g/mL)。

试剂四:硫酸(1+1)。

试剂五:硫酸(5+95)。

试剂六:硫酸—磷酸混合酸,600 mL 水中加入 320 mL 硫酸(1+1)及 80 mL 磷酸。(贮备液)

试剂七:硝酸银溶液,10 g/L。(贮备液)

试剂八:过硫酸铵溶液,300 g/L,用时配制。

试剂九:硫酸锰溶液,40 g/L。(贮备液)

试剂十:苯代邻氨基苯甲酸溶液,2 g/L。(贮备液)

试剂十一:硫酸亚铁铵$[(NH_4)_2Fe(SO_4)_2 \cdot 6H_2O]$,0.06 mol/L。(贮备液)

试剂十二:铬标准溶液,0.500 g/L。(贮备液)

二、设备、工、量、卡具准备清单

序号	名　称	规　格	数　量	备　注
1	电子天平	0.1 mg	1 台	
2	酸式滴定管	50 mL	1 支	
3	容量瓶	50 mL、100 mL	数个	
4	锥形瓶	250 mL	数个	
5	移液管	10 mL、20 mL、25 mL	各 1 支	
6	刻度移液管	5 mL、10 mL	数支	
7	量筒	5 mL、10 mL、50 mL	各 1 支	

三、考场准备

1. 相应的公用设备、工具与器具

(1)电热板;

(2)工作台;

(3)通风柜。

2. 相应的场地及安全防范措施

(1)防护用品(洗眼器,烧伤、烫伤、灼伤药膏,流水等);

(2)通风柜。

3. 其他准备

四、考核内容及要求

1. 考核内容

按考核制件图示及要求制作。

2. 考核时限

本试题考核时限为 150 min。

3. 考核评分表

鉴定项目名称	国家职业标准规定比重(%)	《框架》中鉴定要素名称	本命题中具体鉴定要素分解	配分	评分标准
检验准备	20	明确检验方案	明确检测分析原理及要求	5	对检测原理不明确扣2分
		准备实验室用水、溶液	正确识别和选用分析所用试剂及标准物质	4	选择不正确扣2分
			能正确配制及稀释试验中相关试剂	6	不正确一项扣1分
			标准溶液的正确使用	5	使用不符合要求扣2分
采样与制样		制定采样(制样)方案并实施	能按要求进行采样,并填好标签和记录	3	不符合一项扣1分
检测和测定	68	样品的分解	根据分析项目的不同,选择合适的溶样酸、碱进行分解试样	3	没按标准方法要求溶解试样扣2分
			能正确对试样进行过程处理	4	处理过程不正确一项扣1分
		化学分析	正确使用移液管、滴定管及容量瓶	5	每一种使用不熟练扣1分
			正确进行标准溶液的配制及标定	4	标定不符合要求酌情给分
			能准确控制滴定反应速度,熟知滴定速度对滴定结果的影响	10	不能控制滴定速度扣5分,不会回答滴定速度对滴定结果的影响时扣3分
			能准确判定滴定终点	15	不会判定滴定终点扣10分
			能正确计算分析结果	10	计算不熟练扣2分,平行样差值大于标准要求扣8分
测后工作		记录原始数据	真实、清晰记录检测数据	4	不正确一项扣1分
		进行数据处理	根据检验结果有效数字位数要求进行正确运算和修约	5	修约错误扣3分
		填写试验报告	正确、真实填写试验报告,做到内容完整、表述准确、字迹(或打印)清晰	5	试验报告有误扣2分,不完整扣2分

鉴定项目名称	国家职业标准规定比重(%)	《框架》中鉴定要素名称	本命题中具体鉴定要素分解	配分	评分标准
安全试验	12	安全试验及事故的处理	严格执行《化学实验室安全技术标准》	4	不正确一项扣2分
			灭火、急救等事故的应急处理	4	不正确一项扣2分
			化学分析室内有害废液、废弃物的处理与排放	4	不正确一项扣2分
质量、安全、工艺纪律、文明生产等综合考核项目	不限	考核时限	每超时5 min扣10分	不限	
		工艺纪律	依据企业有关工艺纪律管理规定执行,每违反一次扣10分	不限	
		劳动保护	依据企业有关劳动保护管理规定执行,每违反一次扣10分	不限	
		文明生产	依据企业有关文明生产管理规定执行,每违反一次扣10分	不限	
		安全生产	依据企业有关安全生产管理规定执行,每违反一次扣10分	不限	

职业技能鉴定技能考核制件(内容)分析

职业名称	材料成分检验工
考核等级	中级工
试题名称	可视滴定法测定不锈钢中的铬
职业标准依据	国家职业标准

试题中鉴定项目及鉴定要素的分析与确定

鉴定项目分类 分析事项	基本技能"D"	专业技能"E"	相关技能"F"	合计	数量与占比说明
鉴定项目总数	5	9	3	17	按照本等级核心鉴定项目进行选取考核,占该等级鉴定项目的60%以上
选取的鉴定项目数量	2	6	1	9	
选取的鉴定项目数量占比(%)	40	67	33	53	
对应选取鉴定项目所包含的鉴定要素总数	6	15	4	25	按照本等级鉴定项目中核心鉴定要素进行选取考核,占该等级选取鉴定项目中鉴定要素的60%以上
选取的鉴定要素数量	4	11	3	18	
选取的鉴定要素数量占比(%)	67	73	75	72	

所选取鉴定项目及相应鉴定要素分解与说明

鉴定项目类别	鉴定项目名称	国家职业标准规定比重(%)	《框架》中鉴定要素名称	本命题中具体鉴定要素分解	配分	评分标准	考核难点说明
"D"	检验准备	20	明确检验方案	明确检测分析原理及要求	5	对检测原理不明确扣2分	熟知检测原理
			准备实验室用水、溶液	正确识别和选用分析所用试剂及标准物质	4	选择不正确扣2分	试剂、标准物质配制及标准物质选用
				能正确配制及稀释试验中相关试剂	6	不正确一项扣1分	
				标准溶液的正确使用	5	使用不符合要求扣2分	
"E"	采样与制样	68	制定采样(制样)方案并实施	能按要求进行采样,并填好标签和记录	3	不符合一项扣1分	标签及记录的填写
	检测与测定		样品的分解	根据分析项目的不同,选择合适的溶样酸、碱进行分解试样	3	没按标准方法要求溶解试样扣2分	试样溶解及处理过程
				能正确对试样进行过程处理	4	处理过程不熟练一项扣1分	
			化学分析	正确使用移液管、滴定管及容量瓶	5	每一种使用不熟练扣1分	滴定管的正确使用,滴定过程,终点控制及计算过程
				正确进行标准溶液的标定	4	标定不符合要求酌情给分	
				能准确控制滴定反应速度,熟知滴定速度对滴定结果的影响	10	不能控制滴定速度扣5分,不会回答滴定速度对滴定结果的影响时扣3分	

续上表

鉴定项目类别	鉴定项目名称	国家职业标准规定比重(%)	《框架》中鉴定要素名称	本命题中具体鉴定要素分解	配分	评分标准	考核难点说明
"E"	检测与测定		化学分析	能准确判定滴定终点	15	不会判定滴定终点扣10分	滴定管的正确使用,滴定过程、终点控制及计算过程
				能正确计算分析结果	10	计算不熟练扣2分,平行样差值大于标准要求扣8分	
	测后工作		记录原始数据	真实、清晰记录检测数据	4	不正确一项扣1分	数据记录及发出试验报告
			进行数据处理	根据检验结果有效数字位数要求进行正确运算和修约	5	修约错误扣3分	
			填写试验报告	正确、真实填写试验报告,做到内容完整、表述准确、字迹(或打印)清晰	5	试验报告有误扣2分,不完整扣2分	
"F"	安全试验	12	安全试验及事故的处理	严格执行《化学实验室安全技术标准》	4	不正确一项扣2分	安全操作规程及废液排放
				灭火、急救等事故的应急处理	4	不正确一项扣2分	
				化学分析室内有害废液、废弃物的处理与排放	4	不正确一项扣2分	
质量、安全、工艺纪律、文明生产等综合考核项目				考核时限	不限	每超时5 min扣10分	
				工艺纪律	不限	依据企业有关工艺纪律管理规定执行,每违反一次扣10分	
				劳动保护	不限	依据企业有关劳动保护管理规定执行,每违反一次扣10分	
				文明生产	不限	依据企业有关文明生产管理规定执行,每违反一次扣10分	
				安全生产	不限	依据企业有关安全生产管理规定执行,每违反一次扣10分	

材料成分检验工(高级工)技能操作考核框架

一、框架说明

1. 依据《国家职业标准》^注，以及中国北车确定的"岗位个性服从于职业共性"的原则，提出材料成分检验工(高级工)技能操作考核框架(以下简称:技能考核框架)。

2. 本职业等级技能操作考核评分采用百分制。即:满分为 100 分,60 分为及格,低于 60 分为不及格。

3. 实施"技能考核框架"时,考核制件(活动)命题可以选用本企业的加工件(活动项目),也可以结合实际另外组织命题。

4. 实施"技能考核框架"时,考核的时间和场地条件等应依据《国家职业标准》,并结合企业实际确定。

5. 实施"技能考核框架"时,其"职业功能"的分类按以下要求确定:

(1)"检测与测定"、"测后工作"属于本职业等级技能操作的核心职业活动,其"项目代码"为"E"。

(2)"样品交接"、"检验准备"和"修验仪器设备"、"安全试验"属于本职业等级技能操作的辅助性活动,其"项目代码"分别为"D"、"F"。

6. 实施"技能考核框架"时,其"鉴定项目"和"选考数量"按以下要求确定:

(1)按照《中国北车职业标准》有关技能操作鉴定比重的要求,本职业等级技能操作考核制件的"鉴定项目"应按"D"+"E"+"F"组合,其考核配分比例相应为:"D"占 15 分(其中:样品交接 3 分,检验准备 12 分,),"E"占 70 分(其中:检测与测定 50 分,测后工作 20 分),"F"占 15 分(其中:修验仪器设备 10 分,安全试验 5 分)。

(2)依据中国北车确定的"核心职业活动选取 2/3,并向上取整"的规定,在"E"类鉴定项目——"检测与测定"、"测后工作"的全部 7 项中,选取 5 项。

(3)依据中国北车确定的"其余'鉴定项目'的数量可以任选"的规定,"D"和"F"类鉴定项目——"样品交接"、"检验准备"、"修验仪器设备"、"安全试验"中,至少分别选取 1 项。

(4)依据中国北车确定的"确定'选考数量'时,所涉及'鉴定要素'的数量占比,应不低于对应'鉴定项目'范围内'鉴定要素'总数的 60%,并向上取整"的规定,考核制件的鉴定要素"选考数量"应按以下要求确定:

①在"D"类"鉴定项目"中,在已选定的 1 个或全部鉴定项目中,至少选取已选鉴定项目所对应的全部鉴定要素的 60%项,并向上保留整数。

②在"E"类"鉴定项目"中,在已选的 5 个鉴定项目所包含的全部鉴定要素中,至少选取总数的 60%项,并向上保留整数。

③在"F"类"鉴定项目"中,对应"安全试验"的 3 个鉴定要素中,至少选取 2 项;对应"修验仪器设备",在已选定的 1 个或全部鉴定项目中,至少选取已选定鉴定项目所对应的全部鉴定

要素的 60％项,并向上保留整数。

举例分析:

按照上述"第 6 条"要求,若命题时按最少数量选取,即:在"D"类鉴定项目中的选取了"准备实验室用标准样品、标准溶液、水、其他试剂","准备仪器设备"2 项,在"E"类鉴定项目中选取了"样品处理"、"仪器分析"、"废液排放"、"进行数据处理"、"填写原始记录、试验报告"5 项,在"F"类鉴定项目中选取了"调试、维护仪器设备","安全事故的应急处理"2 项,则:

此考核分析样品所涉及的"鉴定项目"总数为 9 项,具体包括:"准备实验室用标准样品、标准溶液、水、其他试剂","准备仪器设备","样品处理","仪器分析","废液排放","进行数据处理","填写原始记录、试验报告","调试、维护仪器设备","安全事故的应急处理";

此考核分析样品所涉及的鉴定要素"选考数量"相应为 20 项,具体包括:"准备实验室用标准样品、标准溶液、水、其他试剂","准备仪器设备"2 个鉴定项目中 11 个鉴定要素中的 7 项,"样品处理"、"仪器分析"、"废液排放"、"进行数据处理"、"填写原始记录、试验报告"5 个鉴定项目中 16 个鉴定要素中的 11 项,"调试、维护仪器设备","安全事故的应急处理"2 个鉴定项目中 5 个鉴定要素中的 3 项。

7. 本职业等级技能操作需要两人及以上共同作业的,可由鉴定组织机构根据"必要、辅助"的原则,结合实际情况确定协助人员的数量。在整个操作过程中,协助人员只能起必要、简单的辅助作用。否则,每违反一次,至少扣减应考者的技能考核总成绩 10 分,直至取消其考试资格。

8. 实施"技能考核框架"时,应同时对应考者在质量、安全、工艺纪律、文明生产等方面行为进行考核。对于在技能操作考核过程中出现的违章作业现象,每违反一项(次)至少扣减技能考核总成绩 10 分,直至取消其考试资格。

注:按照中国北车规定,各《职业技能操作考核框架》的编制依据现行的《国家职业标准》或现行的《行业职业标准》或现行的《中国北车职业标准》的顺序执行。

二、材料成分检验工(高级工)技能操作鉴定要素细目表

职业功能	鉴定项目				鉴定要素		
	项目代码	名　称	鉴定比重(％)	选考方式	要素代码	名　称	重要程度
样品交接		检验咨询			001	全面了解送检产品质量方面的有关要求	Y
					002	正确回答样品交接中出现的疑难问题	Z
检验准备	D	准备实验室用标准样品、标准溶液、水、其他试剂	15	任选	001	明确试验用水的规格及要求	X
					002	熟悉试验中相关试剂的配制及要求	X
					003	熟悉试验中相关标准溶液的配制及要求	X
		准备仪器设备			001	准备试验中所需移液管、滴定管、容量瓶及其他器皿	Y
					002	正确选用分析天平	X
					003	根据试验项目正确选用分析设备	X
					004	能正确接通仪器电源,并开机、预热仪器	X
					005	正确进入仪器分析软件	X

续上表

职业功能	鉴定项目				鉴定要素		
	项目代码	名　称	鉴定比重(%)	选考方式	要素代码	名　称	重要程度
检验准备	D	准备仪器设备			006	能正确选择与更换易耗件、磨损件	X
					007	会检查仪器的使用性能	X
					008	正确清理与维护使用设备	X
		计算机操作及检验记录表格的设计			001	能熟练操作与分析仪器配套使用的计算机	Y
					002	根据不同类型检验项目设计相应的原始记录表格	X
检测与测定	E	样品处理	70	至少选择5项	001	根据不同的检验项目选择合适的标准控样	X
					002	正确使用天平称量样品	X
					003	根据检验项目选择合适的样品处理方法	X
		化学分析			001	正确使用移液管、滴定管	X
					002	正确选用指示剂	X
					003	能正确进行滴定终点的控制及判断	X
		仪器分析			001	能正确进行气瓶的开启及气体流量的调节	Y
					002	正确检查或调试仪器性能指标至规定要求	X
					003	会根据检测项目在分析软件中选择分析类别	X
					004	能制定标准曲线	X
					005	会进行控样的测定及标准曲线的调整	X
					006	正确进行试样的分析	X
					007	根据曲线计算出样品检测结果	X
		废液排放			001	能准确对不同的废液做好分类处理	Y
		解决检验技术问题			001	能解决检验过程中遇到的一般技术问题,并能验证其方法的合理性	X
测后工作		进行数据处理			001	根据检验结果有效数字位数要求正确进行运算和修约	X
					002	能正确分析试验中产生误差的原因	X
		清洗分析器皿			001	根据标准或作业指导书对使用分析器皿进行正确清洗	Y
		填写原始记录、试验报告			001	根据检验项目选择合适的原始记录表格	X
					002	能正确填写原始记录	X
					003	正确、真实填写试验报告,做到内容完整、表述准确、字迹(或打印)清晰	X
修验仪器设备	F	调试、维护仪器设备	15	任选	001	能熟练调试所用仪器至最佳分析状态	X
					002	按照仪器的使用作业指导书对仪器进行日常维护保养并记录	X
		排除仪器设备故障			001	能检查出所用仪器的一般故障并排除	X
					002	能正确更换仪器设备的易耗件	X

职业功能	鉴定项目				鉴定要素		
	项目代码	名　称	鉴定比重（%）	选考方式	要素代码	名　称	重要程度
安全试验	F	安全事故的应急处理			001	严格执行《化学实验室安全技术标准》	Y
					002	严格执行《实验室电器设备安全规程》	Y
					003	灭火、急救等事故的应急处理	Y

材料成分检验工(高级工)
技能操作考核样题与分析

职 业 名 称:_____

考 核 等 级:_____

存 档 编 号:_____

考核站名称:_____

鉴定责任人:_____

命题责任人:_____

主管负责人:_____

中国北车股份有限公司劳动工资部制

职业技能鉴定技能操作考核制件图示或内容

电感耦合等离子体原子发射光谱法测定铝合金中 Mg、Mn 含量

　　铝合金屑状试样约 10 g,镁含量 4.00%～5.00%,锰含量 0.400%～1.00%,测试结果以质量分数(%)形式在正式检测报告中报出,检测结果保留三位有效数字。

一、技术要求

1. 按照 GB/T 20975.25—2008 进行操作;

2. 试剂均用分析纯及以上,水为三级以上;

3. 对每个测试项目测试两次,测定结果的精密度满足 GB/T 20975.25—2008 标准要求;

4. 分析天平精度:分度值/0.1 mg。

二、说明

　　在整个试验过程中,对于涉及到仪器操作及分析的,应按照仪器的操作作业指导书进行操作;严格按照化学检测安全操作规程进行;遵照企业工艺纪律;按照文明生产的规定,做到工作场地整洁。

职业名称	材料成分检验工
考核等级	高级工
试题名称	电感耦合等离子体原子发射光谱法测定铝合金中 Mg、Mn 含量
材质等信息:铝合金 5083	

职业技能鉴定技能操作考核准备单

职业名称	材料成分检验工
考核等级	高级工
试题名称	电感耦合等离子体原子发射光谱法测定铝合金中 Mg、Mn 含量

一、材料准备

1. 材料规格

材质:铝合金,厚度不大于 1 mm 的碎屑。

2. 试剂

试剂一:高纯铝,质量分数大于 99.999%。

试剂二:盐酸(ρ 为 1.19 g/mL)。

试剂三:硝酸(ρ 为 1.42 g/mL)。

试剂四:过氧化氢(ρ 为 1.10 g/mL)。

试剂五:氩气(大于 99.99%)。

试剂六:盐酸(1+1)。

试剂七:硝酸(1+1)。

试剂八:混合酸(3+1)[3 份盐酸(1+1),1 份硝酸(1+1)]。

试剂九:镁标准溶液(1.0 mg/mL、100 μg/mL、10 μg/mL、1 000 μg/mL)。(贮备液)

试剂十:锰标准溶液(1.0 mg/mL、100 μg/mL、10 μg/mL、1 000 μg/mL)。(贮备液)

二、设备、工、量、卡具准备清单

序号	名　称	规　格	数　量	备　注
1	分析天平	0.1 mg	1 台	
2	电感耦合等离子体原子发射光谱仪	ICP-7510	1 台	
3	容量瓶	50 mL、100 mL	数个	
4	刻度移液管	1 mL、2 mL、5 mL	各 2 支	
5	移液管	10 mL、25 mL	各 2 支	
6	量筒	5 mL、10 mL、50 mL	各 1 个	

三、考场准备

1. 相应的公用设备、工具与器具

(1)电热板;

(2)工作台;

(3)通风柜。

2. 相应的场地及安全防范措施

(1)防护用品(洗眼器,烧伤、烫伤、灼伤药膏,流水等);

(2)通风柜。

3. 其他准备

四、考核内容及要求

1. 考核内容

按考核制件图示及要求制作。

2. 考核时限

本试题考核时限为 150 min。

3. 考核评分表

鉴定项目名称	国家职业标准规定比重(%)	《框架》中鉴定要素名称	本命题中具体鉴定要素分解	配分	评分标准
检验准备	15	准备实验室用标准样品、标准溶液、水、其他试剂	熟悉试验中相关试剂的配制及要求	2	试剂配制不熟练扣 0.5 分
			熟悉试验中相关标准溶液的配制及要求	2	标准溶液配制不符合标准扣 0.5 分
		准备仪器设备	正确选用分析天平	2	选择不正确扣 1 分
			能正确接通仪器电源,并开机、预热仪器	2	不正确一项扣 1 分
			正确进入仪器分析软件	2	不能正确进入分析软件扣 2 分
			会检查仪器的使用性能	3	不会检查仪器使用性能扣 1 分
			正确清理与维护使用设备	2	不维护仪器扣 1 分
检测与测定	70	样品处理	根据不同的检验项目选择合适的标准控样	3	选择不合适扣 1 分
			根据检验项目选择合适的样品处理方法	5	处理过程不熟练一项扣 1 分
		仪器分析	能正确进行气瓶的开启及气体流量的调节	5	气瓶开启不正确扣 1 分,不会流量调节扣 3 分
			正确检查或调试仪器性能指标至规定要求	5	不会检查仪器性能扣 2 分
			能制定标准曲线	15	标准曲线线性相关系数不符合标准要求扣 5 分
			会进行控样的测定及标准曲线的调整	12	控样测定结果超出标准规定要求扣 5 分
			根据曲线计算出样品检测结果	10	计算出平行样差值大于标准要求扣 8 分
		废液排放	能准确对不同的废液做好分类处理	4	不按要求进行分类处理扣 2 分
测后工作		进行数据处理	根据检验结果有效数字位数要求进行正确运算和修约	3	修约错误扣 3 分
		填写原始记录、试验报告	根据检验项目选择合适的原始记录表格	3	表格选择有误扣 1 分
			正确、真实填写试验报告,做到内容完整、表述准确、字迹(或打印)清晰	5	试验报告有误扣 2 分,不完整扣 2 分

鉴定项目名称	国家职业标准规定比重(%)	《框架》中鉴定要素名称	本命题中具体鉴定要素分解	配分	评分标准
修验仪器设备	15	排除仪器设备故障	能检查出所用仪器的一般故障并排除	5	不会进行仪器故障排除扣3分
			能正确更换仪器设备的易耗件	5	不会更换扣3分
安全试验		安全事故的应急处理	严格执行《实验室电器设备安全规程》	5	不正确一项扣2分
质量、安全、工艺纪律、文明生产等综合考核项目	不限	考核时限	每超时5 min扣10分	不限	
		工艺纪律	依据企业有关工艺纪律管理规定执行,每违反一次扣10分	不限	
		劳动保护	依据企业有关劳动保护管理规定执行,每违反一次扣10分	不限	
		文明生产	依据企业有关文明生产管理规定执行,每违反一次扣10分	不限	
		安全生产	依据企业有关安全生产管理规定执行,每违反一次扣10分	不限	

职业技能鉴定技能考核制件(内容)分析

职业名称	材料成分检验工
考核等级	高级工
试题名称	电感耦合等离子体原子发射光谱法测定铝合金中 Mg、Mn 含量
职业标准依据	国家职业标准

试题中鉴定项目及鉴定要素的分析与确定

分析事项　　鉴定项目分类	基本技能"D"	专业技能"E"	相关技能"F"	合计	数量与占比说明
鉴定项目总数	5	8	3	16	按照本等级核心鉴定项目进行选取考核,占该等级鉴定项目的60%以上
选取的鉴定项目数量	2	5	2	9	
选取的鉴定项目数量占比(%)	40	63	67	56	
对应选取鉴定项目所包含的鉴定要素总数	11	16	5	32	按照本等级鉴定项目中核心鉴定要素进行选取考核,占该等级选取鉴定项目中鉴定要素的60%以上
选取的鉴定要素数量	7	11	3	21	
选取的鉴定要素数量占比(%)	64	69	60	66	

所选取鉴定项目及相应鉴定要素分解与说明

鉴定项目类别	鉴定项目名称	国家职业标准规定比重(%)	《框架》中鉴定要素名称	本命题中具体鉴定要素分解	配分	评分标准	考核难点说明
"D"	检验准备	15	准备实验室用标准样品、标准溶液、水、其他试剂	熟悉试验中相关试剂的配制及要求	2	试剂配制不熟练扣0.5分	标准溶液制备要求
				熟悉试验中相关标准溶液的配制及要求	2	标准溶液配制不符合标准扣0.5分	
			准备仪器设备	正确选用分析天平	2	选择不正确扣1分	仪器、设备的使用及维护
				能正确接通仪器电源,并开机、预热仪器	2	不正确一项扣1分	
				正确进入仪器分析软件	2	不能正确进入分析软件扣2分	
				会检查仪器的使用性能	3	不会检查仪器使用性能扣1分	
				正确清理与维护使用设备	2	不维护仪器扣1分	
"E"	检测与测定	70	样品处理	根据不同的检验项目选择合适的标准控样	3	选择不合适扣1分	样品的前处理过程
				根据检验项目选择合适的样品处理方法	5	处理过程不熟练一项扣1分	
			仪器分析	能正确进行气瓶的开启及气体流量的调节	5	气瓶开启不正确扣1分,不会流量调节扣3分	标准曲线的绘制,标准控样的测定及结果计算
				正确检查或调试仪器性能指标至规定要求	5	不会检查仪器性能扣2分	

鉴定项目类别	鉴定项目名称	国家职业标准规定比重(%)	《框架》中鉴定要素名称	本命题中具体鉴定要素分解	配分	评分标准	考核难点说明
"E"	检测与测定		仪器分析	能制定标准曲线	15	标准曲线线性相关系数不符合标准要求扣5分	标准曲线的绘制,标准控样的测定及结果计算
				会进行控样的测定及标准曲线的调整	12	控样测定结果超出标准规定要求扣5分	
				根据曲线计算出样品检测结果	10	计算出平行样差值大于标准要求扣8分	
	测后工作		废液排放	能准确对不同的废液做好分类处理	4	不按要求进行分类处理扣2分	废液分类排放
			进行数据处理	根据检验结果有效数字位数要求进行正确运算和修约	3	修约错误扣3分	数据记录及发出试验报告
			填写原始记录、试验报告	根据检验项目选择合适的原始记录表格	3	表格选择有误扣1分	
				正确、真实填写试验报告,做到内容完整、表述准确、字迹(或打印)清晰	5	试验报告有误扣2分,不完整扣2分	
"F"	修验仪器设备	15	排除仪器设备故障	能检查出所用仪器的一般故障并排除	5	不会进行仪器故障排除扣3分	仪器故障排除及仪器安全操作
				能正确更换仪器设备的易耗件	5	不会更换扣3分	
	安全试验		安全事故的应急处理	严格执行《实验室电器设备安全规程》	5	不正确一项扣2分	
质量、安全、工艺纪律、文明生产等综合考核项目				考核时限	不限	每超时5 min扣10分	
				工艺纪律	不限	依据企业有关工艺纪律管理规定执行,每违反一次扣10分	
				劳动保护	不限	依据企业有关劳动保护管理规定执行,每违反一次扣10分	
				文明生产	不限	依据企业有关文明生产管理规定执行,每违反一次扣10分	
				安全生产	不限	依据企业有关安全生产管理规定执行,每违反一次扣10分	

参 考 文 献

[1] 机械工业理化检验人员技术培训和资格鉴定委员会. 化学分析[M]. 北京：中国计量出版社，2011.

[2] 刘珍. 化验员读本：上、下册[M]. 北京：化学工业出版社，2004.

[3] 中国石油和化学工业协会. GB/T 6682—2008 分析实验室用水规格和试验方法[S]. 北京：中国标准出版社，2008.

[4] 国家质量监督检验检疫总局职业技能鉴定指导中心. 材料成分检验工[M]. 北京：中国计量出版社，2005.

[5] 周光明. 分析化学习题精解[M]. 北京：科学出版社，2001.

[6] 辛仁轩. 等离子体发射光谱分析[M]. 北京：化学工业出版社，2005.

[7] 李慎安，王玉莲，范巧成. 化学实验室测量不确定度[M]. 北京：化学工业出版社，2007.

[8] 国家职业资格培训教材编审委员会. 化学检验工[M]. 北京：机械工业出版社，2007.

[9] 董慧茹. 仪器分析[M]. 北京：化学工业出版社，2000.